Python 3.6
零基础入门与实战

王启明　罗从良　著

U0286125

清华大学出版社

北京

内 容 简 介

随着大数据技术的发展及 Python 在人工智能领域的火热应用，Python 得到越来越多的应用。本书就是在这个背景下编写的，是一本 Python 3.6 入门教材，特别适合想直接切入爬虫编程及大数据分析处理的读者学习使用。本书赠送示例源代码与教学视频。

本书分为 16 章，主要内容包括开发环境、数据结构、函数、面向对象、多线程、模块、包、GUI 模块、图形模块、正则模块、文件处理模块、网络编程模块和爬虫模块等，并且为每个模块提供了实战示例，最后用两章来介绍数据库编程实战和爬虫框架实战。

本书内容详尽、示例丰富，适合广大 Python 入门读者和 Python 开发人员阅读，同时也可作为高等院校和培训学校计算机相关专业的师生教学参考。

图书在版编目（CIP）数据

Python 3.6 零基础入门与实战 ／ 王启明，罗从良著.—北京：清华大学出版社，2018（2022.2 重印）
ISBN 978-7-302-50930-1

Ⅰ.①P… Ⅱ.①王… ②罗… Ⅲ.①软件工具－程序设计 Ⅳ.①TP311.561

中国版本图书馆 CIP 数据核字（2018）第 190116 号

责任编辑：夏毓彦
封面设计：王 翔
责任校对：闫秀华
责任印制：杨 艳

出版发行：清华大学出版社
　　　　　网　　址：http://www.tup.com.cn，http://www.wqbook.com
　　　　　地　　址：北京清华大学学研大厦 A 座　　　　　邮　编：100084
　　　　　社 总 机：010-62770175　　　　　　　　　　　邮　购：010-62786544
　　　　　投稿与读者服务：010-62776969，c-service@tup.tsinghua.edu.cn
　　　　　质 量 反 馈：010-62772015，zhiliang@tup.tsinghua.edu.cn

印 装 者：三河市少明印务有限公司
经 　 销：全国新华书店
开 　 本：190mm×260mm　　　　印　张：20.25　　　字　数：518 千字
版 　 次：2018 年 10 月第 1 版　　　　　　　　　　印　次：2022 年 2 月第 7 次印刷
定 　 价：59.00 元

产品编号：078325-01

前　言

不管你从事的是什么行业，进行数据分析也好，开发网页也好，做数据库后台编程也好，做股票分析也好，Python 都是你必须学会的一门语言。市场上有很多图书，随 Python 版本的升级会显得比较旧，讲解方式也比较费解。本书选择比较新的 Python 3.6.4 版本用初学者容易上手的示例学习方法进行讲解，全书逻辑线索清晰，方便读者轻松入门。

本书特色

如何快速学习 Python 编程一直是很多初学者的疑问，网上的资料很多，但不系统，很多系统的教程又过于偏重讲解，示例较少，让初学者很难坚持。因此，对于很多入门读者，更好的方式是先学习基础的 Python 语法，然后学习各种常见模块，最后在实践中完善代码编写技巧。学习过程中贯穿大小示例，方便读者对知识点做实践，基于这种想法，笔者编写了本书。本书特色如下：

1. 上手门槛低，完全无基础也可入门

作为入门图书，不会涉及计算机原理、操作系统等枯燥内容，读者可以没有这方面的基础，本书提供详细的开发环境搭建步骤及编程技巧讲解，手把手指导读者入门 Python。

2. 多个操作系统版本介绍，Linux、Windows、MacOS 都可以轻松学习

当前流行的操作系统各异，有些读者喜欢 Linux，有些公司提供 MacOS，更多的是常见的 Windows，本书很多案例都会提供不同操作系统的介绍，让读者了解 Python 的跨平台特性，在任何操作系统下都可轻松学习。

3. 多个上手小示例，几乎每章最后都有应用实战，让读者综合练习，学完就会

读者学会了 Python 语法，只是了解了如何写 Python 代码，但是如何用 Python 解决问题却需要很多项目来练手。本书几乎每章最后都提供或小或大的实战案例，让读者既学会语法也学会编程。

代码、教学视频下载

本书配套的示例代码与教学视频，需用微信扫描右边的二维码获取，可以按提示把链接转发到自己邮箱中下载。如果下载有问题或阅读中存在疑问，请联系 booksaga@163.com，邮件主题为"Python3.6 零基础入门与实战"。

本书读者

本书适合以下读者阅读：

- 没有学过编程，但对 Python 编程感兴趣的读者
- 有计算机语言基础，想入门 Python 编程的读者
- Python 数据分析处理入门读者
- 机器学习入门读者
- 网络爬虫爱好者
- 初级网络管理员
- 企业网络运维人员

本书作者

本书由王启明、罗从良编著，其中第 1~8 章、第 15~16 章由平顶山学院信息工程学院的王启明编写，第 9~14 章由罗从良编写，其他参与创作的还有王晓华、刘鑫、陈素清、常新峰、林龙、王亚飞、薛燚、王刚、吴贵文、李雷霆、李一鸣、谢志强，排名不分先后。

编者
2018 年 8 月

目　　录

第1章

搭建 Python 开发环境

Python 是一门解释型编程语言，编写完毕后可直接执行，无须编译，发现 Bug 后立即修改，节省了编译时间。Python 流行的主要原因是其代码重用性高，可以把包含某个功能的程序当成模块代入其他程序中使用，因此 Python 的模块库非常庞大，几乎无所不包，不管是在科学计算、机器学习还是 Web 开发等领域都有其"模块"的身影。

Python 是跨平台性的，几乎所有的 Python 程序可以不加修改地运行在不同的操作平台，并能得到同样的结果。

因为 Python 有简单、无所不能及跨平台的特性，越来越多的企业选择用 Python 开发产品，也就造就了越来越多的 Python 岗位。这个时代，如果想学一门语言，那么 Python 肯定是首选。本章先从最简单的环境搭建学起。

1.1　Python 的版本说明

目前，Python 有两个版本：Python 2 和 Python 3。Python 2 的最终版本是 Python 2.7.14，写本书时，Python 3.6 的最终正式版本已是 Python 3.6.5，Python 3.7.0 版本正在完善中。

Python 2 已经不添加新的特性了，仅修复原有的安全问题，据说官方会在 2020 年关闭对它的维护。由于有很多常用库（如 Django、Numpy）也宣布逐步放弃对 Python 2 的支持，因此当前的主流选择都是 Python 3，本书将以 Python 3.6.4 版本进行讲解。

1.2　Python 的安装

本节介绍在 Windows、Linux 操作环境下安装 Python 的步骤。

1.2.1　Windows 下安装 Python

这里以 Windows 10 操作系统为例，演示如何在 Windows 系统下安装 Python。

步骤01 进入 Python 的官方网址 https://www.python.org/，首先单击主菜单中的 Downloads 选项，然后将鼠标指向 Windows，会出现下载版本，单击 Python 3.6.4，将自动下载文件 Python-3.6.4.exe，如图 1.1 所示。

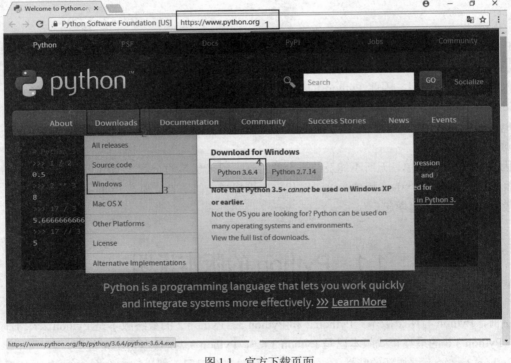

图 1.1　官方下载页面

注　意

Python 3.5+版本不能运行在 Windows XP 或更早的 Windows 版本上。

步骤02 默认下载的是 32 位版本，若操作系统是 64 位，就单击 Windows 选项，打开下载页面，选择适合自己的版本，如图 1.2 所示。

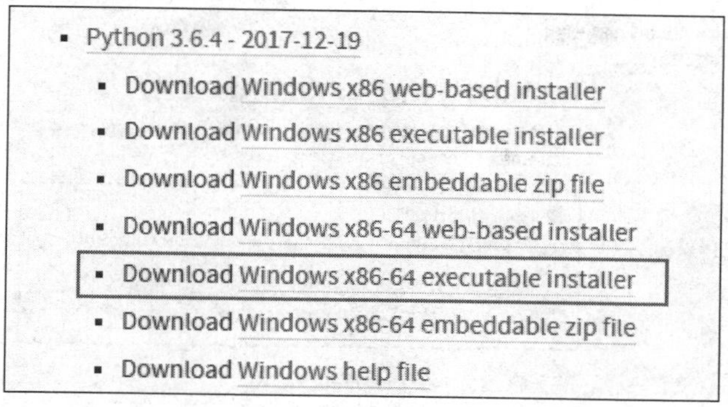

- Python 3.6.4 - 2017-12-19
  - Download Windows x86 web-based installer
  - Download Windows x86 executable installer
  - Download Windows x86 embeddable zip file
  - Download Windows x86-64 web-based installer
  - Download Windows x86-64 executable installer
  - Download Windows x86-64 embeddable zip file
  - Download Windows help file

图 1.2　选择 64 位

x86 表示 32 位操作系统，x86-64 则是 64 位操作系统。每个系统下一般会有 3 个版本：

- web-based 版本：基于网络安装的，下载的文件会比较小。
- executable 版本：exe 可执行版本，推荐使用该版本。
- embeddable zip 版本：压缩版本。

步骤03　64 位下载的文件名是 python-3.6.4-amd64.exe，双击它，系统会弹出安全警告提示框，如图 1.3 所示。单击"运行"按钮即可。

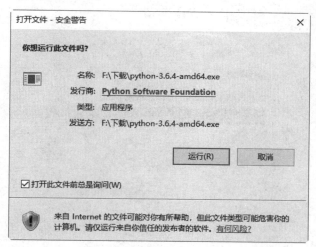

图 1.3　安全警告提示框

步骤04　运行安装程序后，有两个选项：

- Install Now：立刻按默认设置安装。
- Customize installation：自定义安装，可选择安装路径、默认的一些安装组件。
  因为是新手，所以直接选择第一项默认安装即可。

注　意

勾选 Add Python 3.6 to PATH 复选框（见图 1.4），安装程序会自动添加环境变量。如果忘记勾选，需要自己手动在环境变量中添加。

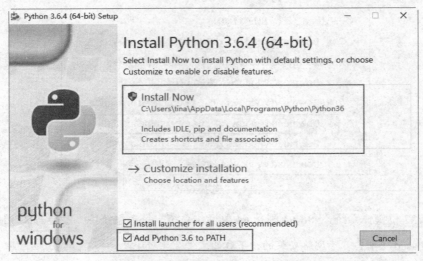

图 1.4　勾选 Add Python 3.6 to PATH 复选框

步骤05　安装过程如图 1.5 所示。

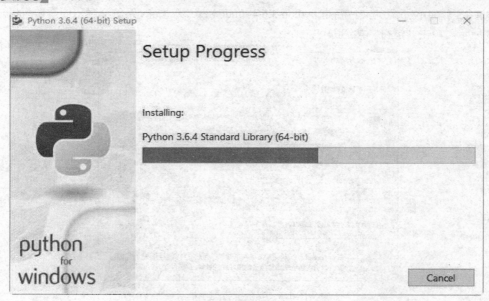

图 1.5　开始安装

步骤06　2 分钟后，出现完成窗口，如图 1.6 所示。这里有一个 Disable 开头的选项，用于解决系统的 path 长度限制，单击该选项，防止后面路径出现不可知的问题（操作系统低于 Windows 10 版本可能没有此选项）。单击 Close 按钮完成安装。

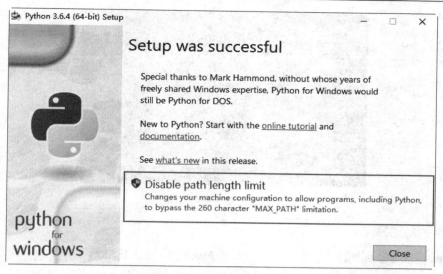

图 1.6　完成窗口

<table>
<tr><td colspan="2">提　　示</td></tr>
</table>

安装完成后，打开操作系统的"高级系统设置|高级|环境变量|用户变量|path"，从窗口中可看到默认已经设置好了 Python 的路径，如图 1.7 所示。

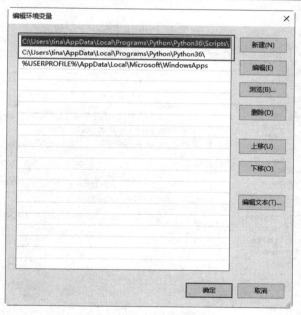

图 1.7　已配置好的环境变量

安装 Python 后，会在菜单栏中看到如图 1.8 所示的新增菜单项。

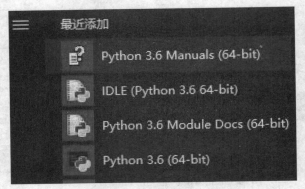

图 1.8　已安装的选项

这 4 项内容分别是：

- Python 3.6 Manuals（64-bit）：CHM 版本的 Python 3.6 官方使用文档。
- IDLE（Python 3.6 64-bit）：官方自带的 Python 集成开发环境。
- Python 3.6 Module Docs（64-bit）：模块速查文档，有网页版本。
- Python 3.6（64-bit）：我们常说的 Python 终端。

1.2.2　Linux 下安装 Python

连接到虚拟机 pyDebian 上，连接工具选择 Putty。下面先用 Putty 连接 Linux 机器。

步骤01　双击 Putty 图标，打开 Putty.exe，输入 IP 地址和端口信息，如图 1.9 所示。

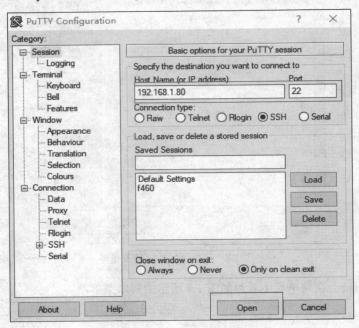

图 1.9　Putty 连接设置

步骤02　单击 Open 按钮，第一次使用 Putty 登录 Linux 系统会弹出一个安全警告提示框，如图 1.10 所示。

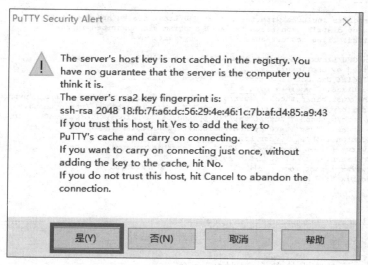

图 1.10　Putty 安全警告提示框

步骤03　单击"是(Y)"按钮，进入 Linux 的登录界面（用户名和密码使用默认的 king:qwe123），如图 1.11 所示。

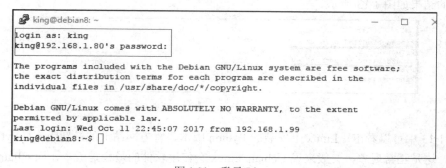

图 1.11　登录 Linux

步骤04　输入用户名和用户密码后（用户密码不回显），登录到 Linux。

Debian Linux 默认安装了 Python 2 和 Python 3（几乎所有的 Linux 发行版本都默认安装 Python）。Python 命令默认指向 Python 2.7，验证一下 Python 的路径，执行命令：

```
where is python
ls -l /usr/bin/python
ls -l /usr/bin/python3
```

执行的结果如图 1.12 所示。

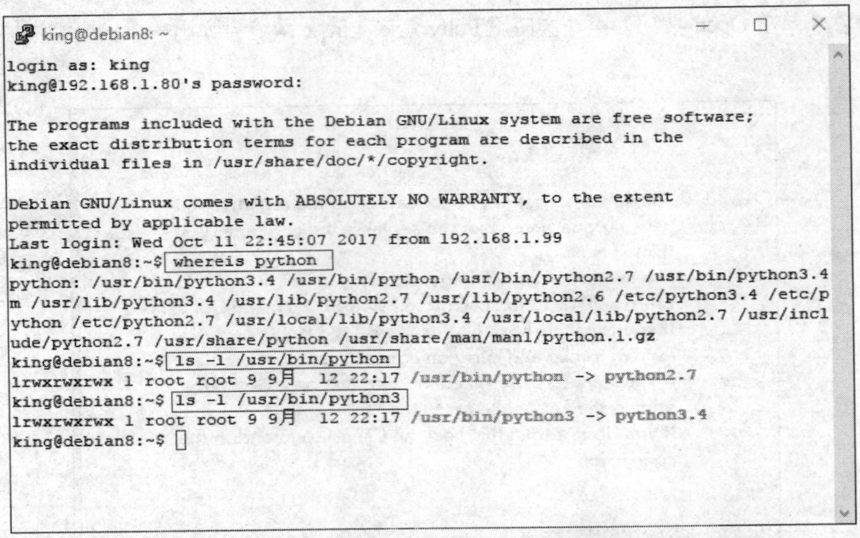

图 1.12 查看 Python 路径

再来看看 Python 的版本信息，分别执行命令：

```
python2 -V
python3 -V
```

执行的结果如图 1.13 所示。

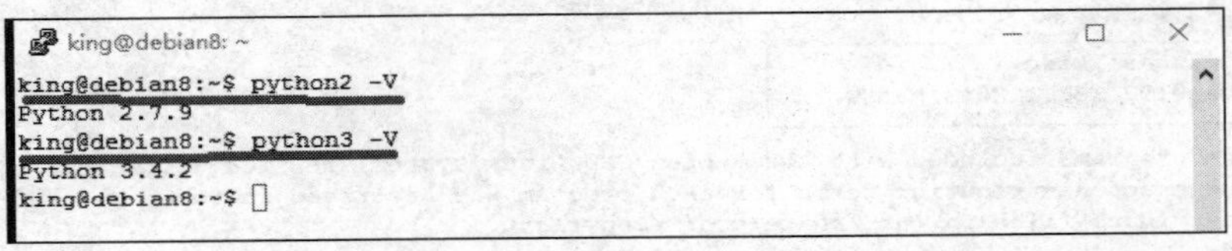

图 1.13 Python 版本信息

从图 1.13 中可以看出，Linux 上安装的 Python 版本与官方网站上的最新版本（Python 3.6.4）是不同的。这是正常现象，一般来说 Debian Linux 会使用软件的最稳定版本，而 Ubuntu Linux 会使用软件的最新版本。

1.3 打开 Python 的方式

打开 Python 的方式有多种，这里简单介绍一下。

（1）因为环境变量中已经添加了 Python，所以直接调用 Windows 的命令行（cmd），输入 python 命令，即可打开 Python，如图 1.14 所示。

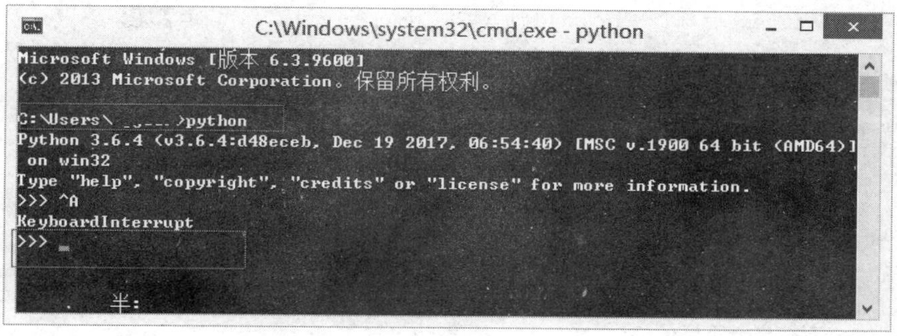

图 1.14　输入 python 命令

（2）通过安装后菜单中的 Python 终端（图 1.15 左）和 IDEL（图 1.15 右）也可以打开 Python。

图 1.15　Python 终端和 IDEL

1.4　交互模式解释器

打开 Python 后，会看到 ">>>" 符号。简单来说，这就是 Python 交互模式解释器。

这里会讲到两个概念：交互和解释器。学过计算机基本原理的读者应该明白解释器的意思，即将高级语言解释给机器听，也就是将代码转换成计算机能懂的机器码。交互就是你问我、我回复你。

有了交互模式解释器，我们就不用创建、编辑、保存后再运行源文件了。Python 中的交互模式解释器以 ">>>" 开头，当我们用它执行代码时，不但会检查代码的正确性，而且还能在把这段新代码加入源文件之前进行各种操作，如查看数据结构。

例如，我们可以直接用 print 函数输出一段中文、一个计算表达式的结果，如图 1.16 所示。这个时候并不需要保存脚本文件，就可以执行代码。

注　　意
Python 语句的最后可以加分号，也可以不加分号。建议统一不加分号，除非几个语句写在同一行中，才用分号间隔。

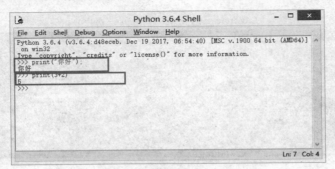

图 1.16　交互模式解释器

1.5　第一个 Python 程序 Hello World

鉴于 Python 运行代码的多样性，本节介绍两种实现第一个程序的方法：交互式和脚本式。

1.5.1　交互式

前面已经介绍过交互模式解释器，可以直接输入代码。下面编写第一个程序：

```
print("Hello World !")
```

直接在 Python IDEL 中输入以上代码，如图 1.17 所示。

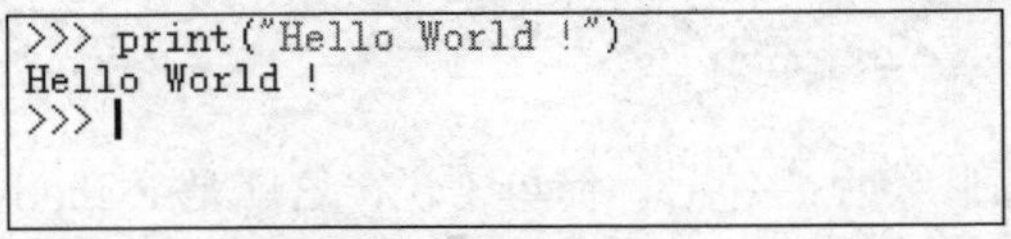

```
>>> print("Hello World !")
Hello World !
>>>
```

图 1.17　Python IDEL

1.5.2　脚本式

脚本式就是将代码保存为脚本文件，然后使用 python 命令执行这个文件。

打开 Python IDEL，单击 File|New File，打开 IDEL 的编辑器，输入如下代码，如图 1.18 所示。

```
print("Hello World !")
```

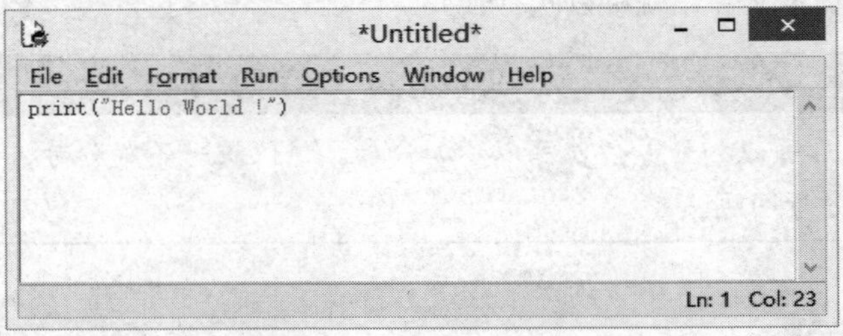

图 1.18　IDEL 的编辑器

保存上述文件到合适的位置（如 D 盘），并命名为 hello.py，如图 1.19 所示。

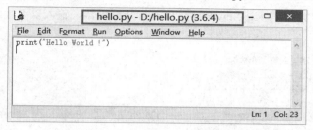

图 1.19　保存 py 文件

此时，可以直接使用 Run|Run Module 菜单命令执行这个脚本文件，如图 1.20 所示。

```
============================= RESTART: D:\hello.py =============================
Hello World !
>>>
```

图 1.20　执行脚本

打开 Windows 命令行客户端（cmd），输入以下命令，也能执行这个脚本文件，如图 1.21 所示。

```
python d:\hello.py
```

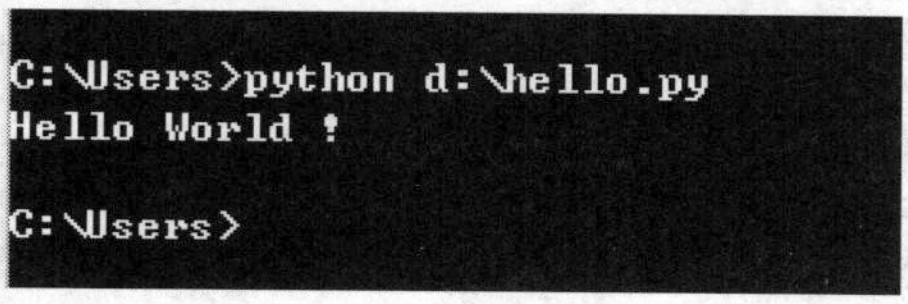

```
C:\Users>python d:\hello.py
Hello World !

C:\Users>
```

图 1.21　在命令行执行脚本

1.6　Python 开发工具

集成开发环境（Integrated Development Environment，IDE）是用于提供程序开发环境的应用程序，一般包括代码编辑器、编译器、调试器和图形用户界面等工具。它集成了代码编写功能、分析功能、编译功能、调试功能等一体化的开发软件服务套件。Python 常用的 IDE 有两种：自带的 IDEL 和 PyCharm。

1.6.1　Python 自带集成开发环境 IDEL

本节通过一段代码来演示 IDEL 的使用。虽然很多高手会建议初学者使用更好的编辑器（有些是收费的），但鉴于这是 Python 自带的开发环境，还是讲解一下它的使用方法，让读者在比较小的学习成本基础上方便自己的开发。

初学者要重点学习 IDEL 的三部分内容：编辑器、解释器和调试器。

1. 编辑器

打开 Python IDEL，单击 File|New File 菜单，打开编辑器，输入以下代码，如图 1.22 所示。

【示例 1-1】

```
01   num1=input('请输入第 1 个数值：')
02   num1=int(num1)
03   num2=input('请输入第 2 个数值：')
04   num2=int(num2)
05   if num1>num2:
06       print ('第 1 个数值大于第 2 个数值。')
07   else:
08       print ('第 1 个数值并不比第 2 个数值大。')
```

```
File  Edit  Format  Run  Options  Window  Help
num1=input('请输入第1个数值：')
num1=int(num1)
num2=input('请输入第2个数值：')
num2=int(num2)
if num1>num2:
    print ('第1个数值大于第2个数值。')
else:
    print ('第1个数值并不比第2个数值大。')

                                              Ln: 9  Col: 0
```

图 1.22　编辑器

在编辑器窗口中有菜单栏、文本输入区域。这里说一下编辑器的特色：

（1）高亮显示 Python 语法。读者会看到橘黄色的 if 和 else、绿色的字符串、紫色的函数等（实际效果请读者在电脑上打开这个文件观察）。

（2）自动缩进。Python 有严格的缩进要求，当输入 if 条件后面的冒号再回车后，编辑器会自动缩进。缩进的长度可以通过菜单 Format|New Indent Width 修改，默认是 4。

（3）自动完成。这是初学者比较喜欢的功能，对于一个函数名称，我们只需要输入前几个字母，就可以使用 Alt+\（或菜单 Edit|Expand Word）自动完成。

（4）查询复杂函数。如果记不住某个函数的名字，只知道前三个字母，可通过 Ctrl+Space（或菜单 Edit|Show Completions）罗列出符合前几个字母的所有函数，如图 1.23 所示。

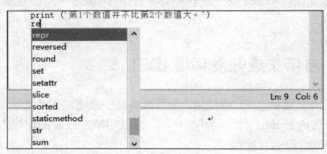

图 1.23　罗列函数

（5）自动增加或去掉注释。大部分编辑器都具备将选中的行变为注释段或取消注释的功能，

IDEL 也是。选中一段代码，然后按 Alt+3 组合键（或菜单 Format|Comment Out Region），就会在行前面增加##符号，如图 1.24 所示。按 Alt+4 组合键（或菜单 Format|Uncomment Region）会取消注释。

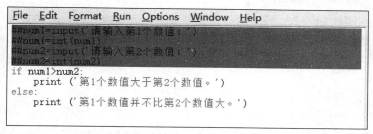

图 1.24　自动增加注释

#是 Python 的单行注释符号，'''是多行注释，如下代码所示：

```
'''
这是注释
这是注释
这是注释
'''
```

2. 解释器

交互模式解释器前面已经介绍过，在编辑器窗口中单击菜单 Run|Run Module 命令就会自动转换到解释器窗口，并给出执行效果。

3. 调试器

如果代码有问题，可以使用调试器。在 IDEL 窗口中单击菜单 Debug|Debugger 命令打开调试器，此时解释器也发生了改变，如图 1.25 所示。关闭 Debug 后 ON 会变为 OFF。

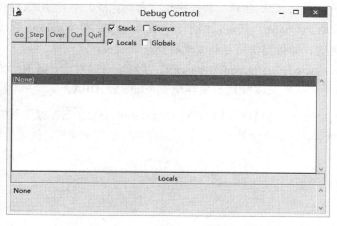
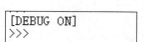

图 1.25　调试器

在解释器中输入 print(1+3)，将看到调试器的变化，如图 1.26 所示。

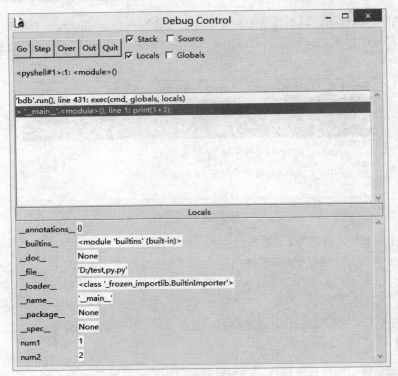

图 1.26　调试器的变化

1.6.2　安装 PyCharm 集成开发环境

　　PyCharm 是一种 Python IDE，带有一整套可以帮助用户在使用 Python 语言开发时提高效率的工具，如调试、语法高亮、Project 管理、代码跳转、智能提示、自动完成、单元测试、版本控制。目前使用比较多的 Python IDE 就是 PyCharm，其可以跨平台，在 Mac OS 和 Windows 系统下都可以用。缺点是专业版只有 30 天免费，如果要使用专业版就需要花钱购买。

　　PyCharm 的官方网址是 http://www.jetbrains.com/pycharm/。从网址可以看出，其属于 JetBrains 公司，位于布拉格，为人所熟知的产品是 Java 集成开发环境——IntelliJ IDEA。

　　步骤01　打开官网，如图 1.27 所示，然后单击 DOWNLOAD NOW 按钮，出现操作系统选择，如图 1.28 所示，有社区版和专业版，社区版是免费开源的。这里使用专业版来讲解，读者也可以选用社区版学习本书内容。

图 1.27　PyCharm 官网

图 1.28　选择操作系统

步骤02　选择 Windows 下的 Professional（专业）版，单击 DOWNLOAD 按钮会自动下载，下载后的文件名为 pycharm-professional-2017.3.3.exe，大小为 250MB。

步骤03　双击下载的文件进行安装，如图 1.29 所示。

图 1.29　开始安装 PyCharm

步骤04 单击 Next 按钮，然后选择安装位置，这里没有特殊要求，如图 1.30 所示。

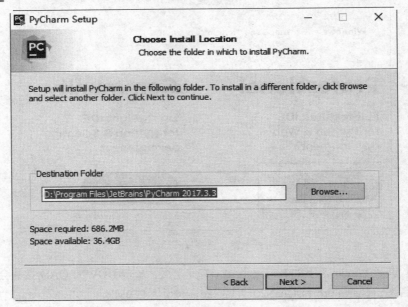

图 1.30　选择安装位置

步骤05 单击 Next 按钮，出现如图 1.31 所示的配置界面，根据系统选择是 32 位还是 64 位，然后勾选关联.py 扩展名的复选框。

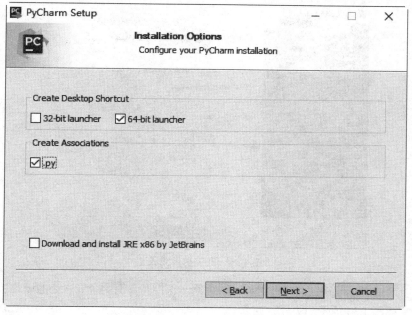

图 1.31　选择 64 位

步骤06 单击 Next 按钮，在主菜单中创建程序的快捷方式，默认命名即可，如图 1.32 所示。

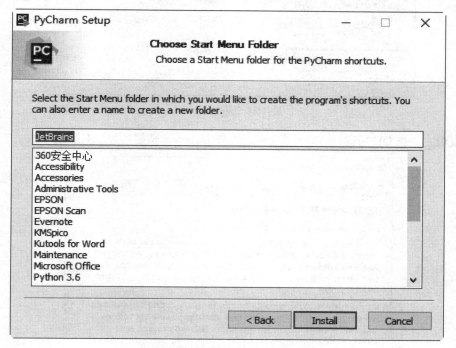

图 1.32　添加快捷项到主菜单

步骤07 单击 Install 按钮开始解压文件，1 分钟安装完毕，如图 1.33 所示。可以勾选立刻运行的 Run PyCharm 复选框。

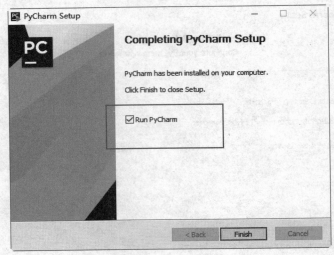

图 1.33 安装初步完成

步骤08 单击 Finish 按钮会打开 PyCharm，第一次打开会有两个导入包的设置项，这里选择默认的第 2 个，如图 1.34 所示。

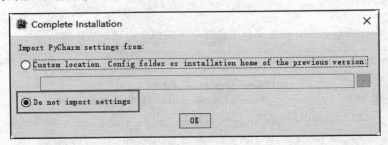

图 1.34 是否导入包

步骤09 单击 OK 按钮后出现许可协议，再单击 Accept 按钮，如图 1.35 所示。

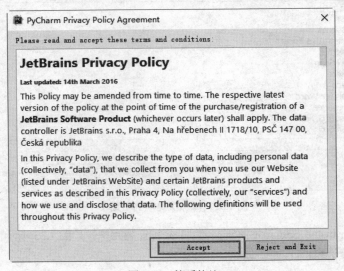

图 1.35 接受协议

步骤10 此时会出现注册账号的窗口，我们选择免费试用 Evaluate for free，单击 Evaluate 按钮（见图 1.36），然后出现一个试用协议，直接单击 Accept 按钮即可。

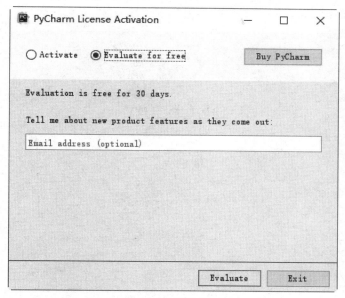

图 1.36　免费试用

步骤11 第一次打开也需要设置 UI 主题，如图 1.37 所示，根据自己的爱好进行选择。选择完成后，单击左侧的 Skip Remaining and Set Defaults，以后就会默认这个 UI 主题。

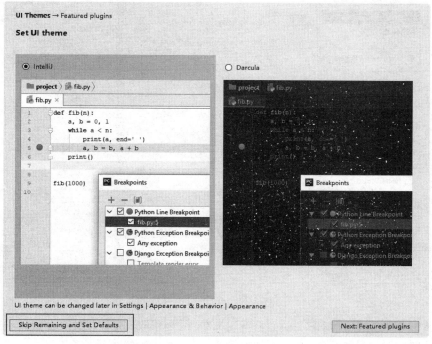

图 1.37　选择主题

步骤12 截止到现在，才真正打开 PyCharm，如图 1.38 所示。可以打开已经存在的项目，也可以新建项目。

图 1.38 PyCharm 初始界面

步骤13 单击 Create New Project 选项，出现项目类型的选择界面，如图 1.39 所示。

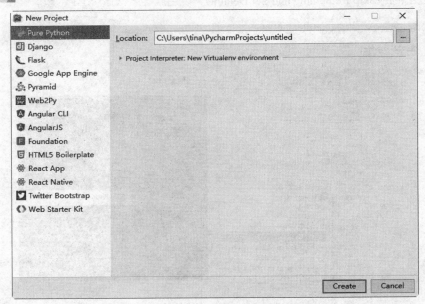

图 1.39 选择项目类型

步骤14 如果希望自己的项目保存在特定位置，可以修改此处，然后单击 Create 按钮。此时需要等待 1 分钟的时间配置环境。最终创建好的项目界面如图 1.40 所示。

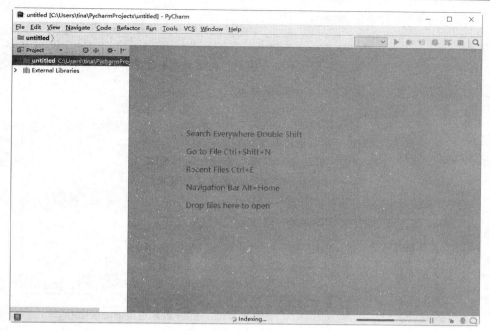

图 1.40　创建好的项目界面

1.6.3　使用 PyCharm 集成开发环境

PyCharm 的功能有很多，使用起来比 IDEL 复杂，本书的大部分例子都是使用 IDEL 进行测试。下面简单介绍一下 PyCharm 的使用。

1. 创建 Python 文件

步骤01　右击新建的项目，选择 New|Python File，输入文件名，如 py1.py，如图 1.41 所示。

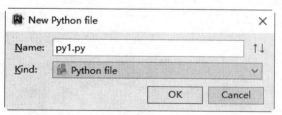

图 1.41　创建 Python 文件

步骤02　单击 OK 按钮，鼠标会停留在右侧的编辑界面，输入以下代码：

```
print('Hello Python')
```

按 Ctrl+S 组合键保存，这样第一个 Python 文件就创建好了。

2. 运行 Python 文件

PyCharm 的运行都在菜单 Run 中。选择 Run|Run 'py1'命令（或按 Shift+F10 组合键），就会出现一个控制台，输出上述代码的运行结果，如图 1.42 所示。

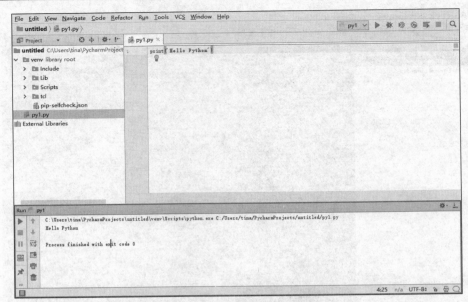

图 1.42　运行 Python 文件

1.7　注意 Python 的缩进

学习过 C、Java、JavaScript、C#语言的读者应该知道，这些语言都使用{}表示代码段，如一段 if 代码：

【示例 1-2】

```
01    //判断用户的输入
02    if (choice=="1")
03    {
04        Console.Write ("你目前的开发工作是:1 ");
05    }
06    else if (choice == "2")
07    {
08        Console.Write ("你目前的开发工作是:2");
09    }
10    else
11    {
12        Console.Write ("对不起你选择错误");
13        Console.Write ("请重新选择");
14    }
```

在 Python 中，相同的缩进代码才表示它们属于一个代码段。下面使用前面学习过的一段代码【示例 1-1】，我们给 num1 的值加 10，缩进大小和 else 语句中的内容保持相同。读者可以思考：是不管 num1 和 num2 谁大谁小都会输出 num1 的值，还是只有当 num1<=num2 时才输出 num1 的值？

【示例 1-3】

```
01    num1=input('请输入第 1 个数值：')
02    num1=int(num1)
03    num2=input('请输入第 2 个数值：')
04    num2=int(num2)
05    if num1>num2:
06        print ('第 1 个数值大于第 2 个数值。')
07    else:
08        print ('第 1 个数值并不比第 2 个数值大。')
09        num1=num1+10
10        print(num1)
```

代码执行的结果对比如图 1.43 所示。只有当 num1<=num2 时才输出 num1 的值。

```
>>>
=========================== RESTART: D:/test1.py ===========================
请输入第1个数值：1
请输入第2个数值：5
第1个数值并不比第2个数值大。
11
>>>
>>>

>>>
=========================== RESTART: D:/test1.py ===========================
请输入第1个数值：5
请输入第2个数值：1
第1个数值大于第2个数值。
>>> |
```

图 1.43　缩进对比 1

继续更改上一段代码的缩进，如下：

【示例 1-4】

```
01    num1=input('请输入第 1 个数值：')
02    num1=int(num1)
03    num2=input('请输入第 2 个数值：')
04    num2=int(num2)
05    if num1>num2:
06        print ('第 1 个数值大于第 2 个数值。')
07    else:
08        print ('第 1 个数值并不比第 2 个数值大。')
09    num1=num1+10
10    print(num1)
```

不管 num1 和 num2 谁大谁小都会输出 num1 的值，如图 1.44 所示。

```
>>>
=========================== RESTART: D:/test1.py ===========================
请输入第1个数值：1
请输入第2个数值：5
第1个数值并不比第2个数值大。
11
>>>
>>>
>>>
=========================== RESTART: D:/test1.py ===========================
请输入第1个数值：5
请输入第2个数值：1
第1个数值大于第2个数值。
15
>>> |
```

图 1.44　缩进对比 2

第 2 章

Python 中的数据与结构

　　学习一门语言，读者需要了解该语言中数据的存在形式。存在形式多种多样，有数字、字符……
为了方便学习，语言会将它们进行归类，这就是常说的数据类型。每种语言的数据类型都差不多，
如 Python 中有数字类型、字符串类型，Java 中也有，C#语言中也有。学习这些类型是每种语言基
础的语法。本章介绍的是 Python 中的数据类型。

2.1　Python 中的标准数据类型

Python 中的标准数据类型有 6 种：

- Number（数字）：用来表示数据的一些数字。
- String（字符串）：用来表示文本的一些字符。
- List（列表）：用来表示一组有序的元素，后期还可以更改。
- Tuple（元组）：用来表示一组有序的元素，后期不可以更改。
- Sets（集合）：用来表示一组无序不重复的元素。
- Dictionary（字典）：用键值对的形式保存一组元素。

要想更有效地记忆这些类型，可对其进行分类：

- 用存储方式来分类，可分为原子类型（数字、字符串）和容器类型（列表、集合、元组、字
  典）。
- 按访问方式来分类，可分为直接访问（数字）、顺序访问（字符串、列表、集合、元组）、映
  射访问（字典）。

注　意

在 Python 中，一切皆为对象。对象就是保存在内存中的一个数据块，我们有时候也会说创建一个数字对象、字符串对象。

2.2　变　　量

变量对应着内存中的一块存储位置。简单地说，变量是计算机存储于内存中其值可改变的量。这里的"可改变"是指程序运行期间的可改变。

在 Python 程序中，不需要声明变量，但必须为变量赋值后才可以使用。比如其他语言是先声明再赋值：

```
int x;
x=200;
```

而 Python 则是：

```
x=200
```

等号"="用来为变量赋值，变量本身没有类型，为其赋值 200，我们会说这是一个整型变量，这里的"类型"是变量所指的内存中对象的类型。

可以同时为多个变量赋值。例如，下面这 3 个整型变量的值都是 200。

```
x=y=z=200
```

也可以同时赋值为不同类型。例如，在下面定义的变量中，x 和 y 为整型，z 为字符串。

```
x, y, z = 1, 2, "hello world"
```

变量的命名要注意：

- 变量的首字符必须是字母或下画线"_"。
- 其他部分由字母、数字和下画线组成。
- 变量区分大小写。

变量的命名不能取 Python 中的保留字，如 if、else、print 这些常见的都是保留字。在解释器中可以输入以下命令来查看保留字（见图 2.1）。

```
>>> import keyword
>>> keyword.kwlist
```

其中，import 用来引入 Python 标准库中的 keyword 模块。

```
>>> import keyword
>>> keyword.kwlist
['False', 'None', 'True', 'and', 'as', 'assert', 'break', 'class', 'continue',
'def', 'del', 'elif', 'else', 'except', 'finally', 'for', 'from', 'global', 'if',
'import', 'in', 'is', 'lambda', 'nonlocal', 'not', 'or', 'pass', 'raise', 'retu
rn', 'try', 'while', 'with', 'yield']
>>>
```

图 2.1　查看保留字

2.3 数　　字

Python 支持的数字有 int（整型）、float（浮点型）、bool（布尔型）、complex（复数型）4 种。本节分别介绍这些数字类型。

2.3.1 使用整型

整型用来表示一些数字，如 1、-10、060、0x29。整型不区分长短和符号，Python 3 中的 int 可以存储比 64 位更大的整数。

说　　明
每次安装软件的时候，我们常在 32 位和 64 位之间做选择，这个位数就是处理数据的能力。64 位是可以处理在 2^{64} 范围里面的数据，32 位是可以处理在 2^{32} 范围里面的数据，但 Python 中的整数可以无限扩展，它取决于可用内存的大小，并不受 32/64 位的限制。

使用整型有两种方式：一种是直接赋值为数字；另一种是使用 int 函数将其他类型转换为整型。举例代码如下：

```
num1=100              #直接赋值
var1='200'
num2=int(var1)           #转换类型
```

要赋值多个整型，可以这样写：

```
num1=num2=num3=100
```

读者可以思考一个问题：这 3 个变量的数据存储在内存中是占 3 个数据的位置还是 1 个数据的位置？

我们使用 id 函数打印变量在内存中的位置，结果如图 2.2 所示。可以看出，其实 3 个变量是指向内存中的同一位置。

```
#inttest.py
num1=num2=num3=100
print(id(num1))
print(id(num2))
print(id(num3))
```

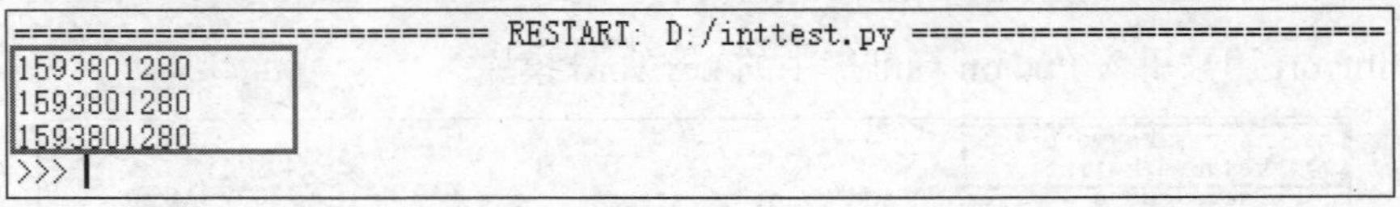

```
========================= RESTART: D:/inttest.py =========================
1593801280
1593801280
1593801280
>>>
```

图 2.2　内存位置

注　意

继续思考这个问题，如果将 num1、num2、num3 分别赋值，但赋值相同，那是不是所占的内存地址也相同？

学习语言中，读者肯定经常看到"表达式"这个概念。表达式（Expression）是将相同类型的数据（如数字、字符串等），用运算符号按一定的规则连接起来的、有意义的代码。这里有两点需要注意：

- 相同类型的数据，比如 1+2 可以，但 1+'2' 就不行。

- 用运算符连接，每种类型都有不同的运算符，后面会详细介绍。

整型一般用来进行一些表达式的运算，常见的整型运算符是+、-、*、/，可以使用如图 2.3 所示的代码进行测试。

```
>>> 1+2
3
>>> 5-3
2
>>> 80*5
400
>>> 80/5
16.0
>>>
```

图 2.3　整型的运算

2.3.2　使用浮点型

浮点型就是我们常说的带小数的类型，如 13.30、-80.16、30.2e100。使用浮点型有 3 种方式：赋值、强制转换、两个整型相除。

（1）直接赋值：

```
num1=15.0
```

（2）使用 float 函数强制转换：

```
num1=float(15)
```

（3）两个整型相除：

```
num1=15/3
```

在第 3 种方式中，虽然两个整型可以整除，但是在 Python 中依然得出的是浮点型。下面用代码测试一下：

```
num1=15/3
print(num1)
```

输出结果是 5.0。如果计算结果要输出整型，则需要使用"//"而不是"/"。以下代码的输出结果就是 5。

```
num1=15//3
print(num1)
```

2.3.3 使用布尔型

布尔型就是 True 或 False。在 Python 中，True 的值是 1，False 的值是 0，可以和数字相加，因此把它放在数字这个分类中。

因为好多表达式运算的结果也是布尔型，所以使用布尔型的方法有很多，这里我们简单介绍几种。

（1）直接用一个关键字 True 或 False 赋值。

```
T = True
F = False
print(T,F)          #输出为 True  False
```

也可以将其用于数值运算，例如：

```
T = True
print(T+10)         #输出为 11
```

（2）使用 bool 函数。

```
F=bool(0)
print(F)            #输出为 False
```

（3）表达式的运算结果也为布尔型。

```
print(1>2)          #输出为 False
```

布尔型的运算符有 and、or、not（必须小写），读者还需要了解两个布尔表达式的运算规则，参见表 2.1。

表 2.1　布尔型的运算符

操作符	结果
x or y	x,y 只要有一个值为 True，结果就为 True
x and y	x,y 只要有一个值为 False，结果就为 False
not x	取 x 的相反值

下面演示布尔运算的操作：

【示例 2-1】

```
01  T = True
02  F = False
03  #F=bool(0)
04  print(T or F)            # True
05  print(T and F)           # False
06  print(not F)             # True
```

> **注　意**
>
> Python 3 中 if(True)的效率比不上 if(1)的效率。

我们常用的表达式一般是加、减、乘、除，优先级在小学就学过（先加减后乘除）。布尔运算的优先级低于表达式，读者可以测试一下下面这段代码：

```
print( 1>2 and 2<1 )              #False
```

2.3.4　使用复数型

在 Python 的数字中，复数 complex 是一个比较复杂的类型。从概念上来说，复数是一个实数和一个虚数的组合。实数就是我们常说的 1、100、350.60 等，虚数是一个虚拟的数，数学家称之为 j，广泛用于科学计算中。在 Python 中也用 j 或 J 表示这个虚数，比如 15.0j、5.16J、3.2e-6j 都是复数。

关于复数有以下几个注意事项：

● 虚数不能单独存在，必须和实数部分一起构成一个复数。
● 实数部分和虚数部分都是浮点数。
● 虚数部分必须有后缀 j 或 J。

复数的定义一般有两种形式：

（1）直接赋值。

【示例 2-2】

```
com1=15.0j
print(type(com1))                 # <class 'complex'>
```

这里的 type 函数用来输出 com1 变量的类型。

（2）使用 complex 函数，它有两个参数，当然也可以两个参数都不输入。

【示例 2-3】

```
01   com1=15.j
02   print(complex(1))            # (1+0j)
03   print(complex('3+5j'))       # (3+5j)
04   print(complex(3,2))          # (3+2j)
05   print(complex())             # 0j
06   print(com1)                  # 15j
```

2.4　字　符　串

字符串变量的定义特别简单，直接赋值即可，例如：

```
str1 = 'Hello World!'
```

如果我们要操作字符串，比如拆分、连接、获取字符串的一部分，就需要学习字符串的运算符、内置操作函数等内容。本节将逐一介绍这些知识点。

2.4.1　字符串的单引号、双引号、三引号

字符串赋值时可以使用单引号、双引号、三引号形式。单引号和双引号并没有太大的区别，

比如：

```
str1 = 'Hello World!'
str2 = "I'm fine,and you?"
```

注　意

如果字符串中包含单引号就要使用双引号进行定义。

如果是特别长的字符串换行时，单引号和双引号需要加"\"符号，例如：

```
str1 = 'Hello \
World!'
str2 = "I'm fine,\
and you?"
```

"\"符号又会涉及一些字符串的转义，为了更直观，特别长的字符串可以使用三引号，例如：

```
str3=''' this
is
world '''
```

这 3 种方法并没有太大的区别，读者可根据实际生产环境使用。

2.4.2　字符串的截取

说得好没有练得好，还是先来演练一下：

【示例 2-4】

```
01   str1 = 'Hello World!'
02   str2 = "I'm fine,and you?"
03
04   print ("str1原文: ", str1)
05   print ("str2原文: ", str2)
06
07   print ("1.str1[1]: ", str1[1])
08   print ("2.str1[2:5]: ", str1[2:5])
09   print ("3.str1[-2:1]: ", str1[-2:1])
10   print ("4.str1[5:5]: ", str1[5:5])
11
12   print ("1.str2[0]: ", str2[0])
13   print ("2.str2[:5]: ", str2[:5])
14   print ("3.str2[6:]: ", str2[6:])
15   print ("4.str2[-2:]: ", str2[-2:])
16   print ("5.str2[:-2]: ", str2[:-2])
```

以上执行结果如图 2.4 所示。

```
=========================== RESTART: D:\strsub.py ==============
str1原文:   Hello World!
str2原文:   I'm fine,and you?
1.str1[1]:   e
2.str1[2:5]:   llo
3.str1[-2:1]:
4.str1[5:5]:
1.str2[0]:   I
2.str2[:5]:   I'm f
3.str2[6:]:   ne,and you?
4.str2[-2:]:   u?
5.str2[:-2]:   I'm fine,and yo
>>>
```

图 2.4　字符串的截取

代码定义了两个字符串 str1 和 str2,并分别对它们进行了不同形式的字符串截取操作。str1 有 4 个操作:

- str1[1],表示截取第几个字符,这个编号从 0 开始,0 表示第 1 个字符,1 表示第 2 个字符。
- str1[2:5],表示截取从第 1 个参数开始到第 2 个参数前一位的字符。注意,这是从第几位到第几位,并不是从第 2 位截取长度为 5 的字符。
- str1[-2:1],从输出结果看这个并没有输出任何字符。-2 表示从倒数第 2 位开始选择,这里要注意倒数开始的时候编号不是从 0 开始的。
- str1[5:5],没有输出任何结果。第 1 个参数的值必须小于第 2 个参数。

str2 有 5 个操作:

- str2[0],表示截取第 1 个字符。
- str2[:5],第 1 个参数为空,表示从头开始截取。
- str2[6:],第 2 个参数为空,表示截取到字符串的最后。
- str2[-2:],表示从倒数第 2 个开始截取,一直到字符串的最后。
- str2[:-2],表示从头开始截取,一直到倒数第 2 位。

说　　明
这种截取部分数据的功能有一个专门的概念,叫切片(Slice)。从倒数开始截取数据的功能也叫倒数切片。大部分语言的字符串操作都支持切片功能,Python 中很多数据类型都支持切片。

2.4.3　字符串的拼接

字符串的拼接有 3 种方法:+符号、join 函数和格式化拼接。

(1)使用+符号拼接比较简单,代码如下:

【示例 2-5】

```
01   str1 = 'Hello'
02   str2 = "Python"
03   str3 = "!"
04   strjoin1=str1+" "+str2+" "+str3
```

```
05    print ("1.+拼接: ", strjoin1)                # 1.+拼接: Hello Python！
```

因为使用+符号拼接后的字符串需要划定新的内存空间来存储，所以普遍认为这种拼接方式效率低，尤其是越多的字符串拼接效率就越低。

（2）使用 join 函数拼接则稍显复杂，函数语法如下：

```
str.join(sequence)
```

sequence 是要拼接的字符串序列，str 是拼接需要使用的字符，如空格、逗号等。因此，在使用该函数时要定义两个变量，举例如下：

【示例 2-6】

```
01    strq=('Hello','Python','!')
02    strflag=" "
03    strjoin2=strflag.join(strq)
04    print ("2.join拼接: ", strjoin2)            # 2.join拼接: Hello Python！
```

（3）格式化拼接需要用到格式化符号，我们在这里先举例，具体格式化符号的使用，后面会详细介绍。%s 表示需要字符串参数，中间的%表示这是一段格式化输出，后面的参数用括号封闭，用逗号间隔。

【示例 2-7】

```
01    str1 = 'Hello'
02    str2 = "Python"
03    str3 = "!"
04    strjoin3='%s %s %s' % (str1,str2,str3)
05    print ("3.格式化拼接: ", strjoin3)          # 3.格式化拼接: Hello Python！
```

2.4.4 字符串的各种常用运算符

前面学习过数字运算符有+、-、*、/等，字符串也是有运算符的，不过不是加减乘除，而是一些针对字符串操作的符号，如前面介绍过的+、[]、[:]都是字符串的运算符。常用的字符串运算符参见表 2.2。

表 2.2 字符串常用运算符

符号	说明
+	字符串拼接
*	重复输出字符串，加入 str='hello'，如果是 str*3，就表示输出 3 次 hello
[]	通过索引获取字符串中字符
[:]	截取字符串中的一部分
in	如果字符串中包含给定的字符，就返回 True，如'H' in str1 返回 True
not in	如果字符串中不包含给定的字符，就返回 True，如'H' not in str1 返回 False
r/R（大小写都可以）	所有的字符串都是直接按照字面的意思使用，没有转义特殊或不能打印的字符。使用方法是在字符串的第一个引号前加上字母"r"
%s	格式字符串

这里要特别讲解一下 r 的使用，字符串有很多转义符号，如\n 表示换行、\r 表示回车，如果我

们要在字符串中显示\n，而不是当作换行使用，此时就需要在字符串前添加 r，比如：

```
print (r"这里介绍\n 的使用")
print ("这里介绍\n 的使用")
```

这两行的输出结果如图 2.5 所示，其中第 2 个输出中有换行操作。

```
==============================
这里介绍\n的使用
这里介绍
的使用
>>>
```

图 2.5　有转义和没有转义的对比

2.4.5　字符串的转义

字符串中的转义就是说字符本身并不是它原来的字面意思。字符串的转义符号都是以\开头的，常用的转义符号参见表 2.3。

表 2.3　转义符号

字符	说明
\(用在字符串的行尾)	表示下一行和当前行是同一行
\\	\符号本身
\'	单引号
\"	双引号
\n	换行
\v	纵向制表符
\t	横向制表符
\r	回车
\f	换页
\b	退格（Backspace 键）
\0nn	八进制数 nn 代表的字符，如\012 代表换行
\xnn	十六进制数 nn 代表的字符，如\x0A 代表换行

注　意

八进制是\0（零），不是字母 o。

这里要特别说明一下\0 和\x，它们后面跟的是代表某个字符的数据，而这个数据来自 ASCII 码表，如图 2.6 所示是部分表 2.3 的内容，圈出的位置就是表 2.3 中的换行符，比如\010 代表退格键，\x0D 代表回车键。

Bin(二进制)	Oct(八进制)	Dec(十进制)	Hex(十六进制)	缩写/字符	解释
0000 0000	0	0	00	NUL(null)	空字符
0000 0001	1	1	01	SOH(start of headline)	标题开始
0000 0010	2	2	02	STX (start of text)	正文开始
0000 0011	3	3	03	ETX (end of text)	正文结束
0000 0100	4	4	04	EOT (end of transmission)	传输结束
0000 0101	5	5	05	ENQ (enquiry)	请求
0000 0110	6	6	06	ACK (acknowledge)	收到通知
0000 0111	7	7	07	BEL (bell)	响铃
0000 1000	10	8	08	BS (backspace)	退格
0000 1001	11	9	09	HT (horizontal tab)	水平制表符
0000 1010	12	10	0A	LF (NL line feed, new line)	换行键
0000 1011	13	11	0B	VT (vertical tab)	垂直制表符
0000 1100	14	12	0C	FF (NP form feed, new page)	换页键
0000 1101	15	13	0D	CR (carriage return)	回车键

图 2.6　ASCII 码表

我们来看一个例子。

【示例 2-8】

```
01   print ( "这里仅输出斜杠\\")
02   print ( "这里是 Tab 缩进"+"\t"+"的距离")
03   print ( "这里介绍换行\n 的使用")
04   print ( "这里介绍换行\012 的使用")
05   print ( "这里介绍换行\x0A 的使用")
06   print ( r"这里仅输出\t\r")
```

上述代码的执行结果如图 2.7 所示。

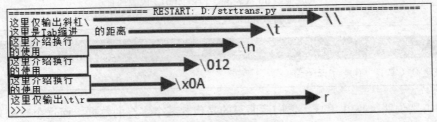

图 2.7　各种转义符号的使用

2.4.6　字符串的格式化符号

在日常开发中，使用 print 函数经常会用到字符串的格式化符号，如果要输出一个字符串，就用%s；如果要输出一个整数，就用%d。常见的格式化符号参见表 2.4。

表 2.4　格式化符号

格式化符号	说明
%c	格式化字符及其 ASCII 码
%s	格式化字符串
%d	格式化整数
%u	格式化无符号整型
%o	格式化无符号八进制数
%x	格式化无符号十六进制数
%X	格式化无符号十六进制数（大写）
%f	格式化浮点数字，可指定小数点后的精度
%e	用科学计数法格式化浮点数
%E	作用同%e，用科学计数法格式化浮点数
%p	用十六进制数格式化变量的地址
%%	字符%

我们可以把格式化字符串想象成带有几个填空项的模板。比如：

```
____的数据成绩是____
```

第一个填空项是人名（字符串），第二个填空项是分数（整数），在代码中就是：

```
%s 的数据成绩是%d
```

输出后的内容与模板一模一样，只将填空的内容填上即可。下面在代码中输入填空项：

```
print( '%s 的数据成绩是%d'%('王丽华',98))          # 王丽华的数据成绩是 98
```

在模板和具体内容之间有一个%，表示这是一个格式化操作。具体填写的内容用括号封闭起来，多个参数之间用逗号间隔。如果只有一个参数，就可以省略括号。

我们还可以在格式化符号前添加几类符号：

- -，左对齐标志，默认为右对齐。
- +，表示应该包含数字的正负号。
- 0，表示用 0 填充。

下面再看一段代码：

【示例 2-9】

```
01    print( '%5s 的数据成绩是%03d'%('王丽华',98))
02    print( '%-5s 的数据成绩是%03d'%('王丽华',98))
03    print( '今天的温度是%+3d'%+30)
04    print( '今天的温度是%3d'%+30)
```

输出结果如图 2.8 所示。在第 1 行的输出中，%5s 表示字符串长度为 5，但因为给出的参数只有 3 位，所以前面补充了两个空格进行输出（默认用空格填充）；%03d 表示长度为 3 的整数，长度不够时前面用 0 填充，输出的是 098。默认情况下，数值的+号是不输出的，但如果使用+这个符号，则正负号都会输出。

```
========================== RESTART: D:/strformat.py =======
    王丽华的数据成绩是098
王丽华   的数据成绩是098
今天的温度是+30
今天的温度是 30
>>>
```

图 2.8   格式化输出

除了各种符号外，Python 也提供了一个格式化函数 format。它通过 "{}" 和 ":" 代替传统%操作。format 函数的特色就是可以接受无限个参数，而且位置可以不按模板的顺序，这和我们前面所说的填空的例子略有不同。

【示例 2-10】

```
01    print( '{}的数据成绩是{}'.format('王丽华',98))
02    print( '{0}、{1}的数据成绩都是{2}'.format('王丽华','刘晓娜',98))
03    print( '{0}的数据成绩是{2}，{1}的数据成绩是{2}'.format('王丽华','刘晓娜',98))
```

这里用 "{}" 表示模板中每个填空的位置，如果不按固定的顺序，就可以按{0}指定顺序，如第 3 行代码的{2}使用了两次，也就是第 3 个参数被调用两次。

"{}" 和 ":" 的组合通常用于数值的格式化，表 2.5 是一些通用的格式化写法。

表 2.5   格式化写法

格式	说明
{:.2f}	保留小数点后两位，如 print("{:.2f}".format(3.1415926))最后输出的是 3.14
{:+.2f}	保留小数点后两位，保留正负号
{:.0f}	保留整数，不带小数位
{:0>3d}	指定长度为 2，不够时左边填充 0
{:0<3d}	指定长度为 2，不够时右边填充 0

下面是一段代码：

【示例 2-11】

```
print("{:.2f}".format(3.1415926))
01    print("{:+.2f}".format(3.1415926))
02    print("{:.0f}".format(3.1415926))
03    print("{:0>3d}".format(30))
04    print("{:0<3d}".format(30))
```

输出结果如图 2.9 所示。

```
========================== RESTART: D:/strformat.py ===
3.14
+3.14
3
030
300
>>>
```

图 2.9   格式化数字

2.4.7　字符串的内置函数

函数的使用想必读者已经不再陌生，前面也介绍过 join 拼接字符串、format 格式化字符串等函数。常用的字符串内置函数还包括表 2.6 所示的这些。

表 2.6　内置函数

函数	说明
capitalize()	将字符串的首字母转换为大写
center(width, fillchar)	返回一个指定的宽度 width 居中的字符串，fillchar 为填充的字符，默认为空格
count(str, start= 0,end=len(string))	返回 str 在 string 里面出现的次数，如果 start 或 end 指定，就返回指定范围内出现的次数
encode(encoding='UTF-8',errors='strict')	以 encoding 指定的编码格式编码字符串，如果出错默认报一个 ValueError 的异常，那么 errors 还可以指定 ignore（忽略）或 replace（替换指定内容）
endswith(obj, start=0, end=len(string))	字符串是否以 obj 结束，如果 start 或 end 指定，就检查指定的范围内是否以 obj 结束，如果是，返回 True，否则返回 False
expandtabs(tabsize=8)	把字符串 string 中的 tab 符号转为空格，tab 符号默认的空格数是 8
find(str, start=0 end=len(string))	检测 str 是否包含在字符串中，如果指定范围 start 和 end，就检查是否包含在指定范围内，如果包含，就返回开始的索引值，否则返回-1
index(str, start=0, end=len(string))	跟 find()方法一样，只不过 str 不在字符串中时会报错
isalnum()	如果字符串至少有一个字符并且所有字符都是字母或数字，就返回 True，否则返回 False
isalpha()	如果字符串至少有一个字符并且所有字符都是字母，就返回 True，否则返回 False
isdigit()	如果字符串只包含数字，就返回 True，否则返回 False
islower()	如果字符串中包含至少一个区分大小写的字符，并且所有这些（区分大小写的）字符都是小写，就返回 True，否则返回 False
isnumeric()	如果字符串中只包含数字字符，就返回 True，否则返回 False
isspace()	如果字符串中只包含空白，就返回 True，否则返回 False
istitle()	如果字符串是"标题化"的，就返回 True，否则返回 False
isupper()	如果字符串中包含至少一个区分大小写的字符，并且所有这些（区分大小写的）字符都是大写，就返回 True，否则返回 False
isdecimal()	检查字符串是否只包含十进制字符，如果是，就返回 True，否则返回 False
len(string)	返回字符串的长度
ljust(width[, fillchar])	返回一个原字符串左对齐，并使用 fillchar 填充至长度 width 的新字符串，fillchar 默认为空格
lower()	转换字符串中所有大写字符为小写
lstrip([chars])	删除字符串左侧的空格或指定的字符
max(str)	返回字符串 str 中最大的字母
min(str)	返回字符串 str 中最小的字母

（续表）

函数	说明
replace(old, new [, max])	把字符串中的 old 替换成 new，如果指定 max，就替换不超过 max 次
rfind(str, start=0,end=len(string))	类似于 find() 函数，从右边开始查找
rindex(str, start=0, end=len(string))	类似于 index() 函数，从右边开始查找
rjust(width,[, fillchar])	返回一个原字符串右对齐，并使用 fillchar（默认空格）填充至长度 width 的新字符串
rstrip([chars])	删除字符串右侧的空格或指定的字符
split(str="", num=string.count(str))	以 str 为分隔符截取字符串，如果 num 有指定值，则仅截取 num 个子字符串
splitlines([keepends])	按照行（'\r', '\r\n', '\n'）分隔，返回一个包含各行作为元素的列表，如果参数 keepends 为 False，不包含换行符，如果为 True，则保留换行符
startswith(obj, start=0,end=len(string))	检查字符串是否以 obj 开头，是就返回 True，否则返回 False。如果 start 和 end 指定值，就在指定范围内检查
strip([chars])	在字符串上执行 lstrip() 和 rstrip() 函数
swapcase()	将字符串中的大写字母转换为小写、小写字母转换为大写
title()	返回"标题化"的字符串，就是说所有单词都是以大写开始，其余字母均为小写
translate(table, deletechars="")	根据 table 给出的翻译表（包含 256 个字符）转换 string 的字符，要过滤掉的字符放到 deletechars 参数中
upper()	转换字符串中的所有小写字母为大写
zfill (width)	返回长度为 width 的字符串，原字符串右对齐，前面填充 0

这里要特别说明的是 translate 函数，它需要一个 table 参数，这个 table 一般称为翻译表或转换表。比如根据最新广告法规定，不允许使用"最好的""最厉害的"这类用语，还有网站也经常需要过滤一些不文明用语，这时候就可以制作一个翻译表，比如将"最"替换为"*"。翻译表使用 maketrans 函数制作，下面给一个详细的例子：

【示例 2-12】

```
01   intab = "最"
02   outtab = "*"
03   trantab = str.maketrans(intab, outtab)
04   str1="这是最好的一次体验。"
05   print (str1.translate(trantab))
```

上述代码输出结果如图 2.10 所示。首先使用 maketrans 函数制作一个翻译表（"最"翻译为"*"），然后使用 translate 函数输出翻译后的字符串。

```
========================== RESTART: D:/strfun.py =====
这是*好的一次体验。
>>> |
```

图 2.10　翻译表

2.5　列　表

列表表示一组有序的元素，比如每个学生有学号、姓名、性别这 3 个属性，我们就可以把这 3
个属性放在一个列表中。Python 中的列表类似其他语言的数组，细节上有所不同，但存储概念上
类似。本节将介绍列表的使用。

2.5.1　使用列表

1. 普通定义

列表使用[ ]闭合定义，比如一个学生列表：

```
stu1=['10001','张晓光','男']
```

也可以定义一个成绩列表，全部是数字：

```
score1=[45,68,98]
```

列表中的元素可以是任意数据类型，也可以多种数据类型混合使用，给学生列表添加年龄属
性：

```
stu1=['10001','张晓光','男',20]
```

列表也可以初期定义为空，然后使用列表的 append 函数向其追加元素，该函数只能包括一个
参数。

```
stu1=[]
stu1.append('张晓光')
```

相信很多读者听说过二维数组，就是数组的元素也是数组。同理，列表的元素也可以是列表，
我们也可以称之为二维列表。它使用[[],[],[]]这种方式，下面创建 3 条学生信息：

```
stu1=[['10001','张晓光','男',20],['10002','李淑霞','女',21],['10003','王心智','男',19]]
```

也可以看起来更直接一些：

```
stu1=[
    ['10001','张晓光','男',20],
    ['10002','李淑霞','女',21],
    ['10003','王心智','男',19]
]
```

要访问第 2 个学生的年龄，可以使用 stu1[1][3]，第 1 个[]表示访问第几行，第 2 个[]表示访问
第几列，也就是使用 stu1[row][col]来访问二维列表中的元素。

2. 快速定义

列表还可以使用快速定义的方式：

```
stu1=[0]*width
```

0 是默认的内容，width 是个数，比如要定义 4 个元素的列表：

```
stu1=[0]*4
```

创建学生列表，然后逐个赋值：

【示例 2-13】

```
01    stu1=[0]*4
02    print('学生：',stu1)
03
04    stu1[0]='10001'
05    stu1[1]='张晓光'
06    stu1[2]='男'
07    stu1[3]=20
08    print('学生：',stu1)
```

输出结果为：

```
学生： [0, 0, 0, 0]
学生： ['10001', '张晓光', '男', 20]
```

那么，二维列表是否也可以这样快速定义呢？

先来快速定义一个 3 行 4 列的列表，然后给第 1 行第 1 列赋值'10001'：

【示例 2-14】

```
01    stu1=[[0]*3]*4
02    stu1[0][0]='10001'
03    print('学生：',stu1)
```

我们会以为输出结果只是第 1 行第 1 列的值改变了，但输出结果却是：

```
学生： [['10001', 0, 0], ['10001', 0, 0], ['10001', 0, 0], ['10001', 0, 0]]
```

第 1 列的结果全部改变了。因为[[]]是一个含有一个空列表元素的列表，[[]]*4 表示 4 个指向这个空列表元素的引用，所以修改任何一个元素都会改变整个列表。

那如何快速定义二维列表呢？

【示例 2-15】

```
01    stu1=[([0] * 3) for i in range(4)]
02    stu1[0][0]='10001'
03    print('学生：',stu1)
```

此时输出结果如下，正是我们需要的结果。

```
学生： [['10001', 0, 0], [0, 0, 0], [0, 0, 0], [0, 0, 0]]
```

这是通过一种循环的方式创建二维列表，相信读者学完 for...in 语句后会有更深的感悟。

2.5.2　访问列表

使用列表后，经常需要访问其中的某一个元素，Python 中直接用索引访问，索引从 0 开始，负数表示从倒数的位置开始。比如访问第 1 个元素，用[0]，访问倒数第 1 个元素，用[-1]：

```
stu1=['10001','张晓光','男',20]
```

```
print('学生学号：%s，学生年龄：%d'%(stu1[0],stu1[-1]))

# 学生学号：10001，学生年龄：20
```

如果要访问部分元素，可以使用[start:end]切片形式，从 start 位置开始访问，一直到 end 位置之前，比如[1:3]就是访问第 2 个元素到第 4 个元素之前，就是 2、3 两个元素。

```
stu1=['10001','张晓光','男',20]
print('学生：',stu1[1:3])

# 学生：['张晓光','男']
```

2.5.3　列表常用的内置函数

Python 为列表提供了一系列函数，如追加、插入、排序、移除等，常见的函数参见表 2.7。

表 2.7　列表常用的内置函数

名称	说明
list.append()	追加
list.count(x)	计算列表中参数 x 出现的次数
list.extend(L)	向列表中追加另一个列表 L
list.index(x)	获得参数 x 在列表中的位置
list.insert(x,y)	向列表中的 x 位置插入数据 y
list.pop([index])	删除列表中 index 位置的元素（通过下标删除）
list.remove(x)	删除列表中的指定元素 x（直接删除）
list.reverse()	将列表中元素的顺序颠倒
list.sort()	将列表中的元素进行排序

还是使用前面创建的列表 stu1，下面演示几个函数的使用：

【示例 2-16】

```
01    stu1=['10001','张晓光','男',20];
02    print('学生：',stu1)
03
04    #1.追加城市
05    stu1.append('上海')
06    print('1.',stu1)
07
08    #2.追加另一个列表
09    stu2=['10002','李淑霞','女',21,'上海']
10    stu1.extend(stu2)
11    print('2.',stu1)
12
13    #3.上海在列表中出现的次数
14    print('3.',stu1.count('上海'))
15
16    #4.获取位置
17    print('4.',stu1.index('李淑霞'))
18
19    #5.插入开头
```

```
20    stu1.insert(0,'学生信息：')
21    print('5.',stu1)
22
23    #6.pop 移除
24    stu1.pop(0)
25    #stu1.pop()
26    #stu1.pop(-1)
27    print('6.',stu1)
28
29    #7.remove 移除
30    stu1.remove('上海')
31    print('7.',stu1)
32
33    #8.reverse 反转
34    stu1.reverse()
35    print('8.',stu1)
36
37    #9.sort 排序
38    stu1.sort()
39    print('9.',stu1)
```

上述代码的输出结果如图 2.11 所示。

```
============================ RESTART: D:/list1.py ============================
学生： ['10001', '张晓光', '男', 20]
1. ['10001', '张晓光', '男', 20, '上海']
2. ['10001', '张晓光', '男', 20, '上海', '10002', '李淑霞', '女', 21, '上海']
3. 2
4. 6
5. ['学生信息：', '10001', '张晓光', '男', 20, '上海', '10002', '李淑霞', '女', 21, '上海']
6. ['10001', '张晓光', '男', 20, '上海', '10002', '李淑霞', '女', 21, '上海']
7. ['10001', '张晓光', '男', 20, '10002', '李淑霞', '女', 21, '上海']
8. ['上海', 21, '女', '李淑霞', '10002', 20, '男', '张晓光', '10001']
Traceback (most recent call last):
  File "D:/list1.py", line 69, in <module>
    stu1.sort()
TypeError: '<' not supported between instances of 'int' and 'str'
>>>
```

图 2.11　列表函数应用

这里有几点要特别说明：

（1）使用 pop 移除元素时，指定的索引可以为空，也可以为正负数。为空时，是移除列表最后的元素；为负数时，是从倒数位置移除指定的元素。

（2）追加另一个列表时，追加的内容并不会与原列表组成二维列表，而是在原列表中追加一些元素，因此获取位置时出现的是 6，而不是 stu1[][]这种形式。

（3）使用 sort 函数时出现了如下错误，因为列表中元素的类型不限定，本例中包含了字符串和数字，所以这里出现运行错误。

```
stu1.sort()
TypeError: '<' not supported between instances of 'int' and 'str'
```

要了解这个错误，笔者把 sort 函数单独列出来介绍，继续下一节。

2.5.4　列表排序

在 Python 中，排序使用 sort，语法如下，这两个参数都是可选的。

```
sort (key=None, reverse=False)
```

1. 普通排序（升序或降序）

如果列表中的元素是统一的单一数据类型，就直接使用 sort()，默认升序。例如：

【示例 2-17】

```
01    stu1=['10001','男','张晓光'];
02    stu1.sort()
03    print('学生: ',stu1)              # 学生: ['10001', '张晓光', '男']
04
05    score1=[80,100,98,59]
06    score1.sort();
07    print('成绩: ',score1)            # 成绩: [59, 80, 98, 100]
```

默认为升序，要是使用降序呢？ sort 函数中有一个 reverse 参数，将其设置为 True，就可以实现降序：

【示例 2-18】

```
01    stu1=['10001','男','张晓光'];
02    stu1.sort(reverse=True)
03    print('学生: ',stu1)          # 学生: ['男', '张晓光', '10001']
04
05    score1=[80,100,98,59]
06    score1.sort(reverse=True);
07    print('成绩: ',score1)            # 成绩: [100, 98, 80, 59]
```

2. 副本排序

如果要排序，但并不修改原来的内存位置，这个时候就要用到副本排序。先来看一段代码：

【示例 2-19】

```
01    score1=[80,100,98,59]
02    score2=score1
03    score2.sort()
04    print('成绩: ',score2)
05    print('位置: ',id(score1),id(score2))
```

输出结果：

```
成绩1:  [59, 80, 98, 100]
成绩2:  [59, 80, 98, 100]
位置:  2134350122056 2134350122056
```

如果直接使用赋值的方式创建一个副本，发现两者的存储位置一致，都进行了排序，这个时候并不能实现真正的副本排序。我们需要用切片方式[:]进行赋值：

【示例 2-20】

```
01    score1=[80,100,98,59]
02    score2=score1[:]
03    score2.sort()
```

```
04    print('成绩1: ',score1)
05    print('成绩2: ',score2)
06    print('位置: ',id(score1),id(score2))
```

输出结果如下:

```
成绩1: [80, 100, 98, 59]
成绩2: [59, 80, 98, 100]
位置: 2948369107848 2948359917512
```

可以看到 score1 并没有被排序,而且两者的位置也不相同。

3. 复杂排序

sort 函数中有一个 key 参数,用于定义排序过程中调用的函数。key 是带一个参数的函数,用于为每个元素提取比较值,默认为 None,即直接比较每个元素。比如要通过列表中元素的长度进行排序:

```
stu1=['10001','男','张晓光'];
stu1.sort(key=len)
print('学生: ',stu1)      # 学生: ['男', '张晓光', '10001']
```

key 指定的函数只能有一个输入参数,也只能有一个返回值。可以使用 Python 自带的函数,比如上述代码的 len,也可以自定义函数。

下面自定义一个函数 comp,有一个输入参数 x。函数中先用 type 判断 x 的数据类型,如果不是 str(字符串)类型,就返回'0',如果是 str 类型,就直接返回 x,即保持原来的值不变。

【示例 2-21】

```
01    stu1=['10001','男','张晓光',20];
02    def comp(x):
03        if type(x) is not str:
04            return '0'
05        else:
06            return x
07
08    stu1.sort(key=comp)
09    print('学生: ',stu1)          # 学生: [20, '10001', '张晓光', '男']
```

代码中使用 key=comp 让 stu1 列表的排序按我们自定义的方式。因为列表中既有字符串又有数字,而自定义函数的意思是将数字换为'0',也就是让其保持最小值,以方便排序时保证它在前面的位置,所以最终实现了数字在前、字符串在后的排序。

2.5.5 删除列表

前面介绍列表函数时,使用 remove、pop 这两个函数删除列表中的元素。本小节再介绍两个函数,即 del 和 clear。

clear 也是列表的函数,不是删除某个元素,而是清空列表:

```
stu1=['10001','男','张晓光'];
stu1.clear()
print('学生: ',stu1)              # 学生: []
```

del 用法和 pop 类似，也是删除指定索引的位置，并可以使用切片方法删除。

```
stu1=['10001','男','张晓光'];
del stu1[0]
del stu1[-1]
#del stu1[0:3]
print('学生: ',stu1)        # 学生: ['男']
```

提　示

如果 stu1 不指定删除的位置，直接使用 del stu1 会删除整个列表，此时如果再访问 stu1，会提示该变量未定义的错误。读者请自行测试一下。

2.5.6　获取列表中的最大值和最小值

Python 提供了几个函数用于操作列表，如获取列表的个数、最大值、最小值等，这些使用方法比较简单，这里简单讲解一下。

- len(list)：列表元素个数。
- max(list)：返回列表中元素的最大值。
- min(list)：返回列表中元素的最小值。

直接写一段代码：

【示例 2-22】

```
01  score1=[80,100,98,59]
02  print('%d 个成绩'%len(score1))
03  print('成绩最高: ',max(score1))
04  print('成绩最低: ',min(score1))
```

这里定义一个成绩列表，然后选出所有成绩的最大值和最小值，结果如下：

```
4 个成绩
成绩最高: 100
成绩最低: 59
```

2.5.7　列表常用运算符

数字有+、-、*、/等运算符，字符串有+、-、[]、[:]等运算符，列表也有一些运算符，如表 2.8 所示。

表 2.8　列表常用运算符

名称	说明
+	运算符两侧的列表组合在一起
*	根据右侧数字重复运算符左侧的列表
in	判断运算符左侧的元素是否属于右侧的列表

演示一段代码：

【示例 2-23】

```
01   stu1=['101','张晓光']
02   stu2=['男',20]
03
04   print('stu1+stu1:',stu1+stu2)
05   print('stu1*2:',stu1*2)
06   print('101 in stu1:','101' in stu1)
```

输出结果如下：

```
stu1+stu1: ['101', '张晓光', '男', 20]
stu1*2: ['101', '张晓光', '101', '张晓光']
101 in stu1: True
```

2.6 元　组

元组是一组有序的元素，各种使用方法与列表类似，只是元组中的元素一旦定义，就不能更改。本节将学习元组的使用，其中学习过程与上一节类似，读者可以通过对比加深印象。

2.6.1　使用元组

元组的定义使用()，列表使用[]。我们知道列表的定义方式有以下两种：

```
stu1=['10001','张晓光','男']
stu1=[0]*width
```

元组是否也可以这样定义呢？

当然不可以，因为元组的元素是不能改变的，我们无法先使用[0]来定义元素，后期再做更改。因此使用元组的方式是：

```
stu1=('10001','张晓光','男')
```

> **注　意**
>
> 也可以使用 stu1=()的形式定义空元组，但因为元组内的元素不可以改变，所以这样基本没有意义。

元组还有一种更简单的定义方式。在 Python 中，默认用逗号间隔的一组元素自动会定义为元组。比如下面这段代码：

```
stu1='10001','张晓光','男'
```

我们直接在 Python 的交互模式解释器中输出 stu1 的类型，会显示它是一个 tuple（元组），如图 2.12 所示。

```
>>> stu1='10001','张晓光','男',20
>>>
>>>
>>> type(stu1)
<class 'tuple'>
>>> |
```

图 2.12　输出元组类型

2.6.2　访问元组

访问元素也是使用[]索引的方式，0、正负数都可以，也支持[:]这种切片方式。下面举例说明：

```
stu1=('10001','张晓光','男',20)
print('学生学号：%s，学生年龄：%d'%(stu1[0],stu1[-1]))
print('学生：',stu1[1:3])
```

输出结果如下：

```
学生学号：10001，学生年龄：20
学生： ('张晓光', '男')
```

这里要注意的是，如果 stu1 是一个列表，用[:]切片形式输出时就显示[张晓光', '男']；如果 stu1 是一个元组，输出时就显示('张晓光', '男')。读者要注意[]和()的区别。

2.6.3　元组常用的内置函数

因为元组不可修改，所以列表中有的追加、插入、移除等函数，元组都没有。常用的元组函数只有两个：

- count()：查找指定元素在元组中出现的次数。
- index()：查找指定元素第一次在元组出现的索引值。

举例如下：

```
stu1='10001','张晓光','男',20,20
print('20 出现的次数',stu1.count(20))  # 2
print('20 出现的位置',stu1.index(20))  # 3，返回第一次出现的位置
```

index()除了可以在整个元组中查找，还可以在指定开始位置和结束位置之间的元素块中查找，比如在 stu1 的最后 3 个元素中查找。

```
stu1.index(20,3,5)   # 3
```

注　意

不管是在最后 3 个元素中查找，还是在所有元素中查找，index 函数返回的位置都是该元素在整个元组中的位置。

2.6.4 删除元组

元组没有 clear 清空函数，也不能使用 del 指定要删除的索引位置。删除元组只需要一句 del，如图 2.13 所示。

```
del stu1
```

```
>>> stu1='10001','张晓光','男',20
>>> del stu1
>>> print(stu1)
Traceback (most recent call last):
  File "<pyshell#29>", line 1, in <module>
    print(stu1)
NameError: name 'stu1' is not defined
>>>
```

图 2.13　删除元组

删除 stu1 元组后，如果再次访问该元组，系统会给出 is not defined 的未定义错误。

2.6.5　获取元组中的最大值和最小值

也可以使用 min、max 获取元组中的最小值和最大值。直接看一段代码：

【示例 2-24】

```
01    score1=(80,100,98,59)
02    print('%d 个成绩'%len(score1))
03    print('成绩最高: ',max(score1))
04    print('成绩最低: ',min(score1))
```

输出结果如下：

```
4 个成绩
成绩最高: 100
成绩最低: 59
```

2.6.6　元组常用运算符

元组的运算符和列表的运算符基本一致，常用的也是+、*、in。

- +：生成一个新的元组。
- *：重复几次。
- in：判断是否包含指定的元素。

还是直接举例：

【示例 2-25】

```
01    stu1=('101','张晓光')
02    stu2=('男',20)
03
04    print('stu1+stu1:',stu1+stu2)
05    print('stu1*2:',stu1*2)
```

```
06   print('101 in stu1:','101' in stu1)
```

输出结果如下：

```
stu1+stu1: ('101', '张晓光', '男', 20)
stu1*2: ('101', '张晓光', '101', '张晓光')
101 in stu1: True
```

2.6.7　元组与列表的转换

在 Python 中，元组类型和列表类型可以互换。

当将一个列表转换为元组时，使用 tuple(seq)函数，此时列表还是列表，会创建一个新元组。当将一个元组转换为列表时，使用 list(seq)函数，此时元组还是元组，会创建一个新列表。虽然意思有点拗口，但读者一定要注意，并不是原有的列表或元组发生了根本性的改变，只是创建了一个新对象。

1. 列表转元组

列表转元组使用 tuple 函数：

```
stu1=['10001','张晓光','男',20]
tup1=tuple(stu1)          #转元组
print(type(stu1))         # <class 'list'>
print(type(tup1))         # <class 'tuple'>
```

2. 元组转列表

元组转列表使用 list 函数：

```
stu1=('10001','张晓光','男',20)
list1=list(stu1)          #转列表
print(type(stu1))         # <class 'tuple'>
print(type(list1))        # <class 'list'>
```

2.7　字　　典

字典的概念来自英文 Dictionary 的翻译，意思是一对 key-value 的组合值，通常称为键-值对。本节将介绍 Python 中的字典。

2.7.1　使用字典

在 Python 中，使用{}定义字典，字典中的键-值对用冒号间隔，比如定义一个字典：

```
stu1={'学号':'10001','姓名':'张晓光','性别':'男','年龄':20}
```

在字典中，键是不可变的（数字、字符串、元组），但值是可以改变的，比如要改变上述字典中的年龄为 30，可以这样写：

```
stu1['年龄']=30
```

注　　意
字典中的值可以是任意类型，因为键是不可改变的，所以不能是列表等可变类型。

在字典中，键是唯一的，虽然定义字典时允许输入两个相同的键，但实际上后一个键的值会覆盖上一个键的值，比如以下代码定义了重复的"姓名"键：

```
stu1={'学号':'10001','姓名':'张晓光','姓名':'李三','年龄':20}
```

stu1['姓名']输出的结果会是'李三'。

上面我们演示的键都是字符串，其实键还可以是数字或元组，比如下面定义一组数字键：

```
day={1:'星期一',2:'星期二',3:'星期三'}

print(day[1])
```

也可以使用混合类型的键，比如既有数字键又有字符串的键：

```
day={1:'星期一',2:'星期二',3:'星期三','四':'星期四'}

print(day['四'])
```

2.7.2　访问字典

访问序列中的元素基本都用[]，字典也不例外。因为元素是键-值对，所以[]中还需要指定要访问的键。比如 stu1['姓名']就是访问"姓名"键所对应的值。

注　　意
访问列表或元组时，可以使用 stu1[索引]的方式，但字典中并不可以，比如使用索引[0]并不会访问第 1 个元素，而是访问键为 0 的元素。

下面举例：

```
day={1:'星期一',2:'星期二',3:30,'四':'星期四'}

print(day['四'])        #星期四
print(day[2])          #星期二
```

2.7.3　字典常用的内置函数

字典中包括一些返回值、返回键的方法，如表 2.9 所示。

表 2.9　字典常用的内置函数

名称	说明
dict.copy()	返回一个字典的深拷贝
dict.fromkeys(seq[, value]))	创建一个字典，以序列 seq 中的元素做字典的键，value 可省略，为字典所有键对应的初始值，如果省略，值就为 None
dict.get(key, default=None)	返回指定键的值，如果值不在字典中，就返回 default 默认值

（续表）

名称	说明
dict.items()	以列表形式返回可遍历的(键,值)
dict.keys()	以列表形式返回一个字典所有的键
dict.setdefault(key, default=None)	和 get()类似，但如果键不存在于字典中，就会添加键并将值设为 default
dict.update(dict2)	把指定字典的键/值对更新到当前字典中
dict.values()	以列表形式返回字典中的所有值

> **说　　明**
>
> 一旦定义一个变量，其在内存中占据的位置一般不可变，都是通过一个引用指向该变量。如果复制某个变量，也只是增加一个引用，具体位置还是不变，这个时候就是浅拷贝；如果增加引用的同时具体位置也发生了变化，这种称为深拷贝。

下面举例：

【示例 2-26】

```
01    dict1={'姓名':'张晓光','年龄':20}
02
03    print('1.所有键: ',dict1.keys())
04    print('2.所有值: ',dict1.values())
05    print('3.所有键-值: ',dict1.items())
06
07    dict2=dict1
08    dict3=dict1.copy()
09    print('4.浅拷贝和深拷贝: ',id(dict1),id(dict2),id(dict3))
10
11    score1=(1,2,3,4)
12    dict4=dict1.fromkeys(score1)
13    print('5.通过元组创建字典: ',dict4)
14    print('6.get 年龄: ',dict1.get('年龄'))
15
16    dict1.setdefault('年龄',30)
17    print('7.setdefault 年龄: ',dict1)
18
19    dict5={'成绩':'优良'}
20    dict1.update(dict5)
21    print('8.update 成绩: ',dict1)
```

输出结果如图 2-14 所示。

```
========================== RESTART: D:/dict1.py ==========================
1.所有键:  dict_keys(['姓名', '年龄'])
2.所有值:  dict_values(['张晓光', 20])
3.所有键-值:  dict_items([('姓名', '张晓光'), ('年龄', 20)])
4.浅拷贝和深拷贝:  1996866938632 1996866938632 1996867426848
5.通过元组创建字典:  {1: None, 2: None, 3: None, 4: None}
6.get年龄:  20
7.setdefault年纪:  {'姓名': '张晓光', '年龄': 20, '年纪': 30}
8.update成绩:  {'姓名': '张晓光', '年龄': 20, '年龄': 30, '成绩': '优良'}
>>>
```

图 2.14　字典内置函数应用

这里要特别说明几点：

（1）如果是通过=赋值的方式创建一个新的字典，使用的就是浅拷贝，也就是说，并不开辟一块内存保存新字典。如果是通过 copy 函数创建一个新字典，就是深拷贝方式，通过 id(dict)输出的内存地址信息可以判断。

（2）get 和 setdefault 都可以获取指定键的值，但如果指定的键并不存在，get 就返回默认值 None，而 setdefault 就会将指定的键添加到字典中。

（3）update 是将指定的字典更新到当前字典中，但如果指定的字典中并不包含值，也就是只有键的情况，如{'张三','上海'}这种形式，代码并不报错，而是自动分割键，给当前字典增加键值对，比如增加后是{'张':'三','上':'海'}这种形式。因此，在使用 update 时要检查仔细。

2.7.4 删除字典

删除字典的方法有很多种，如 clear、pop、popitem、del 等，这些有的只能删除字典元素，有的可以删除字典，具体说明如下：

- clear()：清空字典中所有键-值对。
- pop(key)：删除指定键的键-值对，有返回值，返回值为被删除的值。
- popitem()：删除最后一项键-值对，有返回值，返回值为被删除的键-值对。
- del：删除字典元素或字典，如果删除的是字典，再访问字典时会报错。

（1）首先介绍 clear，清空字典后，如果再访问字典，就不会报错，返回{}。

```
dict1={'姓名':'张晓光','年龄':20}
dict1.clear()
print(dict1)                # {}
```

（2）pop 函数在使用时有两个步骤：

- 一是在字典中删除键-值对。
- 二是返回被删除的值。

因为有返回值，所以可以定义一个变量接收该值，例如：

```
dict1={'姓名':'张晓光','年龄':20}
str1=dict1.pop('姓名')
print(str1)                 # 张晓光
print(dict1)                # {'年龄': 20}
```

（3）popitem 没有参数，默认是删除最后一项键-值对（返回元组），例如：

```
dict1={'姓名':'张晓光','年龄':20}
tup1=dict1.popitem()
print(tup1)                 # ('年龄', 20)
print(dict1)                # {'姓名': '张晓光'}
```

（4）如果 del 指定键，则删除的效果和 popitem 没有区别，但并不返回值；如果 del 不指定键，则会删除整个字典。

```
dict1={'姓名':'张晓光','年龄':20}
del dict1['姓名']                    # 删除 "姓名" 键值对
print(dict1)

del dict1                           # 删除字典
print(dict1)
```

因为第 2 次用 del 删除了字典，所以访问时会报错，如图 2.15 所示。

```
============================ RESTART: D:/dict1.py ============================
{'年龄': 20}
Traceback (most recent call last):
  File "D:/dict1.py", line 51, in <module>
    print(dict1)
NameError: name 'dict1' is not defined
>>> |
```

图 2.15　删除字典报错

2.7.5　字典常用运算符

字典没有+、*运算符，只有 in 运算符，用于判断指定的键是否在字典中，或者使用 not in 判断指定的键是否不在字典中。

下面举例：

【示例 2-27】

```
01    dict1={'姓名':'张晓光','年龄':20}
02    if '姓名' in dict1:
03        print(dict1['姓名'])
04
05    if '性别' not in dict1:
06        dict1.setdefault('性别','男')
07        print(dict1)
```

上述代码使用 if 做了两次判断，第 1 次判断字典中是否有 "姓名" 键，如果有，就输出该键对应的值。第 2 次判断是否没有 "性别" 键，如果没有，就使用 setdefault 添加该键，并输出当前字典。代码输出结果是：

```
张晓光
{'姓名': '张晓光', '年龄': 20, '性别': '男'}
```

2.8　集　　合

集合是一组无序的不能重复的元素，这个和列表、元组不同，虽然也是一组元素，但因为是无序的，所以无法使用[]索引的方式访问。集合不能重复，其作用就是去重（去掉重复数据）。本节将介绍集合的使用。

2.8.1 使用集合

要使用集合，就需要用 set 函数，这类要注意，其他序列（列表、元组）等都是通过()、[]直接定义，而集合不是，相当于是通过 set 函数将数据转换为集合。因此很多教程也不把集合当作 Python 的标准数据类型。

使用集合的方式如下：

```
set1=set([1,200,39,50])
set2=set(['王晓光','男'])
print(set1)
print(set2)
```

上述集合的输出结果如下：

```
{200, 1, 50, 39}
{'男', '王晓光'}
```

从结果可以看出，集合并没有按定义的顺序输出。在 Python 中，集合是无序的，打印结果取决于其内部存储结构和输出方式。

说　　明
也可以先创建一个列表，然后使用 set 函数将列表转化为集合，如 list1=[45,68,98]、set1=set(list1)。

如果不使用[]的方式，直接定义一个字符串集合：

```
set1=set('hello')
print(set1)
```

从输出结果可以看出，重复的字母会被删除：

```
{'o', 'l', 'h', 'e'}
```

集合中的元素不能重复，假如定义以下带有重复元素的集合：

```
set1=set([1,200,200,39,50])
```

在使用时该集合并不会报错，但会默认将重复的值去掉，上述代码输出结果为：

```
{200, 1, 50, 39}
```

2.8.2 集合常用的内置函数

集合虽然是无序的，但在创建后还可以添加、更新等。Python 为集合提供了一些内置函数，如表 2.10 所示。

表 2.10 集合常用的内置函数

名称	说明
add	添加元素
clear	清空元素

（续表）

名称	说明
copy	复制集合
discard	删除指定元素，如果没有也不会报错
pop	随机删除一个元素
remove	删除指定元素，如果没有会报错
update	更新元素

下面举例：

【示例 2-28】

```
01   set1=set([1,200,39,50])
02   set1.add(30)                        #添加
03   print('1.add 30: ',set1)
04
05   set2=set1.copy()                    #复制
06   print('2.copy: ',set2)
07
08   set1.discard(200)                   #删除
09   print('3.discard: ',set1)
10
11   set1.pop()                              #随机删除
12   print('4.pop: ',set1)
13
14   set1.remove(39)                     #删除，如果没有会报错，终止程序
15   print('5.remove: ',set1)
16
17   set1.update([300,500])              #更新
18   print('6.update: ',set1)
19
20   set1.clear()                        #清空
21   print('7.clear: ',set1)
```

输出结果如图 2.16 所示。

```
============================ RESTART: D:/set1.py ===
1.add 30:  {1, 39, 200, 50, 30}
2.copy:  {1, 50, 39, 200, 30}
3.discard:  {1, 39, 50, 30}
4.pop:  {39, 50, 30}
5.remove:  {50, 30}
6.update:  {300, 50, 500, 30}
7.clear:  set()
>>>
```

图 2.16　集合内置函数应用

这里有几点需要注意：

（1）discard 和 remove 虽然都是删除元素，但如果指定的元素不存在，则 discard 依然会继续执行，remove 会报错终止程序执行。

（2）pop 删除元素时是随机的。

（3）复制集合时，从结果可以看出，复制后的集合顺序和原集合顺序并不相同。

（4）clear 只是清空集合的内容，如果要删除集合，还是使用 del set1 这种方式。

2.8.3　集合常用运算符（交集、并集、差集、对称差集）

在数学中，由一个或多个确定的元素所构成的整体叫作集合。数学中的集合有三大特性：

- 确定性（集合中的元素必须是确定的）
- 互异性（集合中的元素互不相同）
- 无序性（集合中的元素没有先后之分）

通过前面对 Python 中集合的学习，我们会发现，Python 中的集合和数学中的集合一样。数学中的集合有一些运算，如交集、并集等，Python 中也一样，可用来进行一些科学计算。

本小节介绍的集合常用运算符主要有 4 个：

- set1 | set2 ：set1 和 set2 的并集。
- set1 & set2 ：set1 和 set2 的交集。
- set1 - set2 ：差集（元素在 set1 中，但不在 set2 中）。
- set1 ^ set2 ：对称差集（元素在 set1 或 set2 中，但不会同时出现在两者中）。

相对于集合的这些数学操作，Python 也提供了一些内置函数用于科学计算，参见表 2.11。

表 2.11　用于科学计算的内置函数

名称	相当于运算符	说明
set1.issubset(set2)	set1 <= set2	检查 set1 中的每一个元素是否都在 set2 中，子集
set1.issuperset(set2)	set1 >= set2	检查 set2 中的每一个元素是否都在 set1 中，父集
set1.union(set2)	set1	set2	返回一个新的 set，包含 set1 和 set2 中的每一个元素，并集
set1.intersection(set2)	set1 & set2	返回一个新的 set，包含 set1 和 set2 中的公共元素，交集
set1.difference(set2)	set1 - set2	返回一个新的 set，包含 set1 中有但 set2 中没有的元素，差集
set1.symmetric_difference(set2)	set1 ^ set2	返回一个新的 set，包含 set1 和 set2 中不重复的元素，对称差集

下面举例，首先创建两个数据集合：

【示例 2-29】

```
01   set1=set([1,200,39,50])
02   set2=set([19,200,3,50,39,1])
03   print(set1)
04   print(set2)
05
06   print('1.issubset: ',set1.issubset(set2))        #set2 是否是 set1 的子集，True
07   print('1.set1 <= set2: ',set1 <= set2)           #set2 是否是 set1 的子集，True
08
09   print('2.issuperset: ',set1.issuperset(set2))    #set2 是否是 set1 的父集，False
10   print('3.union: ',set1.union(set2))              #并集
11   print('4.intersection: ',set1.intersection(set2))   #交集，set1 和 set2 都有的元素
12   print('5.difference: ',set2.difference(set1))    #差集，set2 中有，set1 中没有
```

```
13    print('6.symmetric_difference: ',set1.symmetric_difference(set2))# 对称差集，不重复的元素
```

输出结果如图 2.17 所示。

```
=========================== RESTART: D:/set1.py =====
{200, 1, 50, 39}
{1, 3, 39, 200, 50, 19}
1.issubset:  True
1.set1 <= set2:  True
2.issuperset:  False
3.union:  {1, 3, 39, 200, 50, 19}
4.intersection:  {200, 1, 50, 39}
5.difference:  {19, 3}
6.symmetric_difference:  {3, 19}
>>>
```

图 2.17　科学计算函数的应用

使用这些集合运算时要注意以下几点：

（1）代码中使用差集时，因为本例 set1 集合中的内容都在 set2 中，所以举例时用的 set2.difference(set1))并不是 set1.difference(set2))，其他运算都是 set1.xxx 形式。

（2）因为 issubset 和 issuperset 只是判断，所以返回的是 True 或 False，并不返回新的集合，而其他运算都会返回新的集合，从输出结果中也可以看到。

（3）使用内置函数或使用 -、&、| 、<= 等运算符的结果是一样的。

（4）集合主要的作用就是去重，通过结果可以看到，使用交集时，两个集合中相同的元素都被去掉了。

2.9　推 导 式

推导式（comprehensions）又称解析式，是 Python 的一种独有特性。推导式是可以从一个数据序列构建另一个新的数据序列的结构体。Python 共有 3 种推导式：

- 列表（list）推导式。
- 字典（dict）推导式。
- 集合（set）推导式。

2.9.1　初识推导

先来看一段代码：

```
T=[(x,y) for x in range(5) if x%2==0 for y in range(5) if y %2==1]
```

好长好奇怪，其实这就是常见的推导式，其基本语法如下：

```
variable = [expr for value in seq  if  condition]
```

首先需要一个变量接收推导式，右侧的[ ]表示这是列表推导式，字典或集合推导式都是使用

{ }。expr 是一个表达式或变量，可想象成每个符合条件的值。推导式中的 if 是根据条件过滤哪些值，不是必选。for 循环可理解为某个区间或某个范围。

下面以列表方式举例：

```
T = [i for i in range(40) if i % 4 is 0]
print(T)
```

返回结果：

```
[0, 4, 8, 12, 16, 20, 24, 28, 32, 36]
```

从结果可以看出，返回的是列表形式，通过 if 条件过滤下来的是可以被 4 整除的数。通过 for 循环依次输出 40 以下的满足 if 条件的值。

因为在语法中[ ]里面的第 1 个变量也可以是表达式，所以我们再改为表达式，这里创建一个函数。

```
def seq(x):
    return x*x
T = [seq(i) for i in range(40) if i % 4 is 0]
print(T)
```

以上输出变量的平方值：

```
[0, 16, 64, 144, 256, 400, 576, 784, 1024, 1296]
```

字典推导式、集合推导式与列表推导式的使用语法一致，只是需要将[ ]改为{ }。下面创建字典推导式，输出指定键的内容。

【示例 2-30】

```
01   dic1 = {'a': 20, 'c': 46, 'A': 9, 'B': 30,'d':50}
02   dic1_T = {
03       t.lower(): dic1.get(t)
04       for t in dic1.keys()  if t.lower() in ['a','b']
05   }
06   print(dic1_T)
```

首先创建一个字典 dic1，有 5 个键-值对。再创建一个字典推导式 dic1_T，过滤条件是字典的键 a、b 或 A、B。返回的内容是 t.lower(): dic1.get(t)。lower()返回小写，get()获取指定键的值。上述代码结果是：

```
{'a': 9, 'b': 30}
```

2.9.2　嵌套推导

列表都是可以嵌套的，列表的推导式也可以嵌套。下面用一个广泛流行的例子来说明。
有一个嵌套的名字列表，第 1 排是男孩名字，第 2 排是女孩名字。

```
names = [
    ['Tom','Billy','Jefferson','Andrew','Wesley','Steven','Joe'],
    ['Alice','Jill','Ana','Wendy','Jennifer','Sherry','Eva']
]
```

如果使用 for 循环输出"姓名中带有两个以上字母 e 的"姓名，那么代码如下：

```
tmp=[]
for lst in names:
    for name in lst:
        if name.count('e') >= 2:
            tmp.append(name)
print(tmp)
```

tmp 是一个临时列表，用于保存符合条件的姓名，代码中用了两个 for 遍历嵌套列表，代码结果是：

```
['Jefferson', 'Wesley', 'Steven', 'Jennifer']
```

嵌套推导式会让代码更加简洁，相同的嵌套列表，如果要用推导式的形式，代码如下：

```
T=[name for lst in names for name in lst if name.count('e') >= 2]
print(T)
```

读者可以仔细分析嵌套列表推导式的每个关键词，也是两个 for，只是都写在了一行里，其实关键词都差不多，上述代码的输出结果也与前面相同。

2.10　数据结构实战：文本统计分析

本节将使用本章前面介绍的各种数据结构实现一个简单的例子：对两个英文文档进行统计，得到两个英文文档使用了多少单词、每个单词的使用频率，并且对两个文档进行比较，返回有差异的行号和内容。

本节要实现的程序取名为 PyMerge，它需要实现两个功能模块：统计和比较。

● 统计功能：主要是统计总词汇数和每个词汇的数目。

可以将每个词汇作为 key 保存到字典中，对文本从开始到结束循环处理每个词汇，并将它的 value 设置为 1，如果已经存在该词汇的 key，说明该词汇已经使用过，就将它的 value 累加 1。

● 比较功能：主要是比较两个文本的差异，需要忽略空行和空格的影响，也就是因为多个空行或空格产生的文本差异不应该列为文本差异。

在实现这个功能的时候，首先要将文本分成一行一行的，对每一行进行处理，忽略空格的个数，将字符串里有效字符转换成列表，然后进行比较。

统计功能是将词汇放到字典类型中，用字典的 key 存放单词，用 value 存放个数。

2.10.1　文本统计功能

统计功能是将一个文本的每个字符作为 key 值放入字典中，以下代码实现了文本词汇数的统计。

```
01    >>> readtxt=""
```

```
02      this is a test txt!
03      can you see this ?
04      """
05  >>>
06  >>> readlist=readtxt.split()
07  >>> dict={}
08  >>> for every_word in readlist:
09      if every_word in dict:
10          dict[every_word]+=1
11      else:
12          dict[every_word]=1
13
14  >>> print(dict)
15  {'this': 2, 'is': 1, 'a': 1, 'test': 1, 'txt!': 1, 'can': 1, 'you': 1, 'see': 1, '?': 1}
```

第 06 行代码，对文本字符串 readtxt 做 split 操作，就可以获得该文本字符串的所有词汇，每个词汇都作为列表的元素返回。第 08~12 行代码循环处理词汇列表，将词汇作为 dict 的 key，如果 key 已经存在，则它的 value 值累加 1，否则将 value 设置为 1。

上面实现的文本统计的代码需要封装起来给整个程序使用，可以使用函数封装，使用语法定义 def functionname(): 函数就可以了，具体的函数在后面的章节会介绍，这里直接使用。封装代码如下：

```
def wordcount(readtxt):
    dict={}
    readlist=readtxt.split()
    for every_word in readlist:
        if every_word in dict:
            dict[every_word]+=1
        else:
            dict[every_word]=1
    return dict
```

2.10.2 文本比较功能

文本比较首先需要将文本字符串分成一行一行的，使用字符串 splitlines 方法将一个字符串按行分成一个列表，对分成的列表删除空元素和空白字符元素，最后将两个文本进行循环比较。以下代码实现了文本比较功能：

```
01  def testcmp(test1,test2):
02      return_li=[]
03      word_list1=test1.splitlines()
04      word_list2=test2.splitlines()
05      li_word=[column for column in word_list1 if column and column.isspace()]
06      li_word2=[column for column in word_list2 if column and column.isspace()]
07      li_len=len(li_word)
08      li_len2=len(li_word2)
09      for step in range(max(li_len,li_len2)):
10          if step<li_len and  step<li_len2:
11              li_col1=li_word[step].split()
12              li_col2=li_word2[step].split()
13              if li_col1!=li_col2:
```

```
14                    return_li.append((word_list1.index(li_word[step]),
15                        word_list2.index(li_word2[step]),li_word[step],li_word2[step]))
16          else:
17              if li_len>li_len2:
18                  return_li.append((word_list1.index(li_word[step]),-1,li_word[step],''))
19              else:
20                  return_li.append((-1,word_list2.index(li_word2[step]),'',
21                            li_word2[step]))
21      return return_li
```

代码的实现逻辑主要包括:

- 第 03~04 行, 对两个文本按行划分。
- 第 05~06 行, 一个列表推导式操作, 作用是去掉空行和只有空白字符的行。
- 第 11~12 行, 将文本每一行转换成列表, 转换过程中忽略空白字符。
- 第 13~14 行, 比较的结果如果不相等, 就写信息到 return_li, 以供函数返回信息。
- 第 16~20 行, 两个文本行数不一致时, 将多出来的行的文本信息写到 return_li, 以供函数返回。

本节的例子并不完善, 还没有实现文件读取功能等更复杂的技术。这里只是演示一下前面讲解的一些数据结构的使用, 等读者全部学完本书内容后, 可以继续完善这个例子。

第 3 章

结构语句

从功能上划分，语句可以分为两类：

- 一类是用于描述计算的操作运算语句，如数学运算、赋值运算、函数调用语句等。
- 另一类是用于控制这些语句执行顺序的语句，如选择语句、循环控制语句等，这类语句叫作流程控制语句。

流程控制语句一般分为选择语句、循环语句和跳转语句等几个大类。本章主要介绍这几类流程控制语句。

3.1　顺序、选择和循环

在学习流程控制语句前，我们先用图解的方式说明顺序、选择和循环这 3 种结构的执行顺序。

3.1.1　顺序结构

顺序结构，通俗来讲，就是"一条路走到黑"，不需要用户做出任何选择，程序就按步骤执行到底。比如把一个面包放入冰箱只需要 3 步：

步骤**01** 打开冰箱门。

步骤**02** 放入面包。

步骤**03** 关闭冰箱门。

图 3.1　顺序结构

用图 3.1 表示这个步骤。整个操作按步骤执行，中间没有任何多余选择。

在 Python 代码中，没有单独的关键词表示这一结构，我们只需要按照代码的执行顺序执行，这就是常说的顺序结构。

3.1.2 选择结构

选择结构，一般需要由用户或程序做出选择，然后按照不同的选择执行不同的步骤。比如安装软件时，一般有默认安装和自定义安装两种方式，当用户选择自定义安装后，执行的步骤一般有自定义安装路径、选择自己需要的组件等，这个步骤和默认安装的步骤并不相同。

以安装软件的步骤为例，步骤如下：

步骤01 开始安装软件。

步骤02 选择安装方式 A 或 B，如果选择 A 就执行第 5 步，如果选择 B 就执行第 3 步。

步骤03 选择路径。

步骤04 选择组件。

步骤05 安装。

步骤06 安装完成。

用图 3.2 表示这个步骤。

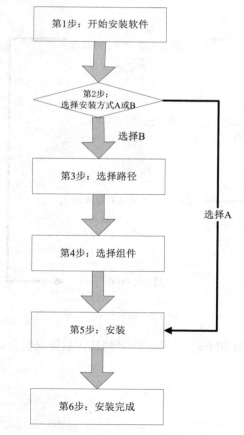

图 3.2 选择结构

在 Python 代码中，用 if 语句表示选择结构，后面我们会详细介绍。

3.1.3 循环结构

循环结构是在某个条件下不断执行一段代码，直到条件不再满足。比如假设有 10 万元现金，要通过自动存款机存入银行，但每次只能存入 2 万元，这样我们就会重复 5 次存钱的操作，直到存完。循环结构必须有两个要素：

- 设置条件。
- 要重复执行的代码。

我们以存钱为例，条件是小于等于 10 万元的情况下重复执行存钱操作，步骤如下：

步骤01 判断是否小于等于 10 万元。

步骤02 放入 2 万元。

步骤03 后台确认存款成功，然后返回第 1 步，继续判断。

步骤04 完成。

用图 3.3 表示这个步骤。

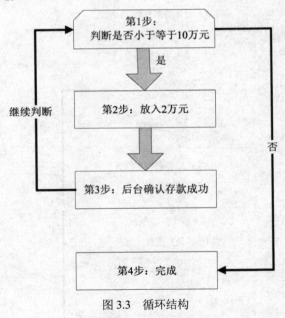

图 3.3　循环结构

在 Python 代码中，用 while 和 for 语句表示循环结构，后面我们会详细介绍。

3.2　用 if 选择

if 语句是流程控制中的选择结构，用于在程序中做选择，选择后会执行不同的程序。本节将介绍 if 语句的不同使用形式。

3.2.1　选择语句格式

if 语句有多种形式， if…else 是其中比较简单的一种。除此之外，还有 if…elif…else，或者仅仅一个单独的 if 语句，但是没有单独的 else 语句。if…else 语句的语法形式如下：

```
if expr:
    ......
    ......
else:
    ......
    ......
```

首先要注意，关键词语句的后面用冒号结束，Python 用同一缩进表示同一代码块，因此这个冒号下面相同的缩进语句就是选择语句的代码块。

expr 是判断条件，可以是任何表达式或函数的返回结果，结果的类型必须是布尔型（True 或 False）。当返回 True 时，执行 if 代码块中的语句；否则，执行 else 代码块中的语句。expr 判断条件时常用的运算符如表 3.1 所示。

表 3.1　判断条件时常用的运算符

运算符	说明
<	小于
<=	小于或等于
>	大于
>=	大于或等于
==	等于
!=	不等于
in	包含

if…else 属于“二选一”执行，也有“多选一”执行的用法，就是 if…elif…else，其表达的形式如下：

```
If expr1:
    ......
    ......
elif expr2:
    ......
    ......
else:
    ......
    ......
```

expr1 和 expr2 的意义和上面是一样的。当 expr1 返回 True 时，执行 if 代码块；否则继续判断 expr2 的返回，如果是 True 就执行 expr2 代码块中的语句；否则继续执行 else 代码块中的语句。当然，这种格式并不限于三选一，还可以有更多的选择分支，只需要多加 elif 语句便可。

3.2.2 选择语句详解

举例如下：

【示例 3-1】

```
01    print("请选择你目前的开发工作:")
02    print("1.Windows 桌面应用程序")
03    print("2.Web 应用程序")
04    print("3.Web 服务")
05
06    #读取用户的输入字符
07    num1=int(input("请输入你的选择:"))
08
09    #判断用户的输入
10    if num1==1:
11        print("你目前的开发工作是:1.Windows 桌面应用程序")
12    elif  num1 == 2:
13        print("你目前的开发工作是:2.Web 应用程序")
14    elif  num1== 3:
15        print("你目前的开发工作是:3.Web 服务")
16    else:
17        print("对不起你选择错误,下次请输入 1-3 之间的整数")
```

执行结果如图 3.4 所示。

```
=============================== RESTART: D:/if.py ===============================
请选择你目前的开发工作:
1.Windows桌面应用程序
2.Web应用程序
3.Web服务
请输入你的选择:2
你目前的开发工作是:2.Web应用程序
>>>
=============================== RESTART: D:/if.py ===============================
请选择你目前的开发工作:
1.Windows桌面应用程序
2.Web应用程序
3.Web服务
请输入你的选择:5
对不起你选择错误,下次请输入1-3之间的整数
>>>
```

图 3.4　选择语句应用

3.2.3 选择语句的嵌套

选择语句的嵌套语法如下：

```
if expr1:
    ......
    if expr2:
    ......
```

```
    else:
        ......
elif expr4:
        ......
else:
        ......
```

我们看一下判断闰年的例子：

- 普通年能被 4 整除且不能被 100 整除的为闰年（如 2004 年就是闰年，1900 年不是闰年）。
- 世纪年能被 400 整除的是闰年（如 2000 年是闰年，1900 年不是闰年）。

下面演示：

【示例 3-2】

```
01   #判断闰年
02   num1=int(input("请输入一个年份："))
03   if num1%100 ==0:
04       if num1%400==0:
05           print("是闰年")
06       else:
07           print("不是闰年")
08   else:
09       if num1%4==0:
10           if num1%100 !=0:
11               print("是闰年")
12       else:
13           print("不是闰年")
```

结果如图 3.5 所示。

```
============================== RESTART: D:/if.py ==========
请输入一个年份：1900
不是闰年
>>>
============================== RESTART: D:/if.py ==========
请输入一个年份：2000
是闰年
>>>
```

图 3.5 嵌套选择语句应用

3.3 用 while 循环

循环语句用于解决多次重复性的计算问题，如穷举问题和迭代问题，该语句充分发挥了计算机的快速计算能力。Python 提供了 while 和 for 两种循环形式，本节先来介绍 while。

3.3.1 while 语句基本格式

while 循环语句的语法如下：

```
while expr
```

```
...语句 1
...语句 2
```

while 循环语句首先对 expr 的返回值进行判断，如果为 True，就执行代码块中的语句；反之，一次也不执行。如图 3.6 所示为 while 语句执行的流程图。

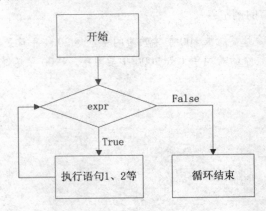

图 3.6　while 语句流程图

3.3.2　while 语句的应用

前面 if 选择判断用户工作的例子，用户输入一次就退出程序了，这里加入一个循环，让用户可以输入多次。

【示例 3-3】

```
01    print("请选择你目前的开发工作:")
02    print("0.退出")
03    print("1.Windows 桌面应用程序")
04    print("2.Web 应用程序")
05    print("3.Web 服务")
06
07    flag = True                     #判断的标志
08    while (flag):
09        #读取用户的输入字符
10        num1=int(input("请输入你的选择:"))
11
12        #判断用户的输入
13        if num1==1:
14            print("你目前的开发工作是:1.Windows 桌面应用程序")
15        elif num1 == 2:
16            print("你目前的开发工作是:2.Web 应用程序")
17        elif  num1== 3:
18            print("你目前的开发工作是:3.Web 服务")
19        elif  num1== 0:
20            flag=False
21        else:
22            print("对不起你选择错误,下次请输入 1-3 之间的整数")
```

首先需要将 flag 设为 True，这样才能通过判断执行 while 代码块中的语句。当用户输入 0 时，将 flag 设置为 False，这样 while 循环就不会继续了。代码结果如图 3.7 所示。

```
============================ RESTART: D:/while.py ================
请选择你目前的开发工作:
0.退出
1.Windows桌面应用程序
2.Web应用程序
3.Web服务
请输入你的选择:2
你目前的开发工作是:2.Web应用程序
请输入你的选择:3
你目前的开发工作是:3.Web服务
请输入你的选择:0
>>>
```

图 3.7 while 语句应用

3.3.3 无限循环（死循环）

当 while 的条件永远为真（True）时，程序就会进入无限循环，也称死循环。比如去掉上一节代码的 flag，修改代码如下：

【示例 3-4】

```
01    print("请选择你目前的开发工作:")
02    print("0.退出")
03    print("1.Windows 桌面应用程序")
04    print("2.Web 应用程序")
05    print("3.Web 服务")
06    while (True):
07        #读取用户的输入字符
08        num1=int(input("请输入你的选择:"))
09
10        #判断用户的输入
11        if num1==1:
12            print("你目前的开发工作是:1.Windows 桌面应用程序")
13        elif num1 == 2:
14            print("你目前的开发工作是:2.Web 应用程序")
15        elif  num1== 3:
16            print("你目前的开发工作是:3.Web 服务")
17        else:
18            print("对不起你选择错误,下次请输入 1-3 之间的整数")
```

因为这里去掉了输入 0 后切换 flag 的代码，所以循环条件一直是 True，即无限循环，此时无论输入什么内容，程序都会一直要求用户进行选择，如果要退出程序，可使用 Ctrl+C 组合键。最终结果如图 3.8 所示。

一般的循环程序，写作时都要求开发人员注意无限循环的漏洞，应尽量避免，但有一种特殊情况，如果无限循环用在客户端/服务器端的交互编程中，会有更好的作用。因为服务器端需要连续运行，这样客户端才可以在需要时与其进行通信。

```
============================ RESTART: D:\while.py =======
请选择你目前的开发工作:
0.退出
1.Windows桌面应用程序
2.Web应用程序
3.Web服务
请输入你的选择:2
你目前的开发工作是:2.Web应用程序
请输入你的选择:3
你目前的开发工作是:3.Web服务
请输入你的选择:4
对不起你选择错误,下次请输入1-3之间的整数
请输入你的选择:1
你目前的开发工作是:1.Windows桌面应用程序
请输入你的选择:0
对不起你选择错误,下次请输入1-3之间的整数
请输入你的选择:
Traceback (most recent call last):
  File "D:\while.py", line 8, in <module>
    num1=int(input("请输入你的选择:"))
KeyboardInterrupt
>>> |
```

图 3.8　无限循环

3.3.4　带 else 的 while 循环

前面已经学过，if 条件不满足时，可以执行 else 语句块，当 while 条件不满足时，也可以执行 else 语句块。语法如下：

```
while expr
    ...语句 1
    ...语句 2
else:
    ...语句 1
    ...语句 2
```

考虑一个简单的例子，输出 0、1、2、…、9，如果超过 9，就输出"超过 9 了"：

```
num1 = 0  #判断的标志
while (num1<10):
    print(num1)
else:
    print("超过 9 了")
```

这段代码看上去很简单，先是设置一个初始值为 0，再判断这个值，然后决定不同的输出。当运行这段代码后，发现一直输出 0，成了无限循环。这是因为 num1 的值一直没有变化，所以需要在它输出一次结果后自动加 1。

【示例 3-5】

```
01    num1 = 0  #判断的标志
02    while (num1<10):
03    print(num1)
04    num1=num1+1
05    else:
06        print("超过 9 了")
```

这样就可以输出我们需要的结果了，如图 3.9 所示。

```
============================== RESTART: D:\while.py ======
0
1
2
3
4
5
6
7
8
9
超过9了
>>>
```

图 3.9　带 else 的 while 循环应用

在 while 语句中，经常需要改变变量的值，这个时候就会用到 num1=num1+1 或 num1=num1-1 之类的表达式，这就是变量递增或递减的语句。Python 也支持更简化的方式，就是+=和-=。也就是说，下面的语句是等价的，读者可以试一试：

- num1+=1 和 num1=num1+1。
- num1-=1 和 num1=num1-1。

3.4　用 for 循环

for 循环主要用于循环访问各种数据序列内的元素，如列表、元组等，本节将学习 for 循环。

3.4.1　for 语句基本格式

下面是 for 语句的语法形式：

```
for <variable> in <sequence>:
    语句 1
    语句 2
```

for…in 是基本结构，variable 是一个变量，代表 sequence 这个序列里的每个值。值的读取顺序默认是它们在序列里的排列顺序。for 语句最后不要忘记冒号。

3.4.2　for 语句的应用

下面先定义一个列表 list1，然后使用 for 循环逐个输出列表的内容：

```
stu1=['张三',20,'男','上海人']
for l in stu1:
print(l)
```

上述结果如图 3.10 所示。代码很简单，英文字母 l 就是一个变量，代替每次循环中列表中的当前元素。比如第一次循环时，l 的值就是张三；第 2 次循环时，l 的值就变成了 20。

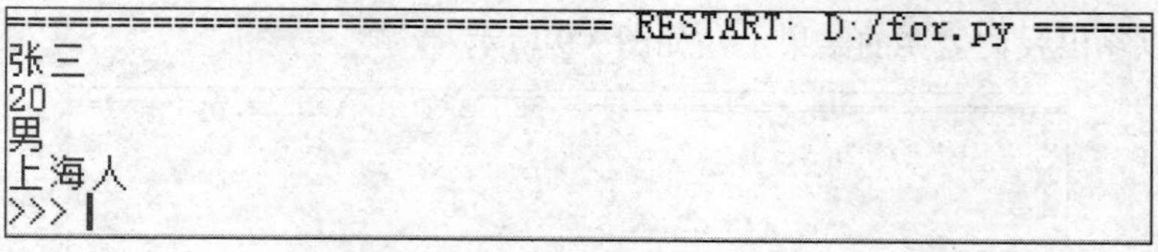

图 3.10　for 语句应用 1

这里的循环只是输出 stu1 列表的内容，并没有改变其内部存储方式。那是否可以在循环中改变列表的值呢？下面做一个试验，当输出年龄时，将其修改为 30。如果不设置条件，那么每次循环都会修改年龄，因此一定要有一个判断条件，这样才能只修改列表中的一项。

【示例 3-6】

```
01    stu1=['张三',20,'男','上海人']
02    for l in stu1:
03        if(type(l)==int):
04            stu1[1]=30              #修改年龄
05        print(l)
06    print(stu1)
```

在 for 循环中虽然改变了年龄，因为输出的是 l，l 并没有改变，所以循环输出中的年龄并没有变化，但列表中的内容已经发生变化了，在循环外用 print(stu1)输出列表时可以看到，年龄发生了变化，如图 3.11 所示。

这里还用到了 type(l)==int，用于判断 l 的类型是不是整型，如果是，就返回 True，否则返回 False。

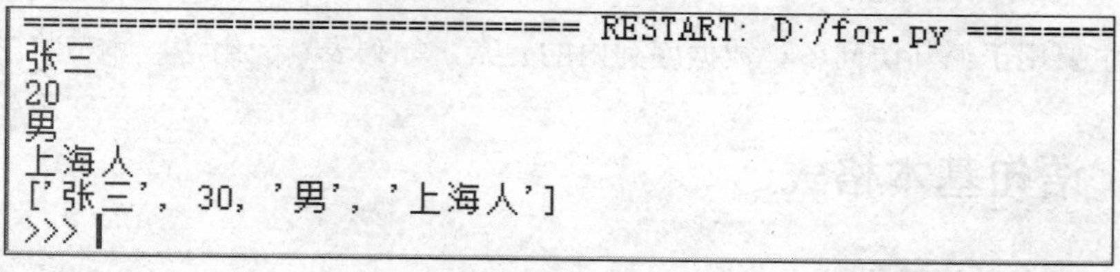

图 3.11　for 语句应用 2

3.4.3　for 与 range 结合遍历数字序列

Python 提供了 range 函数，用来表示一系列整数，也可以看作一组数字列表，其语法形式如下：

```
range (start, end, step):
```

各参数的意义如下：

- start：计数从 start 开始，默认是从 0 开始，如 range(6)等价于 range(0,6)。
- end：计数到 end 结束，但不包括 end，如 range(0,6)是[0, 1, 2, 3, 4,5]，没有 6。
- step：每次跳跃的间距，默认为 1，如 range(0,6)等价于 range(0, 6, 1)。

首先在解释器中输入几个 range 函数来学习各参数的意义，如图 3.12 所示。

```
>>> range(5)
range(0, 5)
>>>
>>> list(range(6))
[0, 1, 2, 3, 4, 5]
>>> list(range(0,6,2))
[0, 2, 4]
>>> list(range(3,9))
[3, 4, 5, 6, 7, 8]
>>>
```

图 3.12　for 与 range 结合应用

提　示

如果直接在解释器中输入 range(5)，返回的是 object 类型，也就是一个对象，并不是我们需要的列表，这个时候可以使用 list 输出数字序列。

下面在 for 循环中使用 range：

```
for i in range(6) :
  print(i)
```

输出结果：

```
0
1
2
3
4
5
```

代码是不是看起来更简洁了呢？也可以设置 range 的步长：

```
for i in range(0,6,3) :
  print(i)
```

输出结果：

```
0
3
```

3.5　中断语句 break、continue

循环一旦执行起来，除了使用 Ctrl+C 组合键"暴力"中断外，还可以使用 Python 提供的中断语句 break、continue 控制循环的执行次序，或者说执行方向。本节将介绍这两个语句。

3.5.1　break 语句

循环执行过程中遇到 break 语句，就会跳出循环不再执行下面的语句。下面在一个循环中使用

break，当 i 为 3 时跳出循环：

【示例 3-7】

```
01  i=0
02  while i<5:
03     if i == 3:
04        print("i=",i)
05        break
06     if i == 4:
07        print("i=",i)
08     i+=1
09  else:
10     print("i 越界了: ",i)
11  print("OVER")
```

代码执行结果如图 3.13 所示。当使用 break 时，直接跳出了循环。注意，代码没有执行 i 为 4 的语句块，也没有执行 else 语句块。

```
============================= RESTART: D:/break.py ======
i= 3
OVER
>>>
```

图 3.13 break 语句应用

3.5.2 continue 语句

continue 语句与 break 语句略有差异。它用于中断循环中的某次执行，而继续下次循环。还是以 break 中的代码为例，只修改 break 为 continue。

【示例 3-8】

```
01  i=0
02  while i<5:
03     if i == 3:
04        print("i=",i)
05        continue                    #修改这1行
06     if i == 4:
07        print("i=",i)
08     i+=1
09  else:
10     print("i 越界了: ",i)
11  print("OVER")
```

很不幸，执行结果如图 3.14 所示，上述代码变为一个无限循环，到底是什么原因呢？

continue 会中断本次循环，继续下一次循环，但因为中断本次循环后，本次循环后面的 i+=1 这条语句并没有执行，所以 i 还是 3，就造成了无限循环。下面调整一下 i+=1 的位置：

```
i= 3
i= 3
i= 3
i= 3
i= 3
i= 3
i= 3
i= 3
i= 3
i= 3
i= 3
i= 3
i= 3
i= 3
i= 3
i= 3
i= 3
i= 3
i= 3Traceback (most recent call last):
  File "D:/break.py", line 4, in <module>
    print("i=",i)
KeyboardInterrupt
>>>
```

图 3.14　continue 语句应用

【示例 3-9】

```
01   i=0
02   while i<5:
03       i+=1                        #放到开始位置
04       if i == 3:
05           print("i=",i)
06           continue
07       if i == 4:
08           print("i=",i)
09       else:
10           print("i越界了: ",i)
11   print("OVER")
```

此时再测试一下，代码就正常运行了。

3.6　循环实战：九九乘法表

前面学过 for 与 range 组合实现的循环，正好适合来实现一个九九乘法表的案例。九九乘法口诀表是将 10 之内的小数互相相乘的结果以三角形的样式打印出来。在本节的应用中，不只是要将九九乘法口诀表以三角形的样式打印出来，还需要以倒三角形打印九九乘法口诀表。

以三角形、倒三角形的样式打印九九乘法口诀表，关键的编程要点有两个：

● 获得所有 10 之内的互乘的运算式和结果。
● 把运算式和结果排版成正三角和倒三角的形式。

要获得所有 10 之内的互乘的运算式和结果，比较简单的方法是通过循环实现，通过两个变量，让它们都在 10 之内双重循环，然后计算它们的结果，这样就可以得到 10 之内所有的运算式和结果，代码如下：

```
01   def getnine():
02       lis=[]
03       for i in range(1,10):
04           for j in range(1,i+1):
05               lis.append(str(i)+"*"+str(j)+"="+str(i*j))
06       return lis
07
08   print(getnine())
```

函数 getnine 使用了一个双重循环，该循环的作用就是将 10 之内互乘的运算式和结果都存放到列表 lis 中，这样就可以在 getnine 的返回值里获得所有互乘的运算式和结果。调用结果如下：

```
['1*1=1', '2*1=2', '2*2=4', '3*1=3', '3*2=6', '3*3=9', '4*1=4', '4*2=8', '4*3=12', '4*4=16',
'5*1=5', '5*2=10', '5*3=15', '5*4=20', '5*5=25', '6*1=6', '6*2=12', '6*3=18', '6*4=24', '6*5=30',
'6*6=36', '7*1=7', '7*2=14', '7*3=21', '7*4=28', '7*5=35', '7*6=42', '7*7=49', '8*1=8', '8*2=16',
'8*3=24', '8*4=32', '8*5=40', '8*6=48', '8*7=56', '8*8=64', '9*1=9', '9*2=18', '9*3=27', '9*4=36',
'9*5=45', '9*6=54', '9*7=63', '9*8=72', '9*9=81']
```

第4章

函 数

函数是一组已经定义好的代码，我们可以直接执行。比如前面章节经常用到的 print，就是一个 Python 定义好的函数，这一类我们称为 Python 的内置函数。除了内置函数，开发人员可以定义自己的函数，本章将介绍如何定义函数及函数的各种参数。

4.1 使用函数

本节介绍定义函数的语法、函数的返回值，以及如何在函数中嵌套函数。

4.1.1 定义函数

Python 中使用 def 定义函数，语法如下：

```
def  funname( paras ):
    语句 1
    语句 2
    return [expr]
```

funname 是函数的名称，paras 是函数的参数，可以有多个，也可以没有。多个参数之间用逗号间隔。return 是函数的返回语句，后面可以是表达式或参数的具体值。

现在定义一个求和的函数，输入两个参数 a 和 b，然后 a 和 b 的和：

【示例 4-1】

```
01  def sum1(a,b):
02      s=a+b
```

```
03     return s
04
05  a,b=3,20
06  print("a+b=",sum1(a,b))
```

函数名称为 sum1，参数为 a 和 b，返回值为 s。当调用函数时，需要为其传入 a、b 参数。本例使用同一行赋值的方法为 a 和 b 赋值，然后使用 sum1(a,b)调用函数。最终结果为：

```
a+b= 23
```

函数的定义有以下几个注意事项：

（1）函数内容以冒号开始，内容统一缩进。
（2）函数的参数必须放在()中，()后面紧跟冒号。
（3）函数的内容以 return 结束，如果 return 或返回值为 None，最终返回值都会是 None。
（4）默认情况下，参数值和参数名称是按函数声明中定义的顺序匹配的。

4.1.2 函数的返回值

函数返回值是可有可无的，先创建一个空的函数：

```
def store():
    pass
print(store())        #None
```

这里的 pass 语句是一个占位符，表示什么也不做。这是一个没有返回值的函数，当我们输出函数的值时，显示 None。

函数也可以有多个返回值，通过判断语句决定要返回哪个值。举例如下：

【示例 4-2】

```
01  def store(food):
02      if food=='bread':
03          return 10
04      if food=='cheese':
05          return 20
06      else:
07          return 0
08
09  print("您选择的价格是",store('cheese'))
```

定义一个食品函数 store，输入一个参数 food 决定用户选择的哪种食品。如果是 bread，返回价格为 10；如果是 cheese，返回价格为 20；如果都不是，表示商店没有这个商品，返回价格为 0。本例传入的参数是 cheese，所以输出结果：

```
您选择的价格是 20
```

4.1.3 函数的嵌套

定义函数时，也可以在函数中调用其他的函数，这种情形称之为函数的嵌套。下面定义两个函数，在第 2 个函数中调用第 1 个函数。

【示例 4-3】

```
01   def fun1():
02       print("fun1")
03
04   def fun2():
05       fun1()
06       print("fun2")
07
08   fun2()
```

运行结果是：

```
fun1
fun2
```

4.2　函数的参数

前面常使用的 print 函数是输出指定的内容，这个指定的内容就是函数的参数。Python 中函数的参数有很多不同的定义，如形参、实参、默认参数、必要参数、关键字参数、不定长参数等。

4.2.1　形参、实参

定义函数时，函数的参数数量并不限制，可以有多个，也可以没有。函数在定义时的参数，没有具体的数值，我们称之为形式参数（简称形参）。函数在调用时给这些参数赋予实际的值，这个使用给出的参数就是实际参数（简称实参）。

比如定义 sum1 函数时，参数 a 和 b 就是形参。当调用 sum1 函数时，给 a、b 分别赋值，这个时候的 a 和 b 就是实参。参数的名字也可以任意命名：

```
def sum1(a,b):
    s=a+b
    return s

x,y=3,20
print("x+y=",sum1(x,y))
```

这样就更直观了，a 和 b 是形参，x 和 y 是实参。

4.2.2　必要参数

函数定义时有几个参数，调用时就需要给出几个参数，这些参数称之为必要参数（required）。比如下面这段代码，a 和 b 就是必要参数。

【示例 4-4】

```
01   def sum1(a,b):
02       s=a+b
```

```
03      return s
04
05   x,y=3,20
06   print("x+y=",sum1(x,y))
```

假如调用函数时只给出一个参数：

```
x=3
print("x+y=",sum1(x))
```

调用时，就会报错，如图 4.1 所示。提示缺少了一个必要的参数 b。

```
============================= RESTART: D:/func1.py =============
Traceback (most recent call last):
  File "D:/func1.py", line 47, in <module>
    print("x+y=",sum1(x))
TypeError: sum1() missing 1 required positional argument: 'b'
>>>
```

图 4.1　参数不对就报错

4.2.3　有默认值的参数

在定义函数时，可以直接为函数的参数设置默认值，语法如下：

```
def  funname( paras1, paras2=100):
    语句 1
    语句 2
    return [expr]
```

paras2 参数直接赋值，这就是参数的默认值。如果函数被调用时没有传递此参数，就使用默认值代替。

注　　意
设置默认值的参数必须放在最后，否则程序会报错。

下面举例说明：

【示例 4-5】

```
01   def sum1(a,b=100):
02      "求和函数"
03      s=a+b
04      return s
05   x=20
06   print("x 的和",sum1(x))
```

输出结果为：

```
x 的和 120
```

当为参数设置默认值后，调用函数 sum1 时不需要再为参数 b 赋值，会自动调用 b 的默认值进行求和。如果传入了参数，就会按实际传入参数的值进行求和：

【示例 4-6】

```
01    def sum1(a,b=100):
02        "求和函数"
03        s=a+b
04        return s
05    x,y=3,20
06    print("x+y=",sum1(x,y))      #23
```

4.2.4 关键字参数

函数定义时的参数顺序就是调用时的参数顺序。如果在调用函数时，使用与参数相同的名字传递参数，这种就称为关键字参数，此时因为传递参数名字已经是确认的，所以也可以不拘泥于函数定义时的参数顺序。

上面这段话可能理解起来有些困难，还是先看一段程序：

【示例 4-7】

```
01    def store(food,price):
02        if food=='bread':
03            return price*0.8
04        if food=='cheese':
05            return price*0.5
06        else:
07            return 0
08
09    str1=store('cheese',20)
10    print("您选择的折后价格是",str1)
```

商店要打折了，如果是 bread 就打 8 折，如果是 cheese 就打 5 折。上述代码是一个正常的参数传递，参数的顺序和函数定义的一致。

现在我们使用关键字参数 price=20、food='cheese'，将参数传递的顺序颠倒：

【示例 4-8】

```
01    def store(food,price):
02        if food=='bread':
03            return price*0.8
04        if food=='cheese':
05            return price*0.5
06        else:
07            return 0
08
09    str1=store(price=20,food='cheese')
10    print("您选择的折后价格是",str1)
```

此时运行程序会发现，最后的输出结果相同。

关键字参数一定要与函数定义时的参数名字相同，如果不同（将 food 改为 foodd），就会提示错误，如图 4.2 所示。提示有个关键字参数 foodd 不正确。

```
=========================== RESTART: D:/func1.py ===============
Traceback (most recent call last):
  File "D:/func1.py", line 58, in <module>
    str1=store(price=20,foodd='cheese')
TypeError: store() got an unexpected keyword argument 'foodd'
>>>
```

图 4.2　关键字参数名字不对就报错

4.2.5　不定长参数（可变参数）

如果在定义函数时无法确定具体的参数，就可以使用*代替一组参数，这种称为不定长参数（可变参数），使用语法如下：

```
def funname([paras,] * paras_tuple ):
    语句 1
    语句 2
    return [expr]
```

不定长参数在输出时，可以使用 for..in 语句，这样即使不知道有几个参数，也可以通过遍历的方式逐个输出。

下面举例：

【示例 4-9】

```
01   def myprint(x,*y):
02       for i in y:
03           print(i)
04       print(x)
05
06   myprint('end',30,40,50)          #调用函数
```

这里定义*y 代表多个变量，调用 myprint 函数时，直接在参数中输入多个参数，读者可以先想象一下，输出的结果是不是 30、40、50、end 呢？

输出结果是：

```
30
40
50
end
```

每个参数输出都换行，如何才能输出在一行里呢？在 Python 中，使用 print 函数输出都会换行，如果不换行，就需要以下这种形式，即在参数后面加 end=""）。

```
print(x,end="")
```

修改前面的代码：

【示例 4-10】

```
01   def myprint(x,*y):
02       for i in y:
03           print(i,end="")
04       print(x,end="")
05
```

```
06    myprint('end',30,40,50)
```

如果 end="")之间没有空格，输出的结果就挤在一起：

```
304050end
```

在 end="")之间加上空格：end=" "，输出的结果就在一行里了：

```
30 40 50 end
```

4.2.6　各种参数组合

前面介绍了必要参数、默认参数、不定长参数和关键字参数，这些参数可以一起使用，或者只用其中某些。使用的时候要注意，参数定义的顺序必须是：必选参数、默认参数、可变参数和关键字参数。

比如定义一个函数，包含必要参数、默认参数、不定长参数和关键字参数：

```
def func(a, b, c=10, *args, **kw):
    print 'a =', a, 'b =', b, 'c =', c, 'args =', args, 'kw =', kw
```

在函数调用的时候，Python 解释器会自动按照参数位置和参数名把对应的参数传进去。我们在解释器中调用看看：

```
>>> func(1, 2)
a = 1 b = 2 c = 0 args = () kw = {}
>>> func(1, 2, c=3)
a = 1 b = 2 c = 3 args = () kw = {}
>>> func(1, 2, 3, 'a', 'b')
a = 1 b = 2 c = 3 args = ('a', 'b') kw = {}
>>> func(1, 2, 3, 'a', 'b', x=26)
a = 1 b = 2 c = 3 args = ('a', 'b') kw = {'x': 26}
```

因此，对于任意函数，都可以通过类似 func(*args, **kw)的形式调用它，无论它的参数是如何定义的。

4.3　全局变量、局部变量

提到全局变量或局部变量，就得讲解一下变量生命周期的概念。变量的生命周期就是变量的有效期。在讲解本节之前，读者先思考一个问题：在函数中定义的变量，在函数外是否能调用？函数外的变量在函数内重新被赋值后，回到函数外后变量的值是变化前的还是变化后的？

4.3.1　全局和局部的概念

变量在整个程序执行过程中都有效，它的生命周期是整个程序的执行过程，这类变量我们称之为全局变量。

在函数里定义的变量，只在调用函数时期内有效，函数调用结束后，它的生命周期也就终止了，这类变量我们称之为局部变量。也就是说，这个变量的作用域（有效期）只在函数执行时。

4.3.2 函数中局部变量的作用域

关于局部变量的作用域，来看一个简单的例子：

【示例 4-11】

```
01  #赋值
02  x=0
03  print(x)
04  #自定义 printer 函数
05  def printer():
06      print(x)
07
08  printer()
09  print(x)
```

x 赋值为 0，3 次输出中 x 的值保持不变，结果是：

```
0
0
0
```

再自定义函数内部，修改 x 的值：

【示例 4-12】

```
01  #赋值
02  x=0
03  print(x)
04  #自定义 printer 函数
05  def printer():
06      x=1                    #修改
07      print(x)
08
09  printer()
10  print(x)
```

x 在函数内部的输出肯定是 1，但最后一次在函数外部的输出是否也为 1 呢？实际输出结果如下：

```
0
1
0
```

因为函数内部的 x 作用域只在函数内部，它并不能影响函数外部变量的值。

4.3.3 global 全局变量

上一小节的例子中，x 的值没办法影响到函数外，那如果程序需要，是否可以想办法让它对作用域影响更大呢？

Python 提供了 global 关键字，它的作用是告诉程序，用它定义的变量是全局变量而不是局部变量。修改前面的示例代码：

【示例 4-13】

```
01    #赋值
02    x=0
03    print(x)
04    #自定义 printer 函数
05    def printer():
06        global x                      #修改
07        x=1
08        print(x)
09
10    printer()
11    print(x)
```

之前的输出是 0、1、0，现在执行一下看看结果是不是 0、1、1 了？读者自行测试一下。

4.4　匿名函数

匿名函数，从字义上讲解是没有名字的函数，事实上它也的确没有名字。当代码大量重复、复杂程度高时，Python 允许使用匿名函数降低程序的复杂度，增加可读性。本节将学习匿名函数。

4.4.1　使用匿名函数

Python 使用 lambda 创建匿名函数，语法如下：

```
lambda [paras1 [,paras2,.....parasn]]:expr
```

paras1 是参数，可以有多个，之前用逗号间隔。expr 是表达式。参数和表达式之间用冒号间隔。表达式中可以有控制语句（如 if...else），可以有>、<、=，也可以是数学运算*、-、/等。

前面曾经创建过一个求和的函数：

```
def sum1(a,b):
    s=a+b
    return s

x,y=3,20
print("x+y=",sum1(x,y))
```

将上述函数修改为匿名函数，看起来会更加简洁：

```
sum1=lambda x,y:x+y
print("x+y=",sum1(10,50))
```

由于 lambda 返回的是函数对象（构建的是一个函数对象），因此需要定义一个变量 sum1 去接收。输出时直接调用 sum1，传入需要的参数，计算结果为：

```
x+y= 60
```

使用匿名函数的优点如下：

- 使用 lambda 可以省去定义函数的过程，让代码更加精简。
- 对于一些抽象的，不会被别的地方再重复使用的函数，使用 lambda 不需要考虑命名的问题。
- 在某些时候，使用 lambda 会让代码更加容易理解。

4.4.2　匿名函数的参数默认值

匿名函数的参数和普通函数的参数一样，也可以有默认值，比如：

```
sum1=lambda x=1,y=2:x+y
print("x+y=",sum1())                        # 3
```

注　意
如果有多个参数，不能只为一个参数设置默认值，必须为所有参数都设置。

默认值可以直接写在参数后，也可以用()的形式放在表达式后面，比如：

```
sum1=(lambda x,y:x+y)(1,2)
print("x+y=",sum1)
```

()内的参数默认值的顺序与 lambda 表达式后的参数顺序一致，调用时使用变量的名称 sum1，而不是作为函数 sum1()调用，这和调用普通 lambda 匿名函数有所不同。

注　意
用()设置默认值时，一定要将 lambda 匿名函数也用()封闭起来，否则后面的默认值会被当作表达式的一部分。

4.5　函数实战：八皇后问题

八皇后问题的要求是：在 8×8 国际象棋棋盘上要求在每一行放置一个皇后，且能做到在竖方向、斜方向都没有冲突。国际象棋的棋盘如图 4.3 所示。

八皇后问题是一个古老而著名的问题，该问题是 19 世纪著名的数学家高斯提出：在 8×8 格的国际象棋上摆放八个皇后，使其不能互相攻击，即任意两个皇后都不能处于同一行、同一列或同一斜线上，问有多少种摆法。高斯认为有 76 种方案。1854 年，在柏林的象棋杂志上不同的作者发表了 40 种不

图 4.3　国际象棋棋盘

同的解，后来有人用图论的方法解出 92 种结果，计算机诞生以后，八皇后问题也成为计算机数据结构和算法的经典题目。

对于这种较为复杂的算法问题，可以采用一种逐步试探，如果能够继续前进，则更进一步；如果不能，就换个方面尝试，这称之为回溯法。

首先我们来分析一下国际象棋的规则。对于一个国际象棋的棋盘，每一个点，我们都用一个坐标来表示，就采用图 4.3 一样的坐标，左下角为（1，1），右上角为（8，8），那么对于一个皇后（x,y）能否被另一个皇后（a,b）吃掉，取决于以下 4 个方面：

（1）x=a，两个皇后在同一个行上。

（2）y=b，两个皇后在同一列上。

（3）x+y=a+b，两个皇后在同一斜向正方向。

（4）x-y=a-b，两个皇后在同一斜向反方向。

有了上面的规则，可以先从第一个皇后开始分析，如果将第一个皇后放到（1，1）格中，那么根据规则：

（1）第二皇后可以放在（2，3）、（2，4）到（2，8）的任一个，现在假设放到（2，3）。

（2）第二皇后放在（2，3）的话，那么第三个皇后只有（3，5）、（3，6）到（3，8）这 4 种选择，现在假设放在（3，5）。

（3）第三个皇后放在（3，5）的话，那么第四个皇后只有（4，2）、（4，7）、（4，8）这 3 种可选择，假设放在（4，2）。

（4）第四个皇后放在（4，2）的话，那么第五个皇后只有（5，4）和（5，8）这两个地方可选择，假设放在（5，4）。

（5）第五个皇后放在了（5，4），那么第六个皇后则没有安全的位置可放。

在摆到第六个皇后时，就无法再继续下去了，此时回到放第五个皇后的第二个选择（5，8），然后在继续尝试第六个皇后，发现仍然没有安全的位置，只好再回到放第四个皇后时，继续第四个皇后的其他可能。依次类推，不断尝试，一直到放最后一个皇后。

这种从第一步开始尝试，一步步尝试，失败了就返回到上一个步骤尝试其他可能，这就是回溯法。根据上面的分析，用回溯法解决 8 皇后问题的步骤为：

（1）从第一列开始，为皇后找到安全位置，然后跳到下一列。

（2）如果在第 n 列出现死胡同，该列为第一列，棋局失败，否则后退到上一列，在进行回溯。

（3）如果在第 8 列上找到了安全位置，则棋局成功。

八皇后问题的步骤在于三步：找安全位置，继续下一列，如果下一列找不到安全位置，则进行回溯，直到八个皇后都找到安全位置为止。对于程序设计来说，首先设计象棋棋盘的数据结构，然后编写安全位置的判断，最后撰写回溯的功能。

- **象棋棋盘的数据结构**

可以用列表来表示一个象棋棋盘，每个列表中有 8 个列表，每个列表有 8 个元素，例如：

```
>>> chess=[[0 for x in range(8)] for x in range(8)]
>>> print(chess)
[[0, 0, 0, 0, 0, 0, 0, 0], [0, 0, 0, 0, 0, 0, 0, 0], [0, 0, 0, 0, 0, 0, 0, 0], [0, 0, 0, 0,
0, 0, 0, 0], [0, 0, 0, 0, 0, 0, 0, 0], [0, 0, 0, 0, 0, 0, 0, 0], [0, 0, 0, 0, 0, 0, 0, 0], [0, 0,
0, 0, 0, 0, 0, 0]]
>>>
```

对于 chess 列表，初始元素值均为 0，元素值大于 0 为不安全，0 为安全。

- 安全位置的判断

根据象棋棋盘数据结构的设计，凡是元素值为 0 的，都是安全的，凡是元素值不为 0 的，都是不安全的，可以使用下面的函数实现这个功能：

```
def judgedanger(chess,x,y):
    if chess[x][y]==0:
        return True
    else:
        return False
```

- 回溯功能的实现

回溯的功能，需要先判断安全的位置，然后将皇后放到安全的位置，同时需要将该皇后的吃棋范围记录到 chess 列表中，这样下一步可以根据 chess 列表判断安全的位置；同样的道理，在该位置被认为无效需要回溯的时候，将吃棋的范围位置信息清除，回复到放皇后之前的状态。

实现记录吃棋范围信息的记录，可以使用如下代码：

```
def setdanger(chess,x,y):
    for col in range(len(chess)):
        for row in range(len(chess[0])):
            if col==x:
                chess[col][row]+=1
            elif row==y:
                chess[col][row]+=1
            elif col+row==x+y:
                chess[col][row]+=1
            elif col-row==x-y:
                chess[col][row]+=1
            else:
                pass
```

上面的代码中，根据皇后吃棋的 4 个判断规则，对棋盘列表的每个位置做判断，对于皇后可以吃到的位置，将其值加 1，表示该位置不再安全。

对于清除吃棋的范围位置信息，使用相反的逻辑思路，下面的代码就可以完成，它和记录吃棋范围信息相反，将皇后可以吃到的位置信息减 1，减到 0，表示该位置安全，可以放皇后。

```
def erasedanger(chess,x,y):
...     for col in range(len(chess)):
        for row in range(len(chess[0])):
            if col==x:
                chess[col][row]-=1
            elif row==y:
                chess[col][row]-=1
            elif col+row==x+y:
                chess[col][row]-=1
            elif col-row==x-y:
                chess[col][row]-=1
            else:
                pass
```

在上面实现了记录吃棋位置信息和清除吃棋位置信息的函数，就可以将这两个函数用于回溯中的吃棋范围信息记录。

因为回溯过程中需要经常判断下一行是否有安全位置，所以先编写一个判断一行中有无安全位置的函数：

```
def judgecol(chess,col):
    for row in range(len(chess[col])):
        if judgedanger(chess, col,row):
            break
    else:
        return False
    return True
```

在这些代码基础上，可以使用回溯法。回溯的步骤如下：

步骤01 将第 n 个皇后放到一个安全的位置。

步骤02 将 n 皇后的吃棋范围标出，尝试放置 n+1 皇后的安全位置。

步骤03 如果 n+1 皇后无安全位置可放置，就回溯到 n 皇后，让 n 皇后清除吃棋范围，尝试下一个安全位置，重复第（2）步。

根据上面回溯步骤的分析，可以得到以下代码：

```
01    def tryqueen(chess,col,flag,result):
02      flag=True
03      if col==8:
04          print("find")
05      else:
06          if  judgecol(chess,col):
07              for row in range(len(chess[col])):
08                  if judgedanger(chess,col,row):
09                      #print( "ok"+str(col)+":"+str(row))
10                      setdanger(chess,col,row)
11                      result.append((col,row))
12                      tryqueen(chess,col+1,flag,result)
13                      if flag==False:
14                          erasedanger(chess,col,row)
15                          result.pop()
16          else:
17              flag=False
```

代码是对上面回溯三段分析的实现，代码 06 是判断该皇后是否有安全位置，如果有，就开始尝试放置到第一个安全位置，在 09 行及成功放置到安全位置之后，在 10 行，将该皇后的吃棋范围标出来，接着在 12 行放置下一个皇后，如果下一个皇后没有安全位置（flag 标志表示），该皇后就在 14 行使用 erasedanger 清除吃棋范围信息并尝试下一个安全位置，然后重复以上步骤。直到 8 个皇后全部放到安全位置（代码 03 行），就求出了八皇后问题的一个解。

经过分析，可以使用函数求得八皇后问题的一个解，那么如何取得八皇后问题所有的 92 个解呢？

上面代码的回溯结束条件是：当第八个皇后可以放置到象棋棋盘中，函数将是否有安全位置的标志设置为 True，这样尝试的过程就结束了。如果修改回溯结束条件为：在第八个皇放置到象棋棋盘后，只是打印出结果列表，并且将标志设置为没有安全位置（将 flag 设置为 False），那么情况就如同没有找到解一样，函数会回溯上一次尝试的地方，尝试下一个可能。因为回溯结束条件中的标志被设置为没有找到，所以函数就会尝试所有的可能，也就可以找出所有的解。

下面的代码是对八皇后所有解的求解。

```
01    def tryqueen(chess,col,flag,result):
02        flag=True
03        if col==8:
04            print(result)
05            flag=False
06        else:
07            if  judgecol(chess,col):
08                for row in range(len(chess[col])):
09                    if judgedanger(chess,col,row):
10                        #print( "ok"+str(col)+":"+str(row))
11                        setdanger(chess,col,row)
12                        result.append((col,row))
13                        tryqueen(chess,col+1,flag,result)
14                        if flag==False:
15                            erasedanger(chess,col,row)
16                            result.pop()
17            else:
18                flag=False
```

代码修改部分主要是第 04~06 行，04 行开始打印结果列表，05 行将标志设置为 False，这样 tryqueen 函数会一直尝试下去，直到尝试了所有的可能，找出八皇后问题的所有解。

八皇后问题是计算机算法上一个经典的题目，解决的算法也有很多，比较简单的是穷举法。穷举法是将八皇后所有位置的可能一一进行判断（总共 8^8 个可能），然后从中得到符合要求的 92 种可能。本小节使用的是较为复杂的算法：回溯法。回溯法就是采用逐步试探，一步步深入，对于不满足的情况，则返回上次尝试的位置，继续下次尝试的办法，相比穷举法，回溯法的算法性能更好一些，算法实现也要复杂一些。下面是用 Python 实现八皇后回溯算法的完整代码。

```
01    def setdanger(chess,x,y):
02        for col in range(len(chess)):
03            for row in range(len(chess[0])):
04                if col==x:
05                    chess[col][row]+=1
06                elif row==y:
07                    chess[col][row]+=1
08                elif col+row==x+y:
09                    chess[col][row]+=1
10                elif col-row==x-y:
11                    chess[col][row]+=1
12                else:
13                    pass
14
15    def erasedanger(chess,x,y):
16        for col in range(len(chess)):
17            for row in range(len(chess[0])):
18                if col==x:
19                    chess[col][row]-=1
20                elif row==y:
21                    chess[col][row]-=1
22                elif col+row==x+y:
23                    chess[col][row]-=1
```

```
24              elif col-row==x-y:
25                  chess[col][row]-=1
26              else:
27                  pass
28
29  def judgedanger(chess,x,y):
30      if chess[x][y]==0:
31          return True
32      else:
33          return False
34
35  def judgecol(chess,col):
36      for row in range(len(chess[col])):
37          if judgedanger(chess, col,row):
38              break
39          else:
40              return False
41      return True
42
43  def tryqueen(chess,col,flag,result):
44      flag=True
45      if col==8:
46          print(result)
47          result=[]
48          flag=False
49      else:
50          if  judgecol(chess,col):
51              for row in range(len(chess[col])):
52                  if judgedanger(chess,col,row):
53                      print( "安全"+str(col)+":"+str(row))
54                      setdanger(chess,col,row)
55                      result.append((col,row))
56                      tryqueen(chess,col+1,flag,result)
57                      if flag==False:
58                          erasedanger(chess,col,row)
59                          result.pop()
60          else:
61              flag=False
62
63  if __name__=='__main__':
64      chess=[[0 for x in range(8)] for x in range(8)]
65      result=[]
66      flag=True
67      tryqueen(chess,0,flag,result)
```

第 63 行要特别说明一下，在 Python 编译器读取源文件的时候，会执行它找到的所有代码，在执行之前会根据当前运行的模块是否为主程序而定义变量__name__的值为__main__还是模块名。因此，该判断语句为真时，说明当前运行的脚本为主程序，而非主程序所引用的一个模块。当我们想要运行一些只有将模块当作程序运行时才执行的命令，只要将它们放到 if __name__ == '__main__':判断语句之后就可以了。

第 5 章

面向对象编程

面向对象编程的英文简称是 OOP（Object Oriented Programming），该项技术是目前运用非常广泛的程序化设计方法，几乎完全取代了过去的面向过程编程。Python 中一切皆为对象。

类是面向对象编程的核心部件，它描述了一组具有相同特性和行为的对象。基于面向对象的应用程序，就是由几个或几十个甚至更多的类组成，且类之间总是保持着或多或少的关系，如某些类可以继承自其他类，并拥有所继承类的所有特征和行为。

5.1 面向对象基础

要学习面向对象的 Python 编程，必须先了解面向对象编程中的一些概念。

1. 类

类是现实世界中实体的形式化描述，类将该实体的数据和方法封装在一起。类的数据也叫属性、状态或特征，它表现类静态的一面。类的方法也叫功能、操作或行为，它表现类动态的一面。比如动物是一个大类，基本所有的动物都有年龄、颜色等静态的特征，都有奔跑、跳跃等动态的行为特征。

2. 对象

对象是类的实例（instance），创建对象的过程称为类的实例化。比如动物是个大类，比较抽象，如果要具象化（就是把抽象的东西表现得很具体），就是猫是一种动物。从计算机角度描述，这个猫可以认为是动物类的"对象"。每一个对象都有一个名字以区别于其他对象。类和对象的关系可以总结为：

- 每一个对象都是某一个类的实例。
- 每一个类在某一时刻都有零或更多的实例。
- 类是生成对象的模板。基本上类所具备的静态特征和动态特征，对象都具备。

提　示

可以简单理解，对象和类的关系是父与子的关系。

---

3. 属性和方法

前面提到类有静态的特征和动态的行为，一般我们把静态的特征统称为属性（Attribute），在代码中表现为一些变量；动态的行为称之为方法（Method），在代码中表现为函数。

4. 继承

继承表示类之间的层次关系，这种关系使得某类对象可以继承另外一类对象的数据和方法。

假设类 B 继承类 A，即类 B 中的对象具有类 A 的一切特征（包括属性和方法）。类 A 称为基类或父类，类 B 称为类 A 的派生类或子类，类 B 可以在类 A 的基础上多一些扩展的属性和方法。

5. 重写

重写，一般指方法的重写。比如有个"会员"类，具体一个方法 print，其输出"用户，你好"这几个文字，此时要添加一个"VIP 会员"类，它继承自"会员"类，那它就具备了 print 这个方法，默认输出也是"用户，你好"。为了表示对 VIP 会员的重视，"VIP 会员类"想更改这个输出语句，改为"您是我们的 VIP 用户，此次购物 8 折"，此时更新后的 print 方法就是重写了基类的 print 方法。

5.2　定义与使用类

既然是面向对象编程，就必须有定义和使用类的规范，本节将介绍如何在 Python 中定义类的属性、方法等。

5.2.1　类的定义

Python 中使用 class 关键字定义类，语法如下：

```
class ClassName:
    语句 1
    语句 2
    ……
    语句 n
```

ClassName 是类的名字，后面是冒号，与类的定义内容间隔开。语句 1...语句 n 可以用于书写类的属性和方法，属性一般都是变量，方法就是用 def 定义的一些函数。

先来定义一个简单的类，这里的属性和方法都是直接输出的：

【示例 5-1】

```
01   class testClass:
02      name='张晓晓'
03      def welcome(self):
04         print('欢迎你')
05
06   w=testClass()
07   print(w.name)
08   w.welcome()
```

w=testClass()语句表示类的实例化，w 是类 testClass 的对象，name 是 testClass 的属性，welcome 是 testClass 的方法。实例化对象后，使用 w.name 就可以调用类中定义的 name 属性，使用 w. welcome() 就能调用类的方法。

Python 要求类的方法中第 1 个参数必须为 self（推荐关键字 self，也可以写作其他单词），表示类的实例，这里需要注意，表示的是实例本身，而不是类。下面做一个测试：

【示例 5-2】

```
01   class testClass:
02      name='张晓晓'
03      def welcome(self):
04         print('实例',self)
05         print('类',self.__class__)
06
07   w=testClass()
08   w.welcome()
```

输出如下：

```
实例 <__main__.testClass object at 0x000001AA9D220160>
类 <class '__main__.testClass'>
```

self 是实例本身，而 self.__class__ 才是类本身。写作 self 是推荐写法，比如换为 this，也是可以的：

【示例 5-3】

```
01   class testClass:
02      name='张晓晓'
03      def welcome(this):
04         print('实例',this)
05         print('类',this.__class__)
06
07   w=testClass()
08   w.welcome()
```

和前面代码的输出是一样的，读者可以自行测试。

5.2.2 类的构造方法和析构方法

Python 类中有两个比较特殊的方法，它们不是某类具备的功能（不是"动物"类的功能），而是类的专有方法，即构造方法和析构方法，有时也称构造函数和析构函数。本书因为统称类中的函数为类的方法，所以统一称为方法。

- 构造方法：实例化类时自动执行的方法，定义时用__init__形式。
- 析构方法：销毁类时自动执行的方法，定义时用__del__形式。

说　　明
以两个下画线__开头，同时以两个下画线__结尾的方法，Python 称为"魔术方法"，本书后面会有更详细的介绍。

这两种方法之所以说是"自动执行"，因为不需要开发人员的调用。

假设有一个会员类 MarketMember，当创建该类的对象时，默认输出欢迎信息，那么它的定义如下：

【示例 5-4】

```
01   class MarketMember:
02      def __init__(self):
03          print('欢迎光临')
04      def __del__(self):
05          pass
06
07   m=MarketMember()              #创建对象
```

构造方法的内容会在创建对象时自动执行，也就是此时运行程序，会输出"欢迎光临"。析构方法中的 pass 表示空操作，但会在内存中生成占位符。

注　　意
构造方法和析构方法是在特殊情况下或当使用特别语法时由 Python 替你调用的，不需要在代码中直接调用（类似普通的方法那样），这两个方法在类中都只能被定义一次。

5.2.3　类的私有属性

前面学习的类中，类的方法和属性都能被对象调用，这些是类的共有属性；还有一种是类的私有属性，对象无法调用，只在类内部才可以使用。比如下面的例子：

【示例 5-5】

```
01   class MarketMember:
02      __count=0
03      __name=''
04      def __init__(self,name,count):
05          self.__count += count
06          self.__name =name
07      def seek(self):
08          print(self.__name+'积分为'+str(self.__count))
09
10   m=MarketMember('王晓',300)
11   m.seek()
```

提　示

双下画线__一般表示类的私有属性或方法，不能被实例化的对象调用。

输出时使用+连接字符串，因为count是数字，所以使用str函数转换为字符串。__count和__name是类的两个私有属性，如果使用 m.__count 访问，就会报错：

```
Traceback (most recent call last):
  File "D:/class1.py", line 44, in <module>
    m.__count
AttributeError: 'MarketMember' object has no attribute '__count'
```

构造方法中，将传递的参数赋值给类的内部属性，在创建类时会自动执行该方法。构造方法中的参数，在创建对象时必须给出具体的值，否则程序会报错：缺少参数。

5.2.4　类的私有方法

类的私有方法和私有属性一样，也是以双下画线__开始，不能被对象调用。下面设计一个简单的类，只有一个私有方法。

【示例 5-6】

```
01   class MarketMember:
02      def __change(self,count):
03          print('更改后积分为'+str(count))
04
05   m=MarketMember()
06   m.__change(500)
```

第 06 行调用类的私有方法，运行时报错：

```
Traceback (most recent call last):
  File "D:\class1.py", line 65, in <module>
    m.__change(500)
AttributeError: 'MarketMember' object has no attribute '__change'
```

把第 02 行和第 06 行的双下画线__去掉再执行程序，就能正确运行了。

5.2.5　一个完整的类

假设有一个会员类 MarketMember，有属性"姓名"name、"积分"count，有方法"积分变更"change()。默认在创建对象时，就输出会员的姓名和当前积分，当用户积分变更后输出最新积分。下面是代码：

【示例 5-7】

```
01   class MarketMember:
02      __name=''
03      count=600
04      def __init__(self,name):
05          self.__name=name
06          print( self.__name+'当前积分为'+str(self.count))
```

```
07        def change(self,count1):
08            self.count=self.count+count1
09            print(self.__name+'更改后积分为'+str(self.count))
10
11    m=MarketMember('王晓')
12    m.change(500)
13    print(m.count)
```

本类包括：

- 一个私有属性__name
- 一个属性 count
- 一个构造方法
- 一个 change 方法

因为名字是通过参数传递过来的，所以这里我们用私有属性 name 表示名字。因为积分会变更，也允许对象调用积分，所以 count 不是私有属性。当积分变更后，使用 m.count 调用积分会给出最终变更的积分。

本例的输出结果如下：

```
王晓当前积分为 600
王晓更改后积分为 1100
1100
```

5.3　类与类的关系

在面向对象关系中，一般有继承（泛化）、依赖、关联、聚合、复合等关系，实际上这些关系都是用来描述现实某个应用场景下关系的关联强度。

其中继承关系和其他关系有所区别，继承是静态的（虽然 Python 支持对继承关系做动态改变，但使用时不做改变），描述的是程序设计时就定下来的规则，比如男人是人的一种，卡车是汽车的一种，这种继承的关系，是设计之初就定下来的静态规则。

而依赖、关联、聚合、复合这些关系，则是运行时互相交互产生的。例如，在运行过程中，将 A 作为参数给 B 的方法（依赖关系），将 A 作为 B 的类属性（关联），类 A 只为 B 的属性，不单独存在也不作为其他类的属性（复合），按照 UML 的标准，都将依赖、关联、聚合、复合这些关系统称为关联，依赖为弱关联，复合为强关联。

UML 中之所以分出这 4 种关系，是为了描述现实世界中各种东西之间关系的强弱。比如人心和人就是一个复合，人和人心同时存在，同时消亡，是紧紧组合在一起的。又比如汽车轮胎和卡车就是一种聚合，汽车轮胎是卡车的一部分，也可以是其他车的一部分，而汽车轮胎和卡车也不是同时存在，同时消亡的。

对于 Python 面向对象来说，只需要注意各种关系所对应的语法展示就可以了。

- 依赖：如果类 A 方法的参数是另一个类 B，那么就是 A 依赖于 B。

- 关联、聚合、复合关系：如果类 A 的属性中有类 B 的实例，那么它们就是关联关系；如果类 B 的实例只作为是类 A 的属性存在，那么 A 和 B 就是复合关系。

5.3.1 单继承

继承是指一个类 A 能利用另一个类 B 的资源（包括属性和方法等），其中 B 类被称为基类（或父类），A 类被称为派生类（或子类）。Python 支持单继承和多继承。

继承的意思就是子承父业，父类的公开属性和方法，子类都自动继承。继承的语法如下：

```
class 子类名(父类名):
    语句 1
    语句 2
    ……
    语句 n
    ……
```

将父类名放在()中，只有一个父类的时候称为单继承。在子类中，不需要再定义父类已有的方法和属性，可以定义只属于自己的方法和属性。下面是一个例子：

【示例 5-8】

```
01    class MarketMember:
02        __name=''
03        count=600
04        def __init__(self,name):
05            self.__name=name
06            print( self.__name+'当前积分为'+str(self.count))
07        def change(self,count1):
08            self.count=self.count+count1
09            print(self.__name+'更改后积分为'+str(self.count))
10
11    class MyMember(MarketMember):
12        age=0
13        def seekAge(self):
14            print('年龄为'+str(self.age)+" 积分为"+str(self.count))
15
16    m=MyMember('王晓')
17    m.change(500)
18    m.age=25
19    m.seekAge()
```

对上述代码进行解析：

（1）第 11 行定义了一个子类 MyMember，继承自父类 MarketMember。父类的公开属性 count 就可以在子类中调用，如第 14 行 self.count。

（2）创建子类的对象 m 后，父类和子类的方法都可以调用，如第 16~19 行。

（3）本例没有在子类中添加构造方法，子类是可以有构造方法的。

本例结果如下：

```
王晓当前积分为 600
王晓更改后积分为 1100
年龄为 25 积分为 1100
```

5.3.2　多继承

一个子类可以同时有两个或以上的父类，这种称为多继承。多继承的语法如下：

```
class 子类名(父类名 1, 父类名 2….):
    语句 1
    语句 2
    ……
    语句 n
```

下面创建"动物""猫"和"白猫" 3 个类，其中"白猫"继承自"动物"和"猫"这两个类，代码如下：

【示例 5-9】

```
01    class Animals:
02        color=''
03        weight=0
04        def jump(self):
05            print('我能跳')
06
07    class Cats:
08        def miaomiao(self):
09            print('喵喵')
10
11    class WhiteCat(Animals,Cats):
12        def catch(self):
13            print('我才能抓到老鼠')
14
15
16    c=WhiteCat()
17    c.jump()
18    c.miaomiao()
19    c.catch()
```

第 01~13 行创建 3 个类，每个类都有一个方法。第 11 表示 WhiteCat 类继承了前面两个类。因此当创建这个类的对象时，它会具备 3 个类所有的方法。本例输出：

```
我能跳
喵喵
我才能抓到老鼠
```

在 Python 中，当几个父类都具备某个方法（或属性）时，会按子类继承父类时的顺序依次查找同名的方法，先找到谁就执行谁的方法。

5.3.3　类的关联和依赖

实际上，在面向对象程序设计中，主要的问题就是区分类及类和类的关系，类的关系除了继承之外，还有依赖和关联，以及聚合和复合。

1. 依赖

依赖具有某种偶然性，比如我要过河，没有桥怎么办，我就去借一条小船渡过去，我与小船的关系仅仅是使用（借用）的关系。表现在代码上，为依赖的类的某个方法以被依赖的类作为其参数。如果 A 依赖于 B，那就意味着 B 的变化可能要求 A 也发生变化，在 UML 图中，一般用一个带虚线的箭头表示，以人借船过河为例，UML 图如图 5.1 所示。

图 5.1　依赖关系的 UML 图

根据这个图，在 Python 中的代码实现如下：

```python
class Person:
    def gobyboat(self,boat):
        boat.overriver()

class Boat:
    def overriver(self):
        pass
```

在上面的代码中有两个类：Person 类和 Boat 类。Person 类的方法 gobyboat 需要 boat 作为参数传入，这样才能调用 boat 的过河（overriver）方法，这就叫依赖，Person 依赖于 Boat。

2. 关联

所谓关联，就是表示相识关系，比如类 A 知道类 B 的存在，类 A 可以调用类 B 的属性和方法。在 UML 图中，一般用没有箭头的实线表示。关联关系有单向关联、双向关联、自我关联等各种关系。例如，一个企业有很多员工，企业和员工就是关联关系，即单向关联关系，图 5.2 展示了这种 UML 的单向关联关系。

图 5.2　关联关系的 UML 图

图 5.2 表示一个单向关联关系，一个企业有 N 个员工，在 Python 代码实现上，一般关联关系都是一个类作为另一个类的成员属性，例如：

```python
class employee:
    id=0
    name=''

class company:
    def __init__(self):
        self.employeer=employee()
```

上面是关联关系的代码举例，company 类有属性 employee，所有 company 可以通过 employee 访问 employee 的属性和方法，关联关系要比依赖关系更加紧密，因此又把依赖关系称之为弱关联。

5.3.4　类的聚合和复合

聚合和复合（组合）也是类的关系之一。聚合与组合其实都是关联的特例，都是整体和部分的关系。它们的区别在于聚合的两个对象之间是可分离的，它们具有各自的生命周期；组合往往表现为一种唇齿相依的关系。实际上，这两种关系语法上是一样的，区别在于语义。在语法上，都是将另一个类作为自己的属性，这样就叫聚合或复合，例如下面的代码：

```
>>> class A:
...    pass
...
>>> class B:
...    pass
...
>>> class C:
...    a=A()
...    b=B()
>>>class D:
…    b=B()
```

上面的代码中，因为类 C 有两个属性 a 和 b，所以 C 和 A、B 的关系就是聚合，C 是将 A、B 类聚合到自己身上，同时 B 类还作为 D 类的一部分，而 A 只能作为类 C 的一部分，那么类 C 和 A 就是生死与共的关系，没有 C 就不存在 A（因为 A 只给 C 当属性使用），因此 A 和 C 是复合（组合）关系，B 和 A 是聚合关系。

在 UML 中，聚合关系用一个空心菱形带实线表示，复合关系用一个实心菱形带实线表示，图5.3 所示为类 A、B、C、D 之间的聚合和复合关系图。

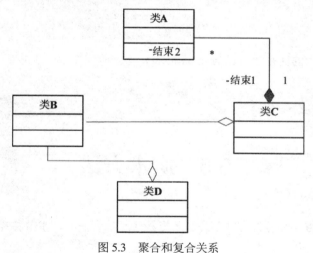

图 5.3　聚合和复合关系

5.4 重　写

Python 允许子类重写父类中已有的方法，而且不需要特殊的关键字进行说明。比如前面的"猫"类，如果"白猫"类要有自己的 miaomiao() 方法，就需要做如下改动：

【示例 5-10】

```
01  class Animals:
02      color=''
03      weight=0
04      def jump(self):
05          print('我能跳')
06
07  class Cats:
08      def miaomiao(self):
09          print('喵喵')
10
11  class WhiteCat(Animals,Cats):
12      def miaomiao(self):
13          print('白喵喵')
14      def catch(self):
15          print('我才能抓到老鼠')
16
17
18  c=WhiteCat()
19  c.jump()
20  c.miaomiao()
21  c.catch()
```

那么子类对象调用的就是它自己的 miaomiao()，输出如下：

```
我能跳
白喵喵
我才能抓到老鼠
```

5.5　魔术方法

前面提到的构造方法和析构方法都是魔术方法（魔法方法），本节将详细介绍它的使用。

5.5.1　魔术方法的概念

魔术方法就是可以给我们的类增加魔力的特殊方法，如果我们的对象实现（重载）了这些方法中的某一个，那么这个方法就会在特殊的情况下被 Python 自动调用，我们可以定义自己想要的行为，而这一切都是自动发生的。

魔术方法通常是由两个下画线包围命名的（比如 __init__，__lt__），Python 中常见的魔术方法参见表 5.1。

表 5.1　Python 中常见的魔术方法

方法名称	说明
__init__ (self[, ...])	当一个实例被创建时调用，构造方法
__del__ (self)	当实例被销毁时调用，析构方法
__call__ (self[,args ...])	允许一个类的实例像函数一样被调用
__getitem__ (self,key)	获取自定义容器中指定的键，相当于 self[key]
__setitem__ (self,key,value)	设置自定义容器中指定的键，相当于 self[key] = value
__getattr__ (self,name)	当用户试图访问一个不存在属性时的行为
__getattribute__ (self,name)	当一个属性被访问时的行为
__setattr__ (self,name,value)	当一个属性被设置时的行为
__delattr__ (self,name)	当一个属性被删除时的行为
__get__ (self,instance,owner)	当描述符的值被获取时的行为
__set__ (self,instance,value)	当描述符的值被设置时的行为
__delete__ (self,instance)	定义当描述符的值被删除时的行为

提　　示

__get__、__set__、__delete__ 被称为描述符（Descriptor），带有描述符的类一般称为描述符类。

5.5.2　魔术方法的应用

（1）__call__ 方法是允许一个类的实例像函数一样被调用，比如有一个 Person 类的实例 p，平时在调用它的属性或方法时都是用 p.xx 的形式，如果像函数一样，就是 p() 的形式。下面定义一个类，并添加它的 __call__ 方法：

【示例 5-11】

```
01   class Person:
02     def __init__(self, name, age):
03         self.name = name
04         self.age = age
05     def __call__(self,*args):
06         return args[0]+args[1]
07
08   p = Person('王晓光', 20)
09   print(p(30,20))
```

第 05~06 行定义了 __call__ 方法，第 1 个参数是必需的 self，第 2 个则用了可变参数，加 * 号的都是可变参数，方法的返回值是两个参数的和。第 09 行 p(30,20) 就是用函数的形式调用类的实例，输出结果是 50。

（2）__getitem__、__setitem__ 是获取键或设置键，一般用于类中的一些自定义数据结构。

比如类中有个字典类型，其中有 name 和 age 两个键，如果要在类的实例中访问某个键，我们该如何操作呢？下面看一个例子：

【示例 5-12】

```
01    class Person:
02      def __init__(self, name, age):
03        self.name = name
04        self.age = age
05        self._registry = {
06          'name': name,
07          'age': age
08        }
09      def __getitem__(self, key):
10        if key not in self._registry.keys():
11          raise Exception('Please registry the key:%s first !' % (key,))
12        return self._registry[key]
13      def __setitem__(self, key,value):
14        if key not in self._registry.keys():
15          raise Exception('Please registry the key:%s first !' % (key,))
16        self._registry[key]=value
17
18    p = Person('王晓光', 20)
19    print(p['name'],p['age'])                    # 王晓光 20
20    p['age']=30
21    print(p['name'],p['age'])                    # 王晓光 30
```

上述代码中有一个类的私有字典变量_registry，它包含两个键值，如果实例要访问或修改这两个键值，就需要__getitem__和__setitem__这两个魔术方法。

（3）__getattr__、__getattribute__、__setattr__、__delattr__是与类属性相关的魔术方法。

__getatt__定义了用户试图访问一个不存在的属性时的行为，一般不建议使用。下面用其他 3个方法举例：

【示例 5-13】

```
01    class Person:
02      def __init__(self,name,age):
03        self.name = name
04        self.age = age
05      def __getattribute__(self,item):
06        return super(Person, self).__getattribute__(item)
07      def __setattr__(self,item,value):
08        super(Person, self).__setattr__(item,value)
09      def __delattr__(self,item):
10        print( '属性被删除了！' )
11
12    p = Person('王晓光', 20)
13    print(p.name)
14    p.addr='上海'
15    print(p.addr)
16    del p.addr                              #删除属性
```

在设置属性时，第 06 行使用了 super(Person,self)，表示调用父类的同名方法，虽然本例并没有实现继承，但是 Python 中默认所有的类都继承自 object（被称为超类，默认可以不写明）。设置属性或获取属性值时，都会调用父类的同名方法。第 14 行设置一个新的属性 addr 并赋值。本例结果为：

王晓光
上海
属性被删除了！

（4）__get__、__set__、__delete__是描述符相关的方法。

如果类的某个属性设置了描述符，对这个属性的访问会触发特定的绑定行为。下面定义一个类表示距离，它有两个属性：米和英尺。这两个属性用到了带描述符的类。

【示例 5-14】

```
01    class Meter:
02        def __init__(self, value=0.0):
03            self.value = float(value)
04        def __get__(self, instance, owner):
05            return self.value
06        def __set__(self, instance, value):
07            self.value = float(value)
08
09    class Foot:
10        def __get__(self, instance, owner):
11            return instance.meter * 3.2808
12        def __set__(self, instance, value):
13            instance.meter = float(value) / 3.2808
14
15    class Distance:
16        meter = Meter()
17        foot = Foot()
18
19    d = Distance()
20    print(d.meter, d.foot)  # 0.0, 0.0
21    d.meter = 1
22    print(d.meter, d.foot)  # 1.0 3.2808
23    d.meter = 2
24    print(d.meter, d.foot)  # 2.0 6.5616
```

上述代码首先定义了一个类 Distance，其中两个属性都是类的实例。在没有对 Distance 的实例赋值之前，meter 和 foot 应该是各自类的实例对象，但是输出却是数值，这就是因为__get__方法发挥了作用。第 21 行虽然只是修改了 meter 的值，但是 foot 的值也改变了，这是__set__方法发挥了作用。

描述器对象（Meter、Foot）不能独立存在，它需要被另一个所有者类 Distance 持有。描述器对象可以访问到其拥有者实例的属性，比如例子中 Foot 的 instance.meter。

提　　示
在面向对象编程时，如果一个类的属性有相互依赖的关系，使用描述器来编写代码就可以很巧妙地组织逻辑。

5.6 迭 代 器

学习迭代器，先要理解两个概念：迭代、迭代器。迭代（Iterate）指的是重复做相同的事，迭代器（Iterator）就是用来重复多次相同的事。迭代器是一种访问序列的方式，它返回序列中的所有元素，一个接着一个。通俗来讲，迭代器就是一种访问方式，从序列的第一个元素开始访问，直到所有的元素被访问完结束。

注　意
迭代器只能往前不会后退。

使用迭代器的序列包括字符串、列表、元组。迭代器支持的函数有以下两个：

- iter()，创建一个迭代器对象。
- next()，访问迭代器中的下一个元素。

下面举例说明：

```
>>> a = [1,2,3,4,5,6,7,8,9,10]
>>> a=iter(a)
>>> a.__next__()
1
>>> a.__next__()
2
>>>
```

直接在解释器中定义一个列表 a，然后用 iter()创建 a 的迭代器，此时可以使用迭代器内置的 __next__()逐个读取列表 a 中的数据。当然，也可以使用 next(a)的方式输出数据。

这样做是不是很复杂？一般并不建议这样使用迭代器。通常迭代器与 for 循环组合，当使用 for 循环遍历整个对象时，就会自动调用此对象的 __next__()函数并获取下一个元素。当所有的元素全部取出后，就会抛出一个 StopIteration 异常，这不是发生错误，而是告诉外部调用者迭代完成了，外部的调用者尝试去捕获这个异常去做进一步的处理。

下面代码举例：

【示例 5-15】

```
a = [1,2,3,4,5,6,7,8,9,10]
it=iter(a)
for i in it:
    print(i)
```

上面的代码实际上使用了迭代器，却是隐藏式的，并没有看到 next ()，因为 for 会自动调用此对象。要是使用 next ()，也是可以的，改写代码如下：

```
a = [1,2,3,4,5,6,7,8,9,10]
it=iter(a)
for i in it:
    print(it.__next__())          # print(next (it))
```

上述代码的输出如下，读者可以考虑一下原因。

```
2
4
6
8
10
```

因为 for 会自动调用一次 next ( )，上述代码再手动调用一次，就相当于调用了两次 next ( )，所以输出结果变了。

5.7　生　成　器

生成器和迭代器密切相关，如果没有掌握迭代器，读者可先仔细阅读上一节。本节的生成器是一个返回迭代器的函数，只能用于迭代操作。

5.7.1　生成器的概念

简单点理解，生成器就是一个迭代器。如果函数中出现了 yield 关键字，在调用该函数时就会返回一个生成器。生成器的语法就是出现 yield 的函数。

先来看一段包含函数的代码：

```
def count(n):
    x = 0
    while x < n:
        yield x
        x += 1


for i in count(6):
    print(i)
```

上述代码中首先定义一个函数 count，然后使用 for...in 的形式遍历 count 的返回值。这个时候，count 就是一个生成器，该函数内部用 yield 返回每个 x 的值。

注　　意
只有在调用时才会生成相应的数据。

5.7.2　生成器的应用

斐波那契数列（Fibonacci sequence）又称黄金分割数列，它以数学家列昂纳多·斐波那契（Leonardoda Fibonacci）的名字命名，指的是这样一个数列：

```
1、1、2、3、5、8、13、21、34、……
```

在数学上，斐波纳契数列以递归的方法定义：

```
F(0)=0, F(1)=1, F(n)=F(n-1)+F(n-2) (n>=2, n∈N*)
```

在现代物理、准晶体结构、化学等领域，斐波纳契数列都有直接的应用。

本节使用生成器生成一个斐波那契数列。

【示例 5-16】

```
01   def fib(max):
02       n, a, b = 0, 0, 1
03       while n < max:
04           yield b                      # 注意 yield
05           a, b = b, a + b              # 赋值
06           n += 1
07       #当所有数据都生成完成后，会返回这么一个异常：StopIteration，这个 done 可以自定义
08       return 'done'
09   fib_generator = fib(20)
10   print(fib_generator)
11   print(fib_generator.__next__())
12   print(fib_generator.__next__())
13   print(fib_generator.__next__())
14   print(fib_generator.__next__())
15   print(fib_generator.__next__())
16   print(fib_generator.__next__())
17   print(fib_generator.__next__())
18
19   #前面因为已经使用 next 取过几个数据，所以这里直接从最后一次取值的地方开始循环
20   while True:
21       try:
22           fib_value = fib_generator.__next__()
23           print("fib_value: %s" % fib_value)
24       except StopIteration as fibs:
25           print("Generator return value: %s " % fibs.value)
26           break
```

上述代码中定义了一个函数 fib，因为这个函数使用了 yield，所以不能再称为函数，而应该称为生成器。代码中所有的语法基本都已经学习过，try…except 是捕获运行过程中的异常情况。

5.8 装 饰 器

装饰器（Decorator）本质上是一个函数，它可以在其他已设计好的函数基础上为该函数增加额外功能。装饰器的返回值也是一个函数对象，本节将介绍装饰器的使用。

5.8.1 装饰器基础

要了解装饰器，先来看一段简单的代码：

【示例 5-17】

```
01   def w1(func):
```

```
02        def inner():
03            print('额外功能')
04            return func()
05        return inner
06
07    @w1
08    def f1():
09        print('本来功能')
10
11    f1()
```

输出:

```
额外功能
本来功能
```

针对上述代码,我们必须掌握装饰器的几个特性:

- 实质: 是一个函数,本例中的 01~05 行。
- 参数: 是要装饰的函数名(并非函数调用),本例为 func。
- 返回: 是装饰完的函数名(也非函数调用),本例为 inner。
- 作用: 为已经存在的对象添加额外的功能。
- 特点: 不需要对对象做任何代码上的变动。

本例中的函数 f1()本来只输出"本来功能"这一行,如果要在不改变该函数的基础上为其增加额外功能,就单独写了一个函数 w1(),其中又增加一行输出。这样在 f1()函数上方只需要增加@w1 (需要单独一行),就为它增加了 w1()函数的功能。

说　　　明
很多人习惯把装饰器称为 Python 语法糖。实际上语法糖是指没有为语言增加新功能,却提供一种更实用的编码风格(如面向过程开发到面向对象开发,就只是一种更实用的编码风格)。Python 语法糖就是 Python 一些实用的编码风格,比如多种变量的组合形态(*args,**kw)也是一种语法糖。

5.8.2　不带参数的装饰器

前面的代码读者可能会想不通,为什么不直接将功能写在 f1()函数中? 这是因为在大型项目中有很多函数,如果我们要为多个函数增加同一个功能,就增加了工作量。比如数据操作有增加、删除、更新　3 个操作:

【示例 5-18】

```
def f1():
    print('增加数据')
def f2():
    print('删除数据')
def f3():
    print('修改数据')
```

现在需求发生了变化，在数据操作前给用户一个提示"真的要操作数据吗？"，如果是这样，最简单的操作是：

```
def f1():
    print('真的要操作数据吗？')
    print('增加数据')
def f2():
    print('真的要操作数据吗？')
    print('删除数据')
def f3():
    print('真的要操作数据吗？')
    print('修改数据')
```

通过复制与粘贴，我们为每个函数增加了一个提示功能。为了防止旧代码发生错误，不允许修改 f1、f2、f3，这种情况该怎么办呢？

我们使用装饰器再看一下：

【示例 5-19】

```
01   def AddCheck(func):
02      def check():
03          print('真的要操作数据吗？')
04          return func()
05      return check
06
07   @AddCheck
08   def f1():
09      print('增加数据')
10   @AddCheck
11   def f2():
12      print('删除数据')
13   @AddCheck
14   def f3():
15      print('修改数据')
```

代码创建一个装饰器 AddCheck，只需要在使用该装饰器功能的函数上方添加@AddCheck 就可以了。此时调用 f1、f2、f3，都会先输出"真的要操作数据吗？"这句话。

5.8.3　带参数的装饰器

前面创建的函数不带参数，如果创建的函数带一个参数，那么装饰器中的函数也要加上参数。下面举例：

【示例 5-20】

```
01   def AddCheck(func):
02      def check(arg):
03          print('真的要操作数据吗？')
04          return func(arg)
05      return check
06
07   @AddCheck
08   def f1(arg1):
```

```
09      print('增加数据'+arg1)
10   @AddCheck
11   def f2(arg1):
12      print('删除数据'+arg1)
13   @AddCheck
14   def f3(arg1):
15      print('修改数据'+arg1)
```

当 f1、f2、f3 只有一个参数时，只需要为装饰器中的函数增加一个参数。要是每个函数的参数不固定，比如以下函数，分别有 1 个参数、2 个参数、3 个参数：

```
def f1(arg1):
   print('增加数据'+arg1)
def f2(arg1,arg2):
   print('删除数据'+arg1+arg2)
def f3(arg1,arg2,arg3):
   print('修改数据'+arg1+arg2+arg3)
```

此时就需要用到前面学过的组合参数"* args,**kw"来表示装饰器中的函数了。代码如下：

【示例 5-21】

```
01   def AddCheck(func):
02      def check(*args,**kw):
03         print('真的要操作数据吗？')
04         return func(*args,**kw)
05      return check
06
07   @AddCheck
08   def f1(arg1):
09      print('增加数据'+arg1)
10   @AddCheck
11   def f2(arg1,arg2):
12      print('删除数据'+arg1+arg2)
13   @AddCheck
14   def f3(arg1,arg2,arg3):
15      print('修改数据'+arg1+arg2+arg3)
```

代码第 02 和第 04 行在定义和返回装饰器函数时，增加了不固定的参数和关键字参数组合形式，这样不管多少个参数，什么类型的参数就都可以返回了。

5.8.4　多个装饰器装饰一个函数

随着项目的变大，函数的功能会越来越多，可能需要为一个函数增加多个功能，Python 也是允许为一个函数增加多个装饰器的，比如下面这段代码：

【示例 5-22】

```
01   def d1(func):
02      def check(*args,**kw):
03         print('真的要操作数据吗？')
04         return func(*args,**kw)
05      return check
06   def d2(func):
```

```
07      def check2(*args,**kw):
08          print('真的是该部门吗? ')
09          return func(*args,**kw)
10      return check2
11
12  @d1
13  @d2
14  def f1(arg1):
15      print('增加数据'+arg1)
16
17  f1('部门1')
```

代码第 12 和第 13 行为 f1()函数增加了两个装饰器,装饰器的执行顺序与写作顺序一致,输出结果如下:

```
真的要操作数据吗?
真的是该部门吗?
增加数据部门1
```

5.9 上下文管理器与 with 语句

上下文管理器(Context Manager)常用于一些资源的操作,需要资源的获取与释放相关的操作,典型的例子就是数据库的连接、查询、关闭,以及文件的打开、更新、关闭等操作。

5.9.1 上下文管理器的几个概念

我们可以把上下文管理器看作一个特殊的语句块,比如一个文件的打开语句,必须有一个文件的关闭语句来对应,否则就会造成资源浪费,那么这个打开…关闭的语句块就是一个特殊的语句块。为了防止开发人员忘记关闭,可以将这个特殊的语句块放在上下文管理器中。

上下文管理器包括上下文的定义和使用,它涉及两个概念:

- 上下文管理协议:如果一个类中包括__enter__和__exit__两个魔术方法,那么我们可以说这个类实现了上下文管理协议,它可以使用上下文管理器。
- with…as 语句:定义好上下文管理器后,通过该语句使用它们。

上下文管理协议需要实现两个魔术方法:

- __enter__(self):进入上下文管理器时调用此方法,其返回值将被放入 with…as 语句中 as 指定的变量中。
- __exit__(self,type,value,tb):离开上下文管理器调用此方法。如果有异常出现,type、value、tb 分别为异常的类型、值和追踪信息。如果没有异常,3 个参数均为 None。此方法返回值为 True 或 False,分别指示被引发的异常是否得到了处理。如果返回 False,引发的异常会被传递出上下文。

with-as 语句的语法如下:

```
with context_expr [as var]:
    语句 1
语句 2
```

context_expr 就是一个操作对象，比如打开的文件对象。var 是对象的名称。语句 1 和语句 2 都是对该对象的操作。

5.9.2 上下文管理器的应用

前面的理论可能会让读者一头雾水，下面通过逐步的代码演变说明上下文管理器。

首先设计一个打开文件的例子：

```
f = open('d:\\test.txt','w')
f.write('Welcome ')
f.write('to Beijing')
f.close()
```

上述代码打开文件 test.txt，并在文件中写入一些数据，然后关闭文件。关于文件的操作主要是调用 Python 的 file 对象（一个文件被打开后，就有一个 file 对象），后面我们会有更详细的介绍。这里只是简单地演示文件操作的打开、写入、关闭 3 个操作。

在写入文件的时候可能会因为存储空间不足发生意外，意外发生后不会再执行文件的关闭操作。这种情况使用 with…as 语句就可以了，不用担心资源没有关闭。完善一下上述代码：

```
with open('d:\\test.txt','w') as fo:
    fo.write('Welcome ')
    fo.write('to Beijing')
```

上述代码甚至都不用写 close()函数就能关闭文件。因为 file 对象支持上下文管理器，所以它可以使用 with…as 语句，该语句常用的地方就是对于文件流对象的操作。

with…as 语句只用于关闭资源，通常情况下，对于语法的一些其他错误处理，我们还是需要用 try…except 语句处理，比如当打开的文件不存在时：

```
try:
    with open(fn, 'r') as f:
        pass
except IOError:
    file = open(fn, 'w')
```

5.9.3 自定义上下文管理器

前面说过，只要实现了上下文管理协议（__enter__和__exit__），就可以使用上下文管理器。本小节将学习自定义上下文管理器。

既然要实现魔术方法，就需要一个类，类中定义__enter__和__exit__方法：

【示例 5-23】

```
01  class MyFileOpen:
02      def __init__(self, filename, mode):
03          self.filename = filename
```

```
04          self.mode = mode
05      def __enter__(self):
06          self.openedFile = open(self.filename, self.mode)
07          return self.openedFile
08      def __exit__(self, *unused):
09          self.openedFile.close()
10
11  with MyFileOpen('test.txt','w') as fo:
12      fo.write('Welcome ')
13      fo.write('to Beijing')
```

代码定义了类 MyFileOpen，其中实现了 3 个方法：

- __init__，构造方法，实例化类时自动执行，这里自动赋值文件名和文件打开方式。
- __enter__，进入上下文的方法，这里执行一个 open 打开文件的函数。
- __exit__，退出上下文的方法，这里执行 close 关闭文件的函数。

5.10   面向对象实战：数字图形

本章的综合应用，将使用面向对象的思想来分析和实现一个小程序，这个程序可以把数字用符号*所组成的图案打印出来。例如数字 1234 可以打印成如下：

5.10.1   需求分析

这个程序的要求很简单，就是将数字字符串的每一个字符在一个 9×9 的空间里用*模拟出数字的样子，数字的样子与计算器上数字的样子一样。例如数字 9 的数字图案如下：

首先使用用例图描述本程序的功能，用例图是 UML 中的一个概念。UML 为面向对象开发系统的产品进行说明、可视化，以及编制文档的一种说明和绘图标准，就像盖一个建筑需要很多设计图一样，从一开始的建筑设计图、建筑力学设计图，到电气管道设计等。软件开发也需要很多种设计图，UML 为面向对象软件开发从开始到开发结束，一直到程序安装和部署，都提供了一系列的方法和标准。

　　简单地说，用例就是使用程序每个功能的场景，用例图就是绘出程序每一个功能的使用场景，它一般用来图示化系统的主要事件流程，描述客户的需求。图 5.4 绘出了数字图案转换的功能，它的功能是将输入的数字字符串打印成图案，这个功能实际上可以分成三部分：数字字符串拆分，将每个数字字符转换成图案，将图案组合起来打印。

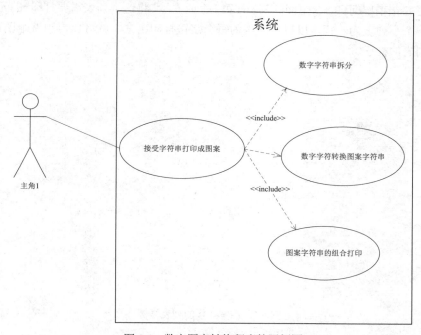

图 5.4　数字图案转换程序的用例图

　　有了上面的用例图，就可以以此为依据开始分析。在分析的时候，一般都是对用例图的每个用例逐个分析，主要确认抽象成几个类和这些类之间的关系。图 5.4 是一个总用例，由 3 个功能模块组成：

- 数字字符串拆分。
- 将每个数字字符转换成图案。
- 将图案组合起来打印。

　　这 3 个功能中，数字字符串拆分和将图案组合起来打印较为简单，而且都是面向使用者的，因此可以合并在一起用一个类来处理。该类的主要作用是接受输入的数字字符，拆分成一个一个的字符之后，提供给其他模块转换成图案，再将图案组合成字符串进行打印，可以抽象为如图 5.5 所示的类。

```
          图案打印类
-需转换的数字字符串
+接受需要处理的字符()
+提交图案转换()
+组合成打印图案()
```

图 5.5　图案打印类

麻烦的是将每个数字字符转换成图案的操作，我们用*表示 9×9 的空间模拟一个数字图案。首先模拟一个 9×9 的空间，可以使用列表，列表里面放 9 个小列表，每个列表里放 9 个元素，这样就可以使用 list[i][j] 表示 9×9 空间的第 i 行第 j 个元素了。将这个列表需要打印*的元素都标志出来之后，以一个小列表为一行，以每个元素为每个字符打印出来，就可以得到整个图案了，图 5.6 说明了这个列表的样子。

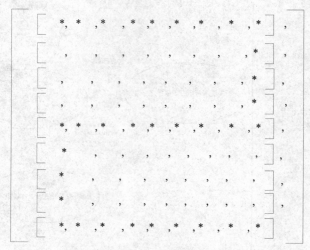

图 5.6　图案转换的列表样例

有了图 5.6 的列表之后，通过一一遍历列表的元素就可以得到一个数字的图案，阿拉伯数字有 10 个，每个数字都需要一个这样的列表，每个列表都需要按照数字的样子在列表中填写*，因此这部分代码可以共用。将这部分代码抽象成父类，每个数字再设置一个类从这个父类继承，这样每个数字都有了这个列表和添加*的方法，它们的类图如图 5.7 所示。

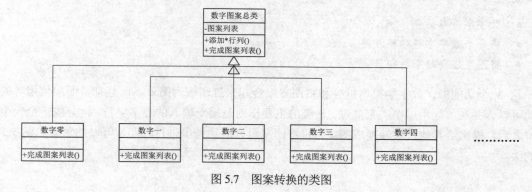

图 5.7　图案转换的类图

在图 5.7 中，抽象一个数字图案总类，该类拥有一个图案列表属性和添加*到行列方法，以及完成图案列表方法，这样各数字子类就都可以完成各自的图案列表的填写工作。图案打印类只需要调用数字图案总类的完成图案列表方法，它们之间的关系是依赖关系，因此整个类图的设计如图 5.8 所示。

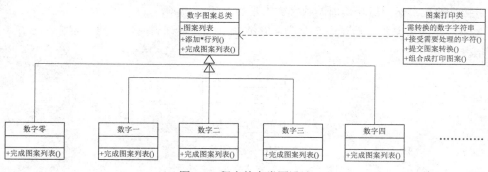

图 5.8　程序整个类图设计

图 5.8 的类设计中，图案打印类负责将数字字符串分成一个一个的字符，比如数字字符串 1234，那么将它分成 1、2、3、4，如果是 1，就调用数字一类去生成数字一的对象，如果是 2，就会调用数字二的类去生成数字二的对象，然后调用这些对象的完成图案列表方法来获得图案列表。这样每个不同的数字都要调用不同的类生成对象。

在这种设计中，各个数字对象的细节没有被隐藏起来，图案打印类还需要根据字符串的不同去调用不同的类生成对象，这样别人还是需要了解数字图案的细节才能使用，封装性不行。什么样面向对象模型才是好模型，简单的说，就是要包装得好，要封闭内部细节，就像电视机一样，不需要懂无线电波和显像管，只要一按下就能看到电视。

面向对象也是如此，追求的是经过包装的且不需要去关心细节就可以使用的类，发一个数字字符给它，它就能直接给我一个对应的图案列表，因此可以再加一个数字工厂类，它负责根据不同的数字字符，使用对应的数字类去实例化对象，这个工厂类就像一个对象工厂一样，图案打印类只需要把需要什么样的对象告诉工厂类，工厂类就返回一个对应的对象给它，这样就只要简单地使用这个工厂类就好了，不用再去关心那些子类的细节。图 5.9 就是加入工厂类之后的整个类图的设计。

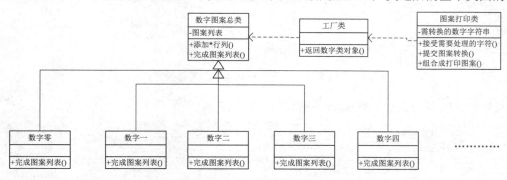

图 5.9　改进之后的类设计

图 5.9 是改进之后的类设计，工厂类的作用就是根据要求返回对应的数字对象，就像电视机的外壳和开关一样，它隐藏了内部实现的细节，现在只需要简单地调用工厂类就可以了。

5.10.2　程序开发

图 5.9 完成了程序类的设计，下面就要根据这个设计开始编写代码了。这个程序一共有 13 个类，其中 10 个是数字类，继承于数字图案总类；工厂类负责根据数字串生成数字类对象；图案打印类负责接受输入，然后组合输出的数字类表进行打印。

首先是数字图案总类，这是一个父类，它拥有一个图案列表属性和两个方法，它的类图如图5.10 所示。

数字图案总类
-图案列表
+添加*行列()
+完成图案列表()

图 5.10　数字图案总类

根据图 5.10 的类图，按照 Python 定义类的方法，可以实现如下代码：

```
class numpic:
    def __init__(self):
        self.pic_list=[[' ' for i in range(9)] for x in range(9)]

    def setpos(self,i,j):
        self.pic_list[i][j]='*'

    def draw(self):
        return self.pic_list
```

类 numpic 的 pic_list 是用来存放数字图案信息的，setpos 则是用来把第 i 行第 j 个字符设置为*字符。虽然每个数字的形状不一样，但是仍有很大的规律，即都是由横行或竖列组成的，数列存在半列的情况（如数字 5）。对于这些共性的功能应该放到父类中实现，因此类 numpic 新设计的类图应该如图 5.11 所示。

数字图案总类
-图案列表
+添加*行列()
+完成图案列表()
+画行()
+画列()

图 5.11　改进之后的数字图案总类

根据图 5.11 的新设计，类 numpic 的代码如下：

```
01   class numpic:
02       def __init__(self):
03           self.pic_list=[[' ' for i in range(9)] for x in range(9)]
04
05       def setpos(self,i,j):
06           self.pic_list[i][j]='*'
07
08       def draw(self):
09           return self.pic_list
```

```
10
11        def drawline(self,line):
12            for step in range(9):
13                self.setpos(line,step)
14
15        def drawrow(self,row,row_type):
16            if row_type==0:
17                for step in range(9):
18                    self.setpos(step,row)
19            elif row_type==1:
20                for step in range(5):
21                    self.setpos(step,row)
22            else:
23                for step in range(4,9):
24                    self.setpos(step,row)
```

上述代码是根据图 5.11 的设计而得，drawline 是用来画线的，drawrow 用来画竖线，并且分成了上半列和下半列。有了父类提供的完备方法，子类的实现就很简单了，只需要在父类的基础上重载 draw 方法，用行线和竖线把数字画出就可以了。下面代码就是数字子类的实现。

```
01    class onepic(numpic):
02        def draw(self):
03            self.drawrow(8,0)
04            return self.pic_list
05
06    class zeropic(numpic):
07        def draw(self):
08            self.drawline(0)
09            self.drawrow(0,0)
10            self.drawline(8)
11            self.drawrow(8,0)
12            return self.pic_list
13
14    class onepic(numpic):
15        def draw(self):
16            self.drawrow(8,0)
17            return self.pic_list
18
19    class twopic(numpic):
20        def draw(self):
21            self.drawline(0)
22            self.drawrow(8,1)
23            self.drawline(4)
24            self.drawrow(0,2)
25            self.drawline(8)
26            return self.pic_list
27
28    class threepic(numpic):
29        def draw(self):
30            self.drawline(0)
31            self.drawrow(8,0)
32            self.drawline(4)
33            self.drawline(8)
34            return self.pic_list
35
```

```
36    class fourpic(numpic):
37       def draw(self):
38           self.drawrow(0,1)
39           self.drawline(4)
40           self.drawrow(8,0)
41           return self.pic_list
42
43    class fivepic(numpic):
44       def draw(self):
45           self.drawline(0)
46           self.drawrow(0,1)
47           self.drawline(4)
48           self.drawrow(8,2)
49           self.drawline(8)
50           return self.pic_list
51
52    class sixpic(numpic):
53       def draw(self):
54           self.drawline(0)
55           self.drawrow(0,0)
56           self.drawline(4)
57           self.drawrow(8,2)
58           self.drawline(8)
59           return self.pic_list
60
61    class severnpic(numpic):
62       def draw(self):
63           self.drawline(0)
64           self.drawrow(8,0)
65           return self.pic_list
66
67    class eightpic(numpic):
68       def draw(self):
69           self.drawline(0)
70           self.drawrow(0,0)
71           self.drawrow(8,0)
72           self.drawline(4)
73           self.drawline(8)
74           return self.pic_list
75
76    class ninepic(numpic):
77       def draw(self):
78           self.drawline(0)
79           self.drawrow(0,1)
80           self.drawrow(8,0)
81           self.drawline(4)
82           return self.pic_list
```

上述代码实现了 10 个阿拉伯数字的数字子类，它们都是通过调用继承而来的 drawline（画横线）和 drawrow（画竖线）把图案信息写到图案列表中。

工厂类，顾名思义就是生产对象的工厂，它负责接受传进来的数字字符串，生成对象的对象返回。工厂类的代码如下：

```
01    class numfact:
```

```
02          def factory(self,which):
03              if int(which)==0:
04                  return zeropic()
05              elif int(which)==1:
06                  return onepic()
07              elif int(which)==2:
08                  return twopic()
09              elif int(which)==3:
10                  return threepic()
11              elif int(which)==4:
12                  return fourpic()
13              elif int(which)==5:
14                  return fivepic()
15              elif int(which)==6:
16                  return sixpic()
17              elif int(which)==7:
18                  return severnpic()
19              elif int(which)==8:
20                  return eightpic()
21              elif int(which)==9:
22                  return ninepic()
```

上述代码是工厂类的实现，可以看到工厂类实际上是一个包装器，它包装了 10 个子类的使用，这样对外部来说，这 10 个子类的使用是一样的，都调用 factory 方法，这就是面向对象所指的封装性，这种设计实际上是设计模式中的 Simple Factory 模式。

说　　明
所谓设计模式是一套被反复使用、多数人知晓的、经过分类编目的、代码设计经验的总结，简单来说就是"套路"，《设计模式 —— 可复用面向对象软件的基础》书中提出了 23 种常用的设计模式，Simple Factor 模式是其中的一种。

现在有了工厂类，就可以按照自己的要求生成图案列表，图案打印类只要负责组合打印图案就可以了。图案打印类的设计如图 5.12 所示。

图案打印类
-需转换的数字字符串
+接受需要处理的字符()
+提交图案转换()
+组合成打印图案()

图 5.12　图案打印类设计

在图 5.12 中，图案打印类有 3 个操作方法，不过因为现在通过工厂类获得数字字符的图案是很简单的操作，所以提交图案转换可以和组合成打印图案这两个方法合并在一起，该类实现的难点就是如何将每个数字字符的图案类列表组合起来，它的代码实现如下：

```
01  class picprint:
02      def __init__(self):
03          self.list_total=[[] for x in range(9)]
04
05      def getprintstr(self,string):
```

```
06              self.num_str=string
07
08      def __unionpic(self,prc_list):
09          for step in range(9):
10              self.list_total[step]+=[' ',' ']+prc_list[step]
11
12      def printstr(self):
13          num_fact=numfact()
14          for eve_char in self.num_str:
15              num_obj=num_fact.factory(eve_char)
16              self.__unionpic(num_obj.draw())
17              print_str=''
18              for  sub_list in self.list_total:
19                  for every_char in sub_list:
20                      print_str+=every_char
21                  print_str+='\n'
22          print(print_str)
```

在 picprint 类增加了一个类方法 __unionpic，因为该方法只提供给类内部调用，所以前面加了两个下画线做内部调用，这个方法的作用是将各个数字的图案列表拼接起来，即把图案列表里的每一行的列表累加到自己的列表 list_total 中，图 5.13 说明了这个累加的过程。

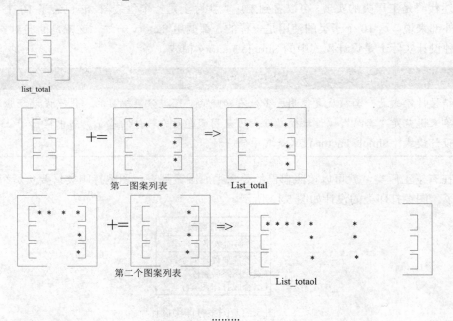

图 5.13　图案列表累加的过程

Picprint 类的列表 list_total 一开始设置为空，对数字字符串的每个字符使用工厂类得到图案列表之后，图案列表就不停地加到 list_total 中，一直到数字字符串的最后一个字符。

list_total 累加了所有数字字符的图案列表之后，按顺序把每个元素打印出来，整个程序功能就完成了。

5.10.3　程序入口

在上一小节已经实现了所有的类，现在再编写一下程序入口部分，程序就算完工了。程序入口主要读取命令行参数并传送给图案打印类。下面是程序入口的代码：

```
if __name__=="__main__":
    print_str=picprint()
    print_str.getprintstr('6531')
    print_str.printstr()
```

程序入口的代码很简单，只是将需要打印的字符串（本例代码中的 '6531'，读者也可以随意修改要打印的数字）传给 print_str（图案管理类的对象），然后使用 printstr 打印就可以了。图 5.14 所示是程序运行结果。

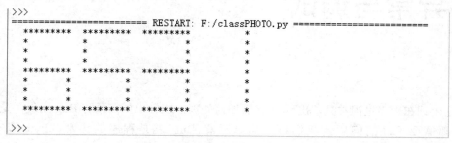

图 5.14　数字图案打印程序结果

第 6 章

程序异常与调试

Bug 这个词在程序里很常见，出现 Bug 后如何处理，或者说如何预防 Bug 出现，是任何一门编程语言都需要关注的问题。我们可以简单理解 Bug 就是程序的异常，Python 也提供了 try/except/finally 代码块来处理异常，如果你有其他编程语言的经验，实践起来并不难。当出现错误时如何进行调试，也是开发人员的一种技能，本章也会给出一些技巧。

6.1　识别异常

良好的异常处理可以让你的程序更加健壮，清晰的错误信息也能帮助你快速修复问题。本节将介绍 Python 的异常处理概念和提示信息。

6.1.1　异常的概念

程序设计过程中通常会遇到两种不可避免的错误：编译错误和运行错误，这两种错误产生的原因、对程序造成的影响及查找错误都有很大区别。

编译错误是由于编写的程序不符合程序的语法规定而导致的语法问题。大部分的编译错误都是由于对编程语言的语法不熟悉或拼写错误引起的。如果违反了编程语言的规则，就会导致程序编译错误。这种错误也称为语法错误。

运行错误是指能够顺利的编译通过，在程序运行过程中产生的错误。例如，操作文件的时候文件无法找到、调用函数的参数个数不对等，如果出现这样的错误，程序会停止运行。但是这样的错误不容易发现和排除。

  Python 中的异常处理机制为程序提供了清晰的异常终止和错误处理的接口。当异常发生时，发生异常的方法抛出一个封装了错误信息的异常对象。此时程序不会继续运行，发生错误的方法也不会返回正常运行的值，异常处理机制开始搜索异常处理器来处理这种错误。

6.1.2 语法引出的异常

  语法错误引出的异常一般是因为书写代码时的粗心大意造成的，比如在解释器中直接输入：

```
print 'hello world'
```

  回车后会直接提示错误信息，如图 6.1 所示，这是语法引出的异常情况。

```
>>> print 'hello world'
SyntaxError: Missing parentheses in call to 'print'. Did you mean print('hello world')?
>>>
```

图 6.1 语法引出的异常

  这里不只提示错误，还会告诉开发人员，是不是需要 print('hello world')，因为缺少函数的()，所以这里报 Missing parentheses 错误。

6.1.3 运行时引出的异常

  运行时引出的异常并不是语法错误，一般是代码可以执行，但因为某些特殊情况而发生了错误，比如下面代码的除数为 0，所以出现运行时错误。

```
a=10
b=0
c=a/b
print(c)
```

  这段代码的 b 是除数，但其初始值为 0，学过数学的都知道，除数不能为 0，没有实际意义，所以当 0 是除数的时候，程序肯定会报错。Python 执行后错误提示信息如图 6.2 所示。

```
========================== RESTART: D:/error1.py ==========================
Traceback (most recent call last):
  File "D:/error1.py", line 3, in <module>
    c=a/b
ZeroDivisionError: division by zero
```

图 6.2 运行时引出的异常

6.1.4 分析异常提示信息

  发生异常时，Python 会抛出异常，同时会显示发生异常的相关信息，通过理解这些信息，读者能更好地找到异常的问题所在。先看前面代码 0 作除数时的错误信息：

```
Traceback (most recent call last):
  File "D:/error1.py", line 3, in <module>
    c=a/b
```

```
ZeroDivisionError: division by zero
```

异常提示为了表示重要性，都是红色提醒，主要提示信息包括：

- 发生异常程序的文件名和具体位置，如本例的 File "D:/error1.py"。
- 发生异常的语句在程序中的行号，如本例的 line 3。
- 发生异常语句的源代码，如本例的 c=a/b。
- 发生了哪一种异常，如本例的 ZeroDivisionError。
- 发生异常的相关错误信息，如本例的 division by zero。

6.2　Python 中处理异常的语法

如果判断某段代码可能在执行时出现问题，就可以提前设计好出现问题后的解决方案，或者给出提示信息。与 Python 异常处理相关的关键字包括 try、except、else、finally 等，异常的基本形式也使用这些关键字。处理异常的语法如下：

```
try:
    pass
except:
    pass
else:
    pass
finally:
    pass
```

说　　明
try 语句只有 1 个，首先被执行。except 语句可以有多个，else 和 finally 子句是可选的，else 语句必须放在所有 except 语句之后。

如上面语法所示，try 代码块内监视可能出现异常的程序语句，except 代码块内是用户对抛出异常对象的处理语句（如果没有错误，就忽略该代码块），else 代码块放置的是当 try 中没有发生异常时要执行的代码，finally 代码块应放置资源清除类的代码，用于清除发生异常代码执行中所占用的资源，比如关闭打开的文件、网络链接等。

现在举例，一个异常的捕获：

【示例 6-1】

```
01  def TestError(d):
02      try:
03          print('正确结果:',8/d)
04      except:
05          print("抛出一个异常")
06      else:
07          print('其他问题!')
08      finally:
09          print ('异常终结者')
```

```
10
11    i=4
12    while(i>=0):
13        TestError(i)
14        i-=2
```

本例结果如下：

```
正确结果：2.0
其他问题！
异常终结者
正确结果：4.0
其他问题！
异常终结者
抛出一个异常
异常终结者
```

本例实现了 3 次调用。第 1 次 i 是 4，被 8 整除，不会出错，不执行 except 语句，执行 else 和 finally 语句。第 2 次 i 是 2，被 8 整除，也不会出错，同样执行 else 和 finally 语句。第 3 次 i 是 0，会出现异常，执行 except 和 finally 语句。从这个例子也可以看出，不管 try 代码块中是否有异常发生，finally 语句始终会被执行，而只有在发生错误时才会执行 except 语句。

6.3　处理异常的细节

为了避免用户无法继续使用程序，开发人员需要处理可能发生的异常，或者在容易引发异常的代码中添加错误处理方式。本节将介绍处理异常的一些细节。

6.3.1　except 语句的多种形式

except 语句有多种形式可供选择：

- except:　　　　　　　　　　# 捕获所有异常
- except exp:　　　　　　　　 # 捕获指定异常
- except exp as err:　　　　　 # 捕获指定异常并建立实例
- except (exp1,exp2,…):　　　 # 捕获指定所有异常
- except (exp1,exp2,…) as err:　# 捕获指定所有异常并建立实例

对于可预测异常类别的异常处理，一般使用带有指定异常类的 except 语句捕获确定的异常，并进行相关的处理。比如前面的 0 作除数的错误，可以改写代码：

【示例 6-2】

```
01    def TestError(d):
02        try:
03            print('正确结果:',8/d)
04        except ZeroDivisionError:
05            print("抛出一个除 0 异常")
```

```
06          else:
07              print('其他问题!')
08          finally:
09              print ('异常终结者')
10
11    i=4
12    while(i>=0):
13        TestError(i)
14        i-=2
```

第 04 行通过 ZeroDivisionError 指定具体异常。当异常发生时，也会给出具体的错误，上述代码结果如下：

```
正确结果: 2.0
其他问题!
异常终结者
正确结果: 4.0
其他问题!
异常终结者
抛出一个除 0 异常
异常终结者
```

当有多个 except 语句时，具体该怎么执行呢？有几个规则：

- 如果异常的类型和 except 之后的名称相符，对应的 except 语句就被执行。
- 如果一个异常没有与任何的 except 匹配，那么这个异常将会传递给上层的 try 中。
- 多个 except 语句时，只可能有一个分支会被执行。
- except (exp1,exp2,...):表示可以同时处理多个异常。

下面举例多种异常：

【示例 6-3】

```
01    while True:
02        s = input('请输入一个整数: ')
03        try:
04          i = int(s)
05          i = 8/i
06        except ValueError:
07            print('确认输入的是数字! ')
08        except ZeroDivisionError:
09            print('不能输入 0! ')
10        else:
11            print('正确! ')
```

上述代码直接写了一个无限循环，需要用户不断输入信息。当输入的不是数字时，处理异常 ValueError；当输入为 0 时，处理异常 ZeroDivisionError。上述代码执行结果如图 6.3 所示，最后使用 Ctrl+C 组合键退出。

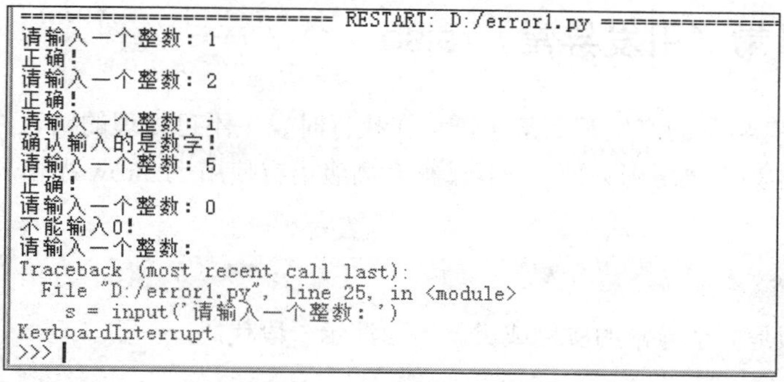

图 6.3　无限循环的异常

根据 except 语句支持的形式，也可以将两个异常写在一起。上述代码可以修改为：
【示例 6-4】

```
while True:
    s = input('请输入一个整数：')
    try:
     i = int(s)
     i = 8/i
    except(ValueError,ZeroDivisionError):
        print('输入错误！')
    else:
        print('正确！')
```

为了给用户提示具体的错误，也可以用 except (exp1,exp2,…) as err 形式，继续修改代码：
【示例 6-5】

```
while True:
    s = input('请输入一个整数：')
    try:
     i = int(s)
     i = 8/i
    except(ValueError,ZeroDivisionError) as err:
        print(err)
    else:
        print('正确！')
```

如果为异常处理建立实例 err，err 就会包含所需要的异常处理信息，此时直接输出 err 就会提供错误类型，如图 6.4 所示。

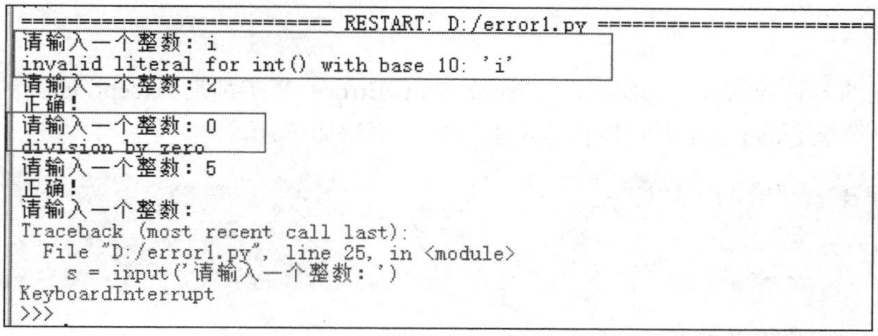

图 6.4　输出错误类型

6.3.2　抛出异常（引发异常）raise

前面学过的所有异常的产生都是某条语句在执行时发生不可处理的错误，其实我们也可以主动抛出一个异常，这就需要用到关键字 raise。很多高级语言使用也 throw 抛出异常，两者意思一致。raise 语法如下：

```
raise  exp_name
```

exp_name 必须是一个异常的实例或类。下面演示一段代码：

【示例 6-6】

```
01   a=10
02   b=0
03   if(b==0):
04       raise ZeroDivisionError
05   print("good")
```

程序不会执行最后一条 print 语句，而是在抛出异常时就退出了。

在抛出异常时，也可以给出提示：

```
raise  exp_name('msg')
```

继续演示一段代码：

【示例 6-7】

```
01   a=10
02   b=0
03   if(b==0):
04       raise ZeroDivisionError('0 不能被除啊')
05   print("good")
```

上述代码的执行结果如下：

```
Traceback (most recent call last):
  File "D:/error1.py", line 38, in <module>
    raise ZeroDivisionError('0 不能被除啊')
ZeroDivisionError: 0 不能被除啊
```

6.4　自定义异常

前面看到的各种异常（ZeroDivisionError、ValueError）其实都是 Exception 类的子类。开发人员也可以通过继承 Exception 类实现自定义的异常，语法如下：

```
class TestError(Exception):
语句 1
语句 2
…
```

下面演示一个自定义异常：

【示例 6-8】

```
01   class TestError(Exception):
02       def __init__(self, err='数据库错误'):
03           Exception.__init__(self,err)
04
05   raise TestError
```

上述代码定义了一个类 TestError，继承自 Exception 类。在类中重写 __init__ 方法，定义错误提示信息"数据库错误"，然后使用 raise 抛出异常，结果如下：

```
Traceback (most recent call last):
  File "D:\error1.py", line 47, in <module>
    raise TestError
TestError: 数据库错误
```

6.5　调试程序

许多程序员都有这样的经历：无论自己编写多么短的程序，一般很难一次就能通过编译，并且通过编译的功能还不一定是正确的。这也是为什么很多软件经常有 Bug，很多应用经常打补丁。要找到错误，我们就需要调试程序，本节将讲解两种调试方法。

6.5.1　IDLE 的简单调试

程序调试常见的是语法问题，比如多余的空格缩进、错误的 Python 保留字拼写、函数的参数个数等。如果用的是 IDLE 编辑器，当按 F5 键执行程序时，会给出一些具体的错误提示，以及错误位置。比如以下这段九九乘法表代码：

【示例 6-9】

```
01   # 九九乘法表
02   for i in range(1, 10):
03       for j in rang(1, i+1):
04           print('{}x{}={}\t'.format(i, j, i*j), end='')
05       print()
```

运行代码，出现如图 6.5 所示的错误。

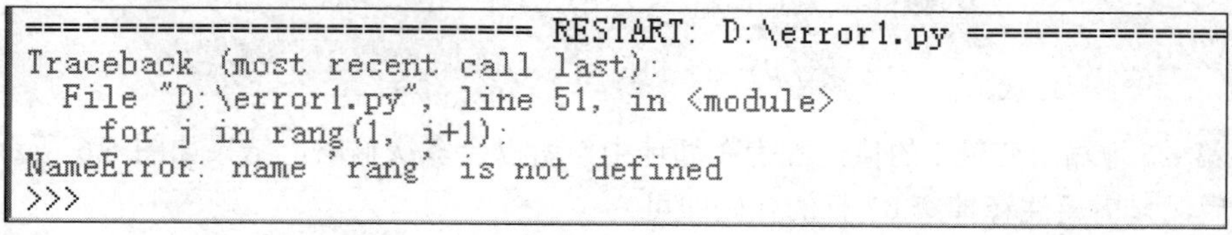

```
============================ RESTART: D:\error1.py ==============
Traceback (most recent call last):
  File "D:\error1.py", line 51, in <module>
    for j in rang(1, i+1):
NameError: name 'rang' is not defined
>>>
```

图 6.5　错误提示

这里提示了第 51 行是循环的原因，然后给出 NameError 的错误，是 range 拼写错了，修改第 03 行的 rang 为 range，程序就可以正常运行了，结果如下：

```
1x1=1
2x1=2    2x2=4
3x1=3    3x2=6    3x3=9
4x1=4    4x2=8    4x3=12   4x4=16
5x1=5    5x2=10   5x3=15   5x4=20   5x5=25
6x1=6    6x2=12   6x3=18   6x4=24   6x5=30   6x6=36
7x1=7    7x2=14   7x3=21   7x4=28   7x5=35   7x6=42   7x7=49
8x1=8    8x2=16   8x3=24   8x4=32   8x5=40   8x6=48   8x7=56   8x8=64
9x1=9    9x2=18   9x3=27   9x4=36   9x5=45   9x6=54   9x7=63   9x8=72   9x9=81
```

6.5.2　利用日志模块 logging 调试

Python 标准库中为我们提供了日志功能，即 logging 模块（模块的意义和使用会在本书后面章节中做详细介绍）。用 logging 模块跟踪程序运行的大量信息，当我们需要调试信息时，它会在运行中打印跟踪信息。当程序调试完成后，可以通过一个语句来关闭所有的调试信息。

logging 模块的基本使用方法如下：

（1）首先在程序的开头要使用以下语句导入 logging 模块，并配置日志的显示级别：

```
import logging
logging. basicConfig(level=logging.DEBUG)
```

（2）在需要跟踪变量的程序中的某行添加以下语句：

```
logging.info("j:%d",j)
```

当这条语句执行时，就会输出 j 变量在运行过程中的值，便于我们跟踪变量并调试程序。

（3）当我们调试完成后，程序在运行时就不需要显示这些跟踪信息了。我们可以通过注释掉以下语句来关闭跟踪信息的显示：

```
#  logging. basicConfig(level=logging.DEBUG)
```

如果以后还需要调试，就将这条语句的注释去掉，即可恢复调试信息的显示。修改前面的九九乘法表：

【示例 6-10】

```
01   import logging
02   logging. basicConfig(level=logging.DEBUG)
03   # 九九乘法表
04   for i in range(1, 10):
05       for j in range(1, i+1):
06           print('{}x{}={}\t'.format(i, j, i*j), end='')
07           logging.info('j:%d',j)
08       print()
```

代码第 07 行输出变量 j 的值，因为在循环中，所以会多次输出，结果如图 6.6 所示。当我们调试完成后，只需要注释掉第 07 行的代码即可。

```
========================= RESTART: D:\error1.py =========================
1x1=1     INFO:root:j:1

2x1=2     INFO:root:j:1
2x2=4     INFO:root:j:2

3x1=3     INFO:root:j:1
3x2=6     INFO:root:j:2
3x3=9     INFO:root:j:3

4x1=4     INFO:root:j:1
4x2=8     INFO:root:j:2
4x3=12    INFO:root:j:3
4x4=16    INFO:root:j:4

5x1=5     INFO:root:j:1
5x2=10    INFO:root:j:2
5x3=15    INFO:root:j:3
5x4=20    INFO:root:j:4
5x5=25    INFO:root:j:5

6x1=6     INFO:root:j:1
6x2=12    INFO:root:j:2
6x3=18    INFO:root:j:3
6x4=24    INFO:root:j:4
6x5=30    INFO:root:j:5
6x6=36    INFO:root:j:6
```

图 6.6　调试信息

6.5.3　利用 pdb 调试

上一小节所述的 Python 的简单调试方法都是在程序中直接加入相关的信息输出语句，使得程序在运行的过程中，不断得到变量值的实时输出，然后通过跟踪和观察，对程序进行调试。这种方式下，程序是一次性运行完成，然后得到运行中的状态数据。而有时，我们需要程序运行到某个关键的语句之前或之后暂停下来，研究和分析此时程序的状态，还可以随时控制程序运行到某条语句上停止，这就需要使用调试工具来分析和试运行程序。

常见的 Python 程序的调试工具有好几种，比如 Python 自带的 pdb，还有一些其他的调试工具，如 spyder、pydev 等。本小节主要介绍 Python 标准库中提供的调试工具，即 pdb。pdb 是 Python 自带的一个包，为 Python 程序提供了一种交互的源代码调试功能，主要特性包括设置断点、单步调试、进入函数调试、查看当前代码、查看栈片段、动态改变变量的值等。

pdb 的使用方式主要有 3 种：

（1）在交互式环境下，直接通过以下语句启动调试：

```
import pdb
import my_module
pdb.run('my_module.test()')
```

（2）在程序的开头先导入 pdb 库，然后在程序要设置的断点处加入：

```
pdb.set_trace()
```

（3）在命令行模式下，使用 python 命令直接运行程序，需要带上参数，如下：

```
python -m pdb test.py
```

在使用 pdb 进入调试模式后，会有一些子命令供用户调试使用。可以在调试模式中使用 h 命令来显示所有的子命令。这里列出几个常用的调试命令：

- l　　　　　　　#列出当前要运行的代码块
- b 行号　　　　#在某行处设置

- b   #显示所有断点
- cl   #清除所有断点
- disable   #禁用断点
- enable   #激活断点
- n(ext)   #单步执行
- c(ontinue)   #运行到断点
- s(tep)   #进入函数
- p(rint)   #打印变量值
- q   #退出

还是以九九乘法表为例导入 pdb 包，并使用 pdb.set_trace()设置断点，如下：

【示例 6-11】

```
01    import pdb
02    # 九九乘法表
03    for i in range(1, 10):
04        for j in range(1, i+1):
05            pdb.set_trace()
06            print('{}x{}={}\t'.format(i, j, i*j), end='')
07        print()
```

第 01 行导入 pdb 包，第 05 行设置断点，运行代码后会停留在 pdb 调试界面，如图 6.7 所示。

```
=========================== RESTART: D:\error1.py ===================
> d:\error1.py(55)<module>()
-> print('{}x{}={}\t'.format(i, j, i*j), end='')
(Pdb)
```

图 6.7　设置断点

此时可以输入 pdb 的一些命令，如用 p 打印当前的 i 或 j 变量，用 n 单步执行，用 q 退出，结果如图 6.8 所示。

```
=========================== RESTART: D:\error1.py ===================
> d:\error1.py(55)<module>()
-> print('{}x{}={}\t'.format(i, j, i*j), end='')
(Pdb) p i
1
(Pdb) p j
1
(Pdb) n
1x1=1   > d:\error1.py(53)<module>()
-> for j in range(1, i+1):
(Pdb) q
Traceback (most recent call last):
  File "D:\error1.py", line 53, in <module>
    for j in range(1, i+1):
  File "D:\error1.py", line 53, in <module>
    for j in range(1, i+1):
bdb.BdbQuit
>>>
```

图 6.8　q 退出

6.6 异常实战：计算机猜数

　　所谓计算机猜数程序，就是由人想一个四位数（四个数字不能为重复数字和 0），让计算机猜这个四位数是多少。每次计算机打出一个四位数字后，人首先判断这四位数字中有几位是猜对了，并且在对的数字中又有几位位置也是对的，将结果输入到计算机中，给计算机以提示，让计算机再猜，直到计算机猜出人想出的四位数是多少为止，整个猜数过程如图 6.9 所示。第一次时，人必须先输入 ok，表示程序开始，最后输入 yes，表示程序结束。

```
>>>
======================= RESTART: F:/Tcomputer1.py =========================
计算机:准备猜数？
人:ok
计算机:2871
人:2,2
计算机:9876
人:yes
计算机:bingo
>>> |
```

图 6.9 计算机猜数程序示例图

6.6.1 需求分析

　　解决这类问题时，计算机的思考过程不可能像人一样具有完备的推理能力，关键在于要将推理和判断的过程变成一种机械的过程，找出相应的规则，否则计算机难以完成推理工作。

　　基于对问题的分析和理解，将问题进行简化，首先每一次提示信息，都是包括两方面信息：数字组成信息和数字位置信息。而计算机每次试探不过是根据提示信息来缩小可能的组合，因此计算机猜数的步骤可以总结如下：

　　（1）计算机随机生成一个四位数字。

　　（2）根据人给的提示信息获得一个可能的四位组合的集合，对于根据提示消息获得所有可能的组合。可以分两步来做，先根据提示获得数字组合和位置信息，并分析数字组合的信息，获得所有满足该组合的可能性的集合；再根据位置信息，进一步缩小所有的可能性。

　　（3）从四位可能性的集合中取出一个四位数字。

　　（4）再根据人的新提示，在上面可能性的集合中去掉不满足这次提示条件的数字，生成新的可能性集合。

　　（5）新集合如果只有一个元素的话，就成功得到了结果，可以退出。如果不是，转到第三步，重复以上步骤。

　　图 6.10 所示就是根据上面的算法来绘制的流程图，从图中可以看出该程序实现的难点在于如何根据用户输入的提示信息得到一个所有可能性的集合。实际上，计算机要做的就是根据人给的提示信息缩小可能性的组合，一直缩小到只有一个的时候，就找到用户心里所想的数字。

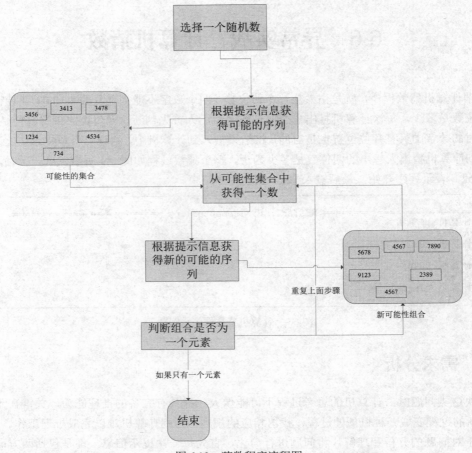

图 6.10 猜数程序流程图

6.6.2 算法分析

从需求分析可以看出，根据用户给出的提示信息，如何去获得一个所有可能性的集合是实现这个程序的难点。

例如，当计算机给出一个数字 1234，用户给出提示 3 和 1，表示他所想的数有 3 个数字在 1234 中，但是只有一个数字的位置是正确的。在这种情况下，计算机如何去获得所有满足这个条件的集合？

用户给的提示信息实际上包括两部分：

（1）有 3 个数字是在 1234 中。这说明用户的数字是 1234 中任意三个数字的组合，但是不包括 1234 这四个数字的组合，有并且只有三个数字在 1234 中。

（2）只有 1 个数字位置正确。只有一个数字位置正确，说明其他三个数值位置都不正确，所以需要从上面组合中再缩小范围，只保留那些有一个并且只有一个数字的位置信息和 1234 是相同的。

下面分开讨论如何实现：

1. 根据用户提供的组成信息 i，找出所有可能性

计算机给出一个四位数 i，用户提供有 j 个数字是在 i 中，求用户的数的所有可能性，也就是实现一个函数 f（j,i），该函数要返回所有可能性的集合。例如，计算机给定义数字 1234，用户提示 2，那么只需要将每种可能的四位数和 1234 做比较，有 2 个并且只有 2 个数字在 1234 数中，就说明有可能是用户想的数字，代码如下：

```
01    def getpossible(all_possible,mac_num,shot_num):
02        list1=list(str(mac_num))
03        re_list=[]
04        for every_num in all_possible:
05            bingo_num=0
06            for every_char in list(str(every_num)):
07                if every_char in list1:
08                    bingo_num+=1
09            if bingo_num==shot_num:
10                re_list.append(every_num)
11        return re_list
```

上面的代码中，all_possible 是上一次运算得到的所有可能性的集合（如果是第一次，那么 all_possibl 就是 1~9 四位不重复数字的所有可能性的集合），对该 all_possible 每个字和 mac_num（计算机给出的数）进行比较，如果 all_possible 中的数（every_num）中的数字（every_char）在计算机输出的数（mac_num）中的个数和人给的提示的数 shot_num 一样（用 in 操作来判断），就把该数放到可能性的集合 re_list 里面，图 6.11 用来解释这个过程。

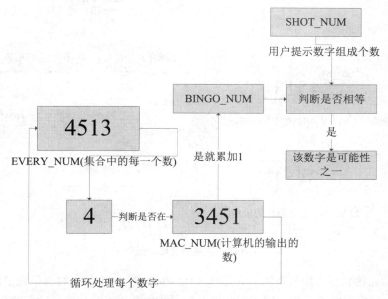

图 6.11　根据用户数字组成信息判断数字是否可能

假设计算机猜了一个 3451，用户给了提示 3，那么从图 6.11 可以看出，计算机取出一个数 4513，然后从 4 开始，每个数字都去 3451 里判断一下，是否是 3451 四个数中一个，如果是，BINGO_NUM 加 1，一直到四个数字全部处理完，然后 BINGO_NUM 就保存了 4513 有几个数在 3451 中，用 BINGO_NUM 和用户提示的 SHOT_NUM 比较一下，就可以知道该数有没有可能是用户心里想的数。

2. 根据用户提供的位置信息找出所有可能性

根据位置找出所有可能性的方法与根据数字组成信息找可能性很相似，方法都是从一个可能性的组合中取出所有的数字，然后和计算机给定的数做比较，如果该数的数字和位置的信息都对得上的个数与用户提示的位置数据是一致的话，那么就把该数放到结果列表中，下面是实现的代码：

```
01   def getinsible(all_possible,mac_num,shot_num):
02       mac_str=str(mac_num)
03       re_list=[]
04       for every_num in all_possible:
05           bingo_num=0
06           for iter in range(4):
07               if str(every_num)[iter]==mac_str[iter]:
08                   bingo_num+=1
09           if bingo_num==shot_num:
10               re_list.append(every_num)
11       return re_list
```

上面的代码中，关键是 04~10 行的代码，这几行代码是用来比较数字和位置是否一致的，它通过将数字的四个数字一一进行比较，如果有一致的就累加 1，最后在 09 行，将得到的数字和位置都正确的数目与用户提示的数目进行比较，如果一致，说明是可能性之一，放到结果列表中。这个过程差别在于比较的过程，如图 6.12 所示。

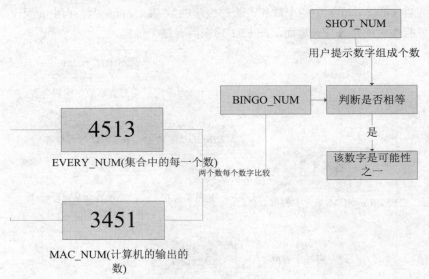

图 6.12　位置信息比较过程

位置信息的比较和数字组成不同，它是将 4513 和 3451 一个数字对一个数字进行比较，根据有几个数字，去和用户的提示数字比较，就可以知道该数是否可能是用户所想的那个数。

6.6.3　编程实现

前面分析了需求和算法，本小节开始着手实现。该应用中，主要是人和计算机交互，计算机实际就是每次根据人的提示打印出一个新的数，然后人继续给出新的提示，直到计算机确认数字正确为止。这样可以把这个计算机抽象成一个类 TComputer，这个类的作用就是接受用户的提示，然后根据提示打印数，那么该类的设计如图 6.13 所示。

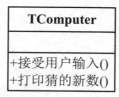

图 6.13　Tcomputerd 的类设计

实际上计算机每次打印新猜的数，都是要根据用户提示信息进行一番运算的，并根据用户提供的数字组成和位置信息来缩小可能性的组合，因此该类的设计应该加上 6.5.2 节的两个算法，以及添加一个列表属性用于存放可能性的集合。图 6.14 是增加了属性和方法之后的类设计图。

TComputer
-可能性集合列表
+接受用户输入()
+打印猜的新数()
-根据数字组成信息缩小范围()
-根据数字位置信息缩小范围()

图 6.14　Tcomputer 的改进设计

根据上面 Tcomputer 的设计，可以使用 Python 实现该功能，代码如下：

```
01  class TComputer:
02      def __init__(self):
03          self.possible_list=[]
04          for i in range(1,10):
05              for j in range(1,10):
06                  for x in range(1,10):
07                      for y in range(1,10):
08                          if i!=j and i!=x and i!=y and j!=x and j!=y and x!=y:
09                              self.possible_list.append(i*1000+j*100+x*10+y)
10
11      def __getinsible(self,all_possible,mac_num,shot_num):
12          mac_str=str(mac_num)
13          re_list=[]
14          for every_num in all_possible:
15              bingo_num=0
16              for iter in range(4):
17                  if str(every_num)[iter]==mac_str[iter]:
18                      bingo_num+=1
19              if bingo_num==shot_num:
20                  re_list.append(every_num)
21          return re_list
22
23      def __getpossible(self,all_possible,mac_num,shot_num):
24          list1=list(str(mac_num))
```

```
25          re_list=[]
26          for every_num in all_possible:
27              bingo_num=0
28              for every_char in list(str(every_num)):
29                  if every_char in list1:
30                      bingo_num+=1
31          if bingo_num==shot_num:
32              re_list.append(every_num)
33          return re_list
34
35      def getuserinput(self,has_info,pos_info):
36          self.has_info=has_info
37          self.pos_info=pos_info
38
39      def printnum(self):
40          if self.has_info=='ok':
41              self.cur_num=self.possible_list[618]
42              return self.cur_num
43          else:
44              self.possible_list=self.__getpossible(self.possible_list,self.cur_num,
                  self.has_info)
45              self.possible_list=self.__getinsible(self.possible_list,self.cur_num,
                  self.pos_info)
46              self.cur_num= self.possible_list[0]
47              return self.possible_list[0]
```

上面实现的__getinsible 和__getpossible 方法实际上是 6.5.2 节算法分析中的两个函数，新加的主要是初始化、getuserinput 及 printnum 方法。

（1）初始化方法。主要生成一个所有的四位组合数的列表 possible_list，该列表存放所有的四位组合数字。

（2）getuserinput 方法。这个方法作用比较简单，它只是从用户那里接受提示信息。

（3）printnum 方法。这是 Tcomputer 的关键方法，它的作用是根据用户的提示信息返回一个新猜的数。它判断用户的输入，如果用户输入 ok，说明是第一次让 Tcomputer 猜数，那就从 possible_list 任挑一个返回；否则首先使用 getpossible，这个函数可以根据用户提供的数字组成信息缩小集合 possible_list，然后使用 getinsible，根据用户提供的位置信息进一步缩小集合。

在实现了 Tcomputer 之后，下面的工作只需要写下和用户的交互就可以了，如下：

```
01  if __name__=='__main__':
02      computer=TComputer()
03      print("计算机:准备猜数? ")
04      while 1:
05          value=input("人:")
06          if value=="ok":
07              computer.getuserinput(value,'')
08              print("计算机:"+str(computer.printnum()))
09          elif value=="yes":
10              print("计算机:bingo")
11              break
12          else:
13              computer.getuserinput(int(value.split(",")[0]),int(value.split(",")[1]))
14              print("计算机:"+str(computer.printnum()))
```

上面的代码是和用户进行交互的代码，在第 02 行实例化一个 Tcomputer 对象，第 05~14 行则是该对象和用户之间交互的过程，第 05 行的 input 是 Python 内置函数，用来接收用户输入的信息，computer 对象都是先使用 getuserinput 从用户那里获得输入的信息之后，再使用 printnum 方法获得计算机猜的数。

6.6.4　异常处理

是不是完成了 6.6.3 节的步骤，本应用就可以宣布结束了？可以使用程序试验一下，图 6.15 就是试验猜数程序的截屏。

```
======================== RESTART: F:/Tcomputer1.py =========================
计算机:准备猜数？
人:ok
计算机:2871
人:2...2
Traceback (most recent call last):
  File "F:/Tcomputer1.py", line 61, in <module>
    computer.getuserinput(int(value.split(",")[0]),int(value.split(",")[1]))
ValueError: invalid literal for int() with base 10: '2...2'
>>>
```

图 6.15　试验猜数程序

从图 6.15 中可以看到完全正确的输入是没有问题的，计算机准确地猜出了数字，但是当第二次试验的时候，由于输入的提示信息不正确（没有按照两个数字中间加一个逗号来处理），程序就报错退出了。这是因为在分析设计和编程时，完全没有考虑到各种异常情况，用户不是任何时候都按照预想的那样操作，可能会输入错误的信息，比如把字母当作数字输入，或者输入的提示信息不正确，遇到这种情况该如何处理呢？

本程序的异常主要有下面两种异常信息：

（1）用户输入格式错误。

在本应用中，用户应该输入 ok、yes，或者由两个数字中间带一个逗号的格式，输入其他格式应该抛出异常来提醒用户。

（2）用户输入数据错误。

除了用户输入的格式错误外，用户给的提示信息本身可能是错误的，在这种情况下，根本无法猜出正确的数字。因此在处理异常时，也需要把这个异常考虑在内。

6.6.5　异常类定义

异常主要处理两种不同的错误信息：用户格式错误和用户数据错误。定义本程序的异常处理结构的时候，可以定义一个异常的总类，用户格式错误和用户数据错误分别继承于总类。总类的定义很简单，例如：

```python
class BusiError(Exception):
    """程序异常错误信息总类"""
    pass
```

用户格式错误，该类是在用户输入的格式不正确的时候抛出异常，这样用户看到异常提示的信息就可以明白输入的问题。它的实现代码如下：

```
class UserInputError(BusiError):
    """用户格式错误：err_input 记录错误信息，out_info 记录提示信息"""
    def __init__(self, err_input, out_info):
        self.err_input= err_input
        self.out_info=out_info
```

对于用户输入格式异常，返回的异常信息要包括用户输入的错误格式信息和正确的输入格式说明。因此在定义 UserInputError（用户输入格式异常）时，定义了两个属性：err_input 和 out_info，分别用于记录错误格式信息和正确的输入格式说明。

对于用户数据错误，如果用户输入的数据不正确，计算机程序只有在根据用户输入的数据做了猜数之后，发现按照用户提示的数据找不到任何一个可能的数字的时候抛出。对于这样一个异常，因为本应用的程序是每次都根据提示数据来缩小可能性的集合（也就是列表 possible_list 的数字越来越少的过程），现在的程序设计是 possible_list（没有副本），所以每次根据用户提示的数据，对每一步 possible_list 做的操作都不能恢复。该异常类只是通知程序输入数据出错，本局游戏要从头开始，因此它的类不需要增加属性，直接继承父类就可以，例如：

```
class UserDataError(BusiError):
    """程序异常错误信息总类"""
    pass
```

6.6.6 抛出和捕获异常

定义了异常类，接下来的问题就是在什么地方抛出和捕获异常。因为用户输入格式异常和用户数据异常都与用户输入有关，所以可以在与用户进行交互的部分抛出异常和处理，即在这部分代码基础上增加异常处理的机制。以下是增加了出错处理之后的用户交互代码：

```
01    if __name__=='__main__':
02        computer=TComputer()
03        print "计算机:准备猜数？"
04        while 1:
05          value=raw_input("人:")
06          if value !='ok' and value !='yes' and (not value[0].isdigit() and
07              isdigit[1]!=',' and (not isdigit[2].isdigit()) ):
08              raise UserInputError(value,"输入信息应该为 ok、yes 及两个数字中间带一个逗号")
09          if value=="ok":
10              computer.getuserinput(value,'')
11              print  "计算机:"+str(computer.printnum())
12          elif value=="yes":
13              print "计算机:bingo"
14              break
15          else:
16              computer.getuserinput(int(value.split(",")[0]),int(value.split(",")[1]))
17              print  "计算机:"+str(computer.printnum())
```

上述代码和原有代码不同之处，就是在 06 和 08 行对用户输入的 value 做格式检查，如果格式不正确，就抛出 UserInputError 异常。对于用户数据不正确，因为需要在计算机猜数后，看到可能性为 0 时才能判断出异常，所以需要在 Tcomputer 类实现里增加。Tcomputer 类中的 printnum 方法是用来猜数的，可以在 printnum 方法里增加异常处理。下面代码是 printnum 方法的异常处理。

```
01    def printnum(self):
02      if self.has_info=='ok':
03        self.cur_num=self.possible_list[618]
04        return self.cur_num
05      else:
06        self.possible_list=self.__getpossible(self.possible_list,self.cur_num,
           self.has_info)
07        self.possible_list=self.__getinsible(self.possible_list,self.cur_num,
           self.pos_info)
08        if len(self.possible_list)==0:
09          raise UserDataError()
10      self.cur_num=self.possible_list[0]
11      return self.possible_list[0]
```

上述代码增加异常处理的地方是在 09 行，通过对计算机的 possible_list 列表进行判断。如果该列表没有元素，就说明用户给的提示有问题，因此要抛出 UserDataError 异常。

捕获异常与抛出异常不一样，因为抛出异常必须在异常发生的地方抛出，所以抛出点很分散，就像四处撒网一样。而捕获异常则不需要，因为异常是按照方法的调用顺序进行传递的，所以捕获异常只要在一个关口位置就可以捕获所有异常。本应用中所有的代码都是从用户交互那块代码出发的，只要在那里捕获异常，就可以把所有需要处理的异常一网打尽。以下代码是本应用异常捕获的处理：

```
01    if __name__=='__main__':
02      computer=TComputer()
03      print("计算机:准备猜数? ")
04      while 1:
05        try:
06          value= input("人:")
07          if value !='ok' and value !='yes' and (not value[0].isdigit() and
08            isdigit[1]!=',' and (not isdigit[2].isdigit()) ):
09            raise UserInputError(value,"输入信息应该为ok、yes 及两个数字中间带一个逗号")
10          if value=="ok":
11            computer.getuserinput(value,'')
12            print("计算机:"+str(computer.printnum()))
13          elif value=="yes":
14            print("计算机:bingo")
15            break
16          else:
17            computer.getuserinput(int(value.split(",")[0]),int(value.split(",")[1]))
18            print("计算机:"+str(computer.printnum()))
19        except UserInputError as inputerror:
20          print("你输入的: "+inputerror.err_input+"不正确")
21          print("你应该输入: "+inputerror.out_info)
22        except UserDataError:
23          print("你输入的提示信息是错误的! 请重新开始游戏")
24          computer=TComputer()
```

上述代码是增加了异常处理的用户交互代码，增加的主要代码是 16~23 行，负责对异常信息进行处理。对于 UserInputError 异常，在捕获了该异常之后，将错误信息和提示信息打印出来，而

UserDataError 异常，因为需要重新开始游戏，所以先打印重新开始信息，然后重新实例化 Tcomputer 对象，这样游戏就可以重新开始了。

说　明
本例其实并不能避免所有的异常，读者可在此基础上继续完善这个项目。

第 7 章

多 线 程

在饭店聚餐场合，多个人同时吃一道菜的时候容易发生争抢，比如上了一道好菜，两个人同时夹这个菜，一个人刚伸出筷子，结果伸到的时候菜已经被夹走了……怎么办呢？此时就必须等一个人夹完一口菜之后，另外一个人再夹菜，也就是说资源共享就会发生冲突争抢，这就是多线程争抢资源的问题。

线程是一个单独的程序流程。多线程是指一个程序可以同时运行多个任务，每个任务由一个单独的线程来完成。如果程序被设置为多线程，可以提高程序运行的效率和处理速度。可以通过控制线程来控制程序的运行，如操作线程的阻塞、同步等。本章将向读者介绍多线程机制及如何进行多线程编程。

提　示
多线程的概念读者开始觉得不太好理解，那就想想在生活中当资源共享出现冲突的时候怎么办呢？除了上面说的抢菜，还有公交车上抢座，多人雨中争抢出租车等都是这样的例子。

7.1　线程的概念

多个线程可以同时在一个程序中运行，并且每一个线程完成不同的任务。

传统的程序设计语言同一时刻只能执行单任务操作，效率非常低，如果网络程序在接收数据时发生阻塞（就是管道被堵住了），只能等到程序接收数据之后才能继续运行。随着 Internet 的飞速发展，这种单任务运行的状况越来越不被接受，如果网络接收数据阻塞，后台服务程序就会一直处于等待状态而不能继续任何操作，这种阻塞情况经常发生，这时的 CPU 资源完全处于闲置状况。

多线程实现后台服务程序可以同时处理多个任务，并不发生阻塞现象。多线程程序设计的特点就是能够提高程序执行效率和处理速度。Python 程序可以同时并行运行多个相对独立的线程。例如，在开发一个 Email 电邮系统时，通常需要创建一个线程接收数据，另一个线程发送数据，既使发送线程在接收数据时被阻塞，接受数据线程仍然可以运行。

线程（Thread）是 CPU 分配资源的基本单位。当一个程序开始运行，这个程序就变成了一个进程，而一个进程相当于一个或多个线程。当没有多线程编程时，一个进程也是一个主线程；当有多线程编程时，一个进程包括多个线程（含主线程）。使用线程可以实现程序的并发。

7.2 创建多线程

Python 3 实现多线程的是 threading 模块，使用它可以创建多线程程序，并且在多线程间进行同步和通信。因为是模块，使用前必须先导入：

```
import  threading
```

Python 支持两种创建多线程的方式：

- 通过 threading.Thread()创建。
- 通过继承 threading.Thread 类创建。

7.2.1 通过 threading.Thread()创建线程

Thread()的语法如下：

```
threading.Thread(group=None, target=None, name=None, args=(), kwargs={}, *, daemon=None)
```

- group：必须为 None，与 ThreadGroup 类相关，一般不使用。
- target：线程调用的对象，就是目标函数。
- name：为线程起个名字。默认是 Thread-x，x 是序号，由 1 开始，第一个创建的线程名字就是 Thread-1。
- args：为目标函数传递实参，元组。
- kwargs：为目标函数传递关键字参数，字典。
- daemon：用来设置线程是否随主线程退出而退出。

参数虽然很多，但实际常用的就是 target 和 args，下面举例：

【示例 7-1】

```
01   import threading                      #导入模块
02
03   def test(x,y):                        #定义测试函数
04      for i in range(x,y):
05         print(i)
06   thread1 = threading.Thread(name='t1',target=test,args=(1,10))
07   thread2 = threading.Thread(name='t2',target=test,args=(11,20))
```

```
08    thread1.start()                              #启动线程 1
09    thread2.start()                              #启动线程 2
```

第 08~09 行的 start()函数用来启动线程。

如果按照先执行完一段代码，再执行完一段代码的传统形式，那上述代码应该是先输出 1~10，然后输出 11~20，但是运行程序后，发现结果如图 7.1 所示。

```
========================== RESTART: D:/thread1.py ==========================
1
>>> 20
221
322
423
524
625
7
8
9
```

图 7.1　运行结果 1

再运行一次，结果如图 7.2 所示。

```
========================== RESTART: D:/thread1.py ==========================
>>> 120
221
322
423
524
625
7
8
9
```

图 7.2　运行结果 2

这是因为两个线程会并发运行，所以结果不一定每次都是顺序的 1~10，这是根据 CPU 给两个线程分配的时间片段来决定的。读者可以多运行几次代码，可以看到每次结果都不同。

7.2.2　通过继承 threading.Thread 类创建线程

threading.Thread 是一个类，可以继承它。下面使用单继承的方式创建一个属于自己的类：

【示例 7-2】

```
01    import threading
02
03    class mythread(threading.Thread):                      #继承 threading.Thread 类
04        def run(self):
05            for i in range(1,10):
06                print(i)
07
08    thread1 = mythread();
09    thread2 = mythread();
10    thread1.start()
11    thread2.start()
```

第 03 行自定义一个类继承自 threading.Thread，然后重写父类的 run 方法，线程启动时（执行 start()）会自动执行该方法。如果把第 10 行和第 11 行的 start 换为 run，会发现 run 仅仅是被当作一个普通的函数使用。只有在线程 start 时，它才是多线程的一种调用函数。

提　　示

Python 的线程没有优先级，不能被销毁、停止、挂起，也没有恢复、中断，这与其他基础开发语言不同。

7.3　主　线　程

在 Python 中，主线程是第一个启动的线程。我们需要了解两个概念：

- 父线程：如果线程 A 中启动了一个线程 B，A 就是 B 的父线程。
- 子线程：B 就是 A 的子线程。

创建线程时有一个 daemon 属性，用它来判断主线程。当 daemon 设置 False 时，线程不会随主线程退出而退出，主线程会一直等着子线程执行完；当 daemon 设置为 True 时，主线程结束，其他子线程就会被强制结束。

使用 daemon 属性有几个注意事项：

- daemon 属性必须在 start() 之前设置，否则会引发 RuntimeError 异常。
- 每个线程都有 daemon 属性，可以显式设置也可以不设置，不设置则取默认值 None。
- 如果子子线程不设置 daemon 属性，就取当前线程的 daemon 来设置它。子子线程继承子线程的 daemon 值，作用和设置 None 一样。
- 从主线程创建的所有线程不设置 daemon 属性，则默认都是 daemon=False。

为了演示主线程的例子，我们需要学习一个 time 模块中的 sleep() 函数，它用于推迟线程的执行，默认时间是秒。下面引入 time 模块演示这个例子。

【示例 7-3】

```
01    import time
02    import threading
03
04    def test():
05        time.sleep(10)                    #等待10毫秒
06        for i in range(10):
07            print(i)
08
09    thread1= threading.Thread(target=test, daemon=False)
10    thread1.start()
11
12    print('主线程完成了')
```

上述代码的执行结果如图 7.3 所示。

```
=========================== RESTART: D:\thread1.py ===========================
主线程完成了
>>> 0
1
2
3
4
5
6
7
8
9
```

图 7.3　推迟线程的执行

当主线程完毕时，子线程依然会执行，就是输出 0~9。如果将第 09 行的 daemon=False 改为 daemon=True，则程序应该只输出"主线程完成了"这一句（主线程完成后会强制子线程退出），但实际效果却与上图一致，这又是为什么呢？

原来这样的测试并不适用于 IDLE 环境中的交互模式或脚本运行模式，因为在该环境中的主线程只有在退出 Python IDLE 时才终止，所以本例要换一种测试方法来测试 daemon=True 的情况。将上述代码保存为 thread1.py，然后打开命令行，执行：

```
python thread1.py
```

结果如图 7.4 所示，主线程退出后，子线程也跟着退出了，不会输出 0~9。

图 7.4　主线程和子线程都退出

7.4　阻塞线程

多线程还提供了一个方法 join，简单来说这是一个阻塞线程。一个线程中调用另一个线程的 join 方法，调用者将被阻塞，直到被调用线程终止。其语法是：

```
join(timeout=None)
```

timeout 参数指定调用者等待多久，没有设置时，就一直等待被调用线程结束。其中，一个线程可以被 join 多次。下面是一个例子：

【示例 7-4】

```
01    import time
02    import threading
03
```

```
04    def test():
05        time.sleep(5)
06        for i in range(10):
07            print(i)
08
09    thread1= threading.Thread(target=test)
10    thread1.start()
11    print('主线程完成了')
```

前面在学习 daemon 属性时读者已经知道，当它的值是默认或设置为 False 时，主线程退出，子线程依然执行。因为子线程当时设置了 sleep()，所以先执行主线程的 print 输出，然后才会输出 0~9。

此时，如果在第 10 行后面添加 join 方法：

```
thread1.join()
```

输出时，主线程就会等待输出完 0~9 后再执行自己的 print 输出，结果如图 7.5 所示。

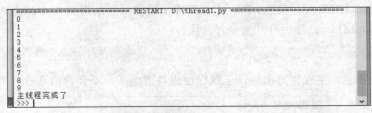

图 7.5　join 方法应用

7.5　判断线程是否是活动的

除了前面介绍的 join()，其实 threading.Thread 类还提供了很多方法，可参见表 7.1。

表 7.1　threading.Thread 类的方法

名称	说明
run()	用以表示线程活动的方法
start()	启动线程
join()	等待至线程中止
isAlive()	返回线程是否活动的
getName()	返回线程名称
setName()	设置线程名称

run()、start()、join() 前面都介绍过，这里举例说明其他 3 个方法：

【示例 7-5】

```
01    import time
02    import threading
03
04    def test():
05        time.sleep(5)
```

```
06        for i in range(10):
07            print(i)
08
09    thread1= threading.Thread(target=test)
10    print('1.当前线程是否是活动的: ',thread1.isAlive())
11    thread1.start()
12    print('2.当前线程是否是活动的: ',thread1.isAlive())
13    print('当前线程',thread1.getName())
14    thread1.join()
15
16    print('线程完毕')
```

第 10 行，因为还没有使用 start()启动线程，所以当前线程不是活动状态。第 12 行就输出 True 了。第 13 行获取线程的名称，因为创建线程时没有使用 name 属性，所以线程的默认名字是 Thread-x 这种形式。本例结果如图 7.6 所示。

```
=========================== RESTART: D:\thread1.py =======
1.当前线程是否是活动的: False
2.当前线程是否是活动的: True
当前线程 Thread-1
0
1
2
3
4
5
6
7
8
9
线程完毕
```

图 7.6　线程的默认名字

在代码运行时期，也可以使用 setName()更改线程的名字，下面修改代码：

【示例 7-6】

```
01    import time
02    import threading
03
04    def test():
05        time.sleep(5)
06        for i in range(10):
07            print(i)
08
09    thread1= threading.Thread(target=test)
10    print('1.当前线程是否是活动的: ',thread1.isAlive())
11    thread1.start()
12    print('2.当前线程是否是活动的: ',thread1.isAlive())
13    thread1.setName("thread1")
14    print('当前线程',thread1.getName())
15    thread1.join()
16
17    print('线程完毕')
```

第 13 行设置线程名称为 thread1，执行结果如图 7.7 所示。

```
============================ RESTART: D:\thread1.py ==============
1.当前线程是否是活动的： False
2.当前线程是否是活动的： True
当前线程 thread1
0
1
2
3
4
5
6
7
8
9
线程完毕
```

图 7.7　修改线程的名字

7.6　线程同步

生活中经常会出现共享资源冲突的问题，例如在公共汽车上只有一个空座，两个人同时看到都想坐时，冲突就产生了。

Python 应用程序中的多线程可以共享资源，如文件、数据库、内存等。当线程以并发模式访问共享数据时，共享数据可能会发生冲突。Python 引入线程同步的概念，以实现共享数据的一致性。线程同步机制让多个线程有序地访问共享资源，而不是同时操作共享资源。

7.6.1　同步的概念

在线程异步模式的情况下，同一时刻有一个线程在修改共享数据，另一个线程在读取共享数据，当修改共享数据的线程没有处理完毕，读取数据的线程肯定会得到错误的结果。如果采用多线程的同步控制机制，当处理共享数据的线程完成处理数据之后，读取线程就读取数据。

通过车站出售车票的例子，我们来理解线程同步的概念。例如，武汉到北京的车票，在武昌、汉口、武汉及市内车票代理点都可以出售武汉到北京的车票，每一个站点将其看成一个线程，设两个站点，线程 Thread1 和线程 Thread2 都可以出售火车票，但是出售过程中会出现数据与时间信息不一致的情况。线程 Thread1 查询系统数据库，发现某张火车票 Ticket 可以出售，准备出售此票；同时线程 Thread2 也在数据库中查询存票，发现上面的火车票 Ticket 可以出售，线程 Thread2 将这张火车票 Ticket 售出；当线程 Thread1 执行时，则卖出同样的火车票 Ticket。这样就出现了一张车票卖出两次的错误（以前铁路系统确实发生过这类错误），这是一个典型的由于数据不同步而导致的错误。

基本每种语言都会提供方案来解决这种因同步导致的错误，常用的方案就是"锁"，简单来说，就是锁住线程，只允许一个线程操作，其他线程排队等待，待当前线程操作完毕后，再按排队顺序一个一个来。

7.6.2　Python 中的锁

Python 的 threading 模块提供了 RLock 锁（可重入锁）解决方案。在某一时间只能让一个线程操作的语句放到 RLock 的 acquire 方法和 release 方法之间，即 acquire 相当于给 RLock 上锁，而 release 相当于解锁。

下面演示一段代码：

【示例 7-7】

```
01    import threading
02
03    class mythread(threading.Thread):
04        def run(self):
05            global x                      #声明一个全局变量
06            lock.acquire()                #上锁
07            x += 10
08            print('%s:%d'%(self.name,x))
09            lock.release()                #解锁
10
11    x = 0                                 #设置全局变量初始值
12    lock = threading.RLock()             #创建可重入锁
13    list1 = []
14    for i in range(5):
15        list1.append(mythread())          #创建 5 个线程，并把它们放到一个列表中
16    for i in list1:
17        i.start()                         #开启列表中的所有线程
```

代码首先定义了一个类 mythread，继承自 threading.Thread，然后重写父类的 run()方法，当线程启动时自动执行该方法。第 08 行输出线程名称和 x 的值。x 是全局变量，用 global 定义，这个变量的作用域是整个代码执行期间，第 11 行设置 x 的初始值。

第 14~15 行使用 for…in 语句创建 5 个线程，第 17 行启动这 5 个线程，它们都会设置 x 的值并输出，为了保证输出的正确（读取 x 的值时不会产生错误），使用 lock.acquire()和 lock.release()将设置 x 值和读取 x 值的语句锁起来，保证了线程的同步，也就是数据的正确性。本例结果如图 7.8 所示。

```
======================= RESTART: D:\thread1.py =============
>>> Thread-1:10
Thread-2:20
Thread-3:30
Thread-4:40
Thread-5:50
```

图 7.8　线程的同步

7.6.3　Python 中的条件锁

Python 的 threading 提供了一个方法 Condition()，一般称为 Python 中的条件变量。简单地说，这个条件变量必须与一个锁关联，故也可以称为条件锁，它一般用于比较复杂的同步。例如，一个线程在上锁后、解锁前，因为某一条件一直阻塞着，那么锁就一直解不开，此时其他线程也就因为一直获取不了锁而被迫阻塞着，这就可能导致"死锁"现象。这种情况下，变量锁可以让该线

程先解锁，然后阻塞，等待条件满足了，再重新唤醒并获取锁（上锁）。这样就不会因为一个线程有问题而影响其他线程了。变量锁的使用方法一般是：

```
con = threading.Condition()
```

说　　明
"死锁"是指两个或两个以上的线程或进程在执行程序的过程中，因争夺资源而相互等待的一种现象。

条件锁常用的方法参见表 7.2。

表 7.2　条件锁常用的方法

名称	说明
acquire([timeout])	调用关联锁的相应方法
release()	解锁
wait()	使线程进入 Condition 的等待池等待通知并释放锁。使用前线程必须已获得锁定，否则将抛出异常
notify()	从等待池挑选一个线程并通知，收到通知的线程将自动调用 acquire()尝试获得锁定（进入锁定池），其他线程仍然在等待池中。调用这个方法不会释放锁定。使用前线程必须已获得锁定，否则将抛出异常
notifyAll()	通知等待池中所有的线程，这些线程都将进入锁定池尝试获得锁定。调用这个方法不会释放锁定。使用前线程必须已获得锁定，否则将抛出异常

条件锁的原理与设计模式中的生产者/消费者（Producer/Consumer）模式类似。读者了解了这个模式，也就了解了条件锁。顾名思义，生产者是一段用于生产的内容，生产的成果供消费者消费，这中间涉及一个缓存池（用来存储数据），一般称为仓库。生产者、仓库、消费者的关系如下：

● 生产者仅仅在仓库未满的时候生产，仓满则停止生产。

● 消费者仅仅在仓库有产品时候才能消费，仓空则等待。

● 当消费者发现仓库没有产品可消费的时候会通知生产者生产。

● 生产者在生产出可消费产品的时候，应该通知等待的消费者去消费。

下面我们设计一个产品，有一个生产者类用来生产产品（产品数量+1），当产品数量到达 10时，停止生产。还有一个消费者类用来消费产品（产品数量-1）。

【示例 7-8】

```
01    import threading
02    import time
03
04    products = []
05    condition = threading.BarrierCondition()
06
07    class Consumer(threading.Thread):
08        def consume(self):
09            global condition
10            global products
```

```
11
12          condition.acquire()
13          if len(products) == 0:
14              condition.wait()
15              print ("消费者提醒：没有产品去消费了")
16          products.pop()
17          print("消费者提醒：消费 1 个产品")
18          print("消费者提醒：还能消费的产品数为"\
19              + str(len(products)))
20          condition.notify()                      #通知
21          condition.release()                     #解锁
22      def run(self):
23          for i in range(0, 20):
24              time.sleep(4)                    #消费一个产品的时间
25              self.consume()
26
27   class Producer(threading.Thread):
28       def produce(self):
29           global condition
30           global products
31
32           condition.acquire()                     #设置条件锁
33           if len(products) == 10:
34               condition.wait()                     #等待
35               print ("生产者提醒：生产的产品数为"\
36                   + str(len(products)))
37               print("生产者提醒：停止生产！")
38           products.append(1)
39           print("生产者提醒:产品总数为"\
40               + str(len(products)))
41           condition.notify()                      #通知
42           condition.release()                     #解锁
43
44       def run(self):
45           for i in range(0, 20):
46               time.sleep(1)                    #生产一个产品的时间
47               self.produce()
48
49   producer = Producer()                        #生产者实例
50   consumer = Consumer()                        #消费者实例
51   producer.start()
52   consumer.start()
53   producer.join()                              #阻塞线程
54   consumer.join()                              #阻塞线程
```

上述代码用 time.sleep() 控制生产和消费的时间，1 秒生产一个产品，4 秒消费一个产品。当产品生产的数量达到我们设计的上限 10 时，就会停止生产，并调用 wait 等待线程通知，可消费的产品数量为 0 时执行同样的操作。

本例部分结果如下：

```
生产者提醒:产品总数为 1
生产者提醒:产品总数为 2
生产者提醒:产品总数为 3
消费者提醒：消费 1 个产品
```

```
消费者提醒：还能消费的产品数为 2
生产者提醒：产品总数为 3
生产者提醒：产品总数为 4
生产者提醒：产品总数为 5
生产者提醒：产品总数为 6
消费者提醒：消费 1 个产品
消费者提醒：还能消费的产品数为 5
生产者提醒：产品总数为 6
生产者提醒：产品总数为 7
生产者提醒：产品总数为 8
生产者提醒：产品总数为 9
消费者提醒：消费 1 个产品
消费者提醒：还能消费的产品数为 8
生产者提醒：产品总数为 9
生产者提醒：产品总数为 10
消费者提醒：消费 1 个产品
消费者提醒：还能消费的产品数为 9
生产者提醒：生产的产品数为 9
生产者提醒：停止生产！
生产者提醒：产品总数为 10
消费者提醒：消费 1 个产品
消费者提醒：还能消费的产品数为 9
生产者提醒：生产的产品数为 9
生产者提醒：停止生产！
生产者提醒：产品总数为 10
消费者提醒：消费 1 个产品
消费者提醒：还能消费的产品数为 9
生产者提醒：生产的产品数为 9
```

第 8 章

模块和包

我们在第 1 章中就提到过，Python 因为其众多的模块数量，才发展得如此之快，甚至几乎包揽所有的应用方向。Python 本身提供的模块有很多，有文本类、数据结构类、日期时间类、科学计算类、文件系统类、网络类等。本章将从模块和包的概念入手，让读者了解 Python 中引入模块和包的方法。

8.1 模 块

随着程序的变大及代码的增多，为了更好地维护程序，一般会把代码进行分类，分别放在不同的文件中。公共类、函数都可以放在独立的文件中，这样其他多个程序都可以使用，而不必把这些公共性的类、函数等在每个程序中复制一份，这样独立的文件就叫作模块，它们的扩展名是.py。本节介绍模块的使用。

8.1.1 标准库中的模块

当我们安装好 Python 后，默认其实安装了非常多的模块，这些模块称为 Python 的标准库。简单来说，标准库就是那些默认安装上的模块，都有哪些模块呢？参见表 8.1 所示。

表 8.1　标准库中的模块

名称	说明
time、datetime 模块	时间相关
random 模块	随机数
os 模块	与操作系统交互

（续表）

名称	说明
sys 模块	对 Python 解释器的相关操作
shelve 模块	返回类似字典的对象，可读可写
shutil 模块	高级的文件、文件夹、压缩包处理
xml 模块	针对 XML 文件格式的操作
configparser 模块	解析配置文件（支持读取），如 XXX.ini
hashlib、hmac 模块	用于加密相关的操作
zipfile、tarfile 模块	用于压缩和解压相关的操作
json、pickle	基本的数据序列和反序列化
logging	记录日志
math	数学计算

　　每个模块如何使用，本书不再给出具体的案例，这里也是引出这些模块，让读者知道如果有某一个需求，我们可以使用什么模块。比如，如果要操作 json 格式的数据，可以导入 json 模块。

8.1.2　查看模块的代码

　　模块默认安装在 "C:\Users\用户 001\AppData\Local\Programs\Python \Python36\Lib" 文件夹下，如图 8.1 所示。

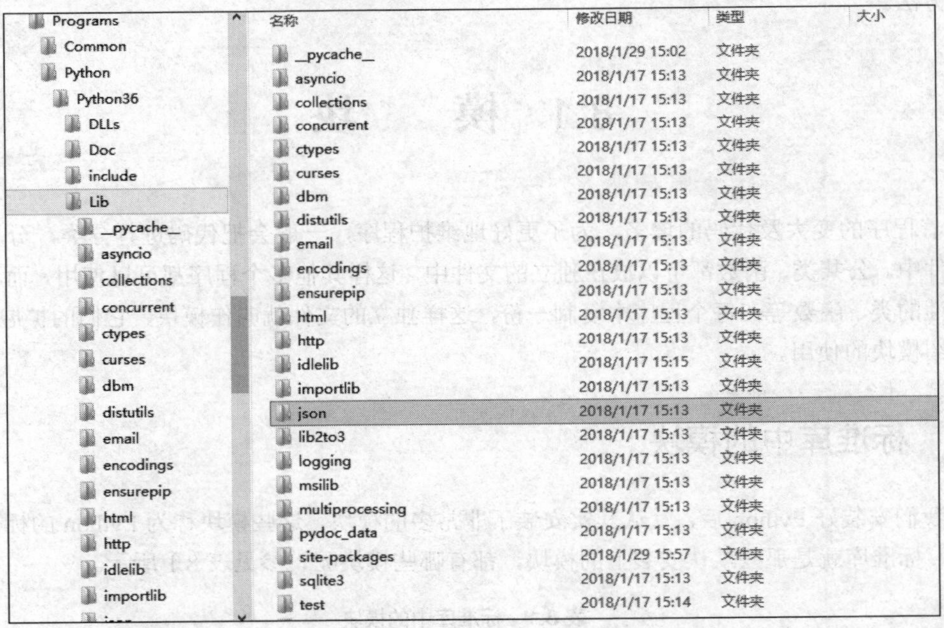

图 8.1　默认安装的模块

　　打开某个模块的文件夹，就能看到它的具体内容，比如打开 json 文件夹，如图 8.2 所示。

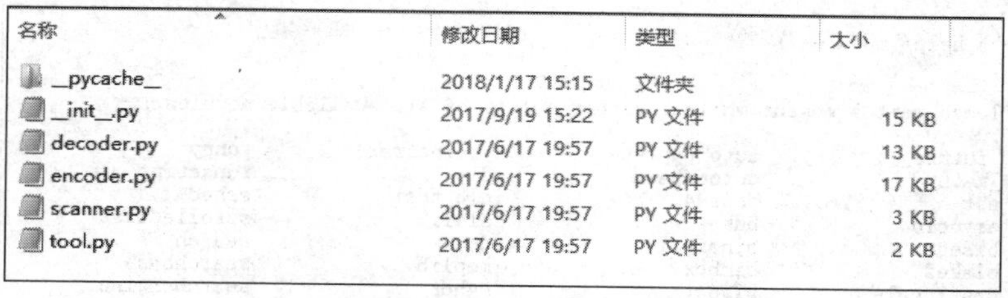

名称	修改日期	类型	大小
__pycache__	2018/1/17 15:15	文件夹	
__init__.py	2017/9/19 15:22	PY 文件	15 KB
decoder.py	2017/6/17 19:57	PY 文件	13 KB
encoder.py	2017/6/17 19:57	PY 文件	17 KB
scanner.py	2017/6/17 19:57	PY 文件	3 KB
tool.py	2017/6/17 19:57	PY 文件	2 KB

图 8.2 模块的具体内容

1. 使用 help 查看模块

如果这样寻找 json 的__init__.py，就显得太麻烦了，还可以在解释器中使用 help('模块名')方法查看 json 模块的各种说明，结果如图 8.3 所示。

```
help('json')
```

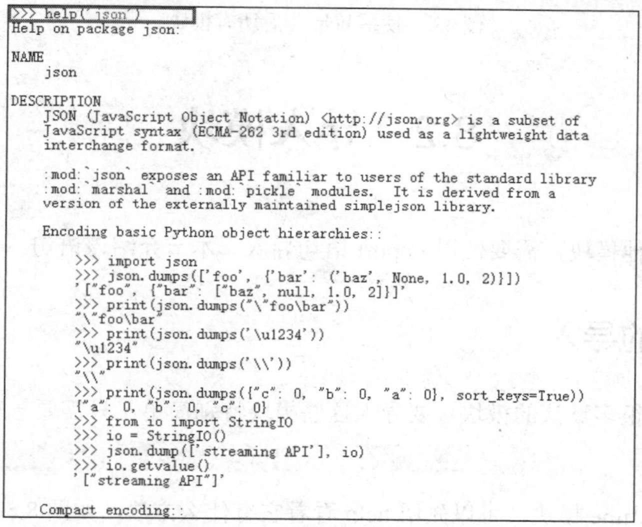

```
>>> help('json')
Help on package json:

NAME
    json

DESCRIPTION
    JSON (JavaScript Object Notation) <http://json.org> is a subset of
    JavaScript syntax (ECMA-262 3rd edition) used as a lightweight data
    interchange format.

    :mod:`json` exposes an API familiar to users of the standard library
    :mod:`marshal` and :mod:`pickle` modules.  It is derived from a
    version of the externally maintained simplejson library.

    Encoding basic Python object hierarchies::

        >>> import json
        >>> json.dumps(['foo', {'bar': ('baz', None, 1.0, 2)}])
        '["foo", {"bar": ["baz", null, 1.0, 2]}]'
        >>> print(json.dumps("\"foo\bar"))
        "\"foo\bar"
        >>> print(json.dumps('\u1234'))
        "\u1234"
        >>> print(json.dumps('\\'))
        "\\"
        >>> print(json.dumps({"c": 0, "b": 0, "a": 0}, sort_keys=True))
        {"a": 0, "b": 0, "c": 0}
        >>> from io import StringIO
        >>> io = StringIO()
        >>> json.dump(['streaming API'], io)
        >>> io.getvalue()
        '["streaming API"]'

    Compact encoding::
```

图 8.3 使用 help 查看模块

图中显示很多内容，截图只是显示了一小部分，有几点需要特别说明：

- NAME：模块的名字，可以由全局变量__name__得到。
- DESCRIPTION：模块的描述和使用的演示。
- FUNCTIONS：模块支持的方法。
- DATA：数据结构形式。
- VERSION：模块的版本号。
- AUTHOR：模块的作者。
- FILE：该模块在系统中的文件位置。

2. 使用 help 查看所有模块

在 help 方法中指定具体的模块为需要查看的模块，如果不指定模块而是写 modules，则是查看当前安装的所有模块，结果如图 8.4 所示。

```
help('modules')
```

```
>>> help('modules')

Please wait a moment while I gather a list of all available modules...

__future__          autocomplete_w      hyperparser         runpy
__main__            autoexpand          idle                runscript
_ast                base64              idle_test           sched
_asyncio            bdb                 idlelib             scrolledlist
_bisect             binascii            idna                search
_blake2             binhex              imaplib             searchbase
_bootlocale         bisect              imghdr              searchengine
_bz2                browser             imp                 secrets
_codecs             bs4                 importlib           select
_codecs_cn          bson                inspect             selectors
_codecs_hk          builtins            io                  setuptools
_codecs_iso2022     bz2                 iomenu              shelve
_codecs_jp          cProfile            ipaddress           shlex
_codecs_kr          calendar            itertools           shutil
_codecs_tw          calltip_w           json                signal
_collections        calltips            keyword             site
_collections_abc    certifi             lib2to3             smtpd
_compat_pickle      cgi                 linecache           smtplib
_compression        cgitb               locale              sndhdr
```

图 8.4　使用 help 查看所有模块

8.2　导入模块

在程序中使用其他模块，需要使用 import 语句导入，本节介绍该语句。

8.2.1　最简单的导入

前面已经知道有很多默认的模块，要导入这些模块特别简单，只需要一行：

```
import 模块名
```

比如我们要导入 time 模块，可以先用 help 看看它有什么方法，如图 8.5 所示。

```
FUNCTIONS
    asctime(...)
        asctime([tuple]) -> string

        Convert a time tuple to a string, e.g. 'Sat Jun 06 16:26:11 1998'.
        When the time tuple is not present, current time as returned by localtim
e()
        is used.

    clock(...)
        clock() -> floating point number

        Return the CPU time or real time since the start of the process or since
        the first call to clock().  This has as much precision as the system
        records.

    ctime(...)
        ctime(seconds) -> string

        Convert a time in seconds since the Epoch to a string in local time.
        This is equivalent to asctime(localtime(seconds)). When the time tuple i
s
        not present, current time as returned by localtime() is used.

    get_clock_info(...)
        get_clock_info(name: str) -> dict

        Get information of the specified clock.

    gmtime(...)
        gmtime([seconds]) -> (tm_year, tm_mon, tm_mday, tm_hour, tm_min,
                              tm_sec, tm_wday, tm_yday, tm_isdst)
```

图 8.5　查看 time 模块

time 模块有 clock、gmtime 等方法，我们可以根据说明了解每个方法的返回值或参数。

1. 在 IDEL 中导入

下面演示导入模块并使用它的某个方法：

【示例 8-1】

```
01    import time
02
03    if time.gmtime().tm_year == 2018:
04      for i in range(1,12):
05        print(str(time.gmtime().tm_year) +'年'+str(i)+'月好')
```

首先导入 time 模块，然后调用 time.gmtime()方法，从 help 的模块说明中知道该方法返回元组，可以使用 time.gmtime().tm_year 获取具体的年份。本例结果为：

```
2018 年 1 月好
2018 年 2 月好
2018 年 3 月好
2018 年 4 月好
2018 年 5 月好
2018 年 6 月好
2018 年 7 月好
2018 年 8 月好
2018 年 9 月好
2018 年 10 月好
2018 年 11 月好
```

2. 在解释器中导入

也可以直接在解释器中导入模块，比如还是导入 time 模块，则导入和使用的结果如图 8.6 所示。

```
>>> import time
>>> print(time.gmtime().tm_year)
2018
>>>
```

图 8.6　导入 time 模块

此时 time 模块一直可以使用，直到关闭解释器。

注　意
一个模块只会被导入一次，不管执行了多少次 import。

8.2.2　from…import 语句

from…import 语句允许开发人员只导入模块的一部分，如导入某个具体的方法、某个变量。其语法形式为：

```
from 模块 import 方法(变量)名1，方法(变量)名2…
```

还是 time 模块的例子，现在只导入 gmtime 这个方法：

【示例 8-2】

```
01    from time import gmtime
02
03    if gmtime().tm_year == 2018:
04      for i in range(1,12):
05          print(str(gmtime().tm_year) +'年'+str(i)+'月好')
```

对比前面的代码，相信读者已经很清楚地发现了区别，当直接导入某个函数时，不需要再指定这个函数的模块名称，比如之前用 time.gmtime()，而现在直接用 gmtime() 就可以了。

使用 from…import 语句的好处是，不需要把模块的所有内容都导入到当前的工作区域中，这极大地提高了空间的使用效率。

8.2.3　from…import *语句

上面的 from 语句只导入模块的部分，如果 import 后面加了*符号，则还是会导入全部模块。与 import 简单导入语句的区别是：这种导入方式不会导入以下画线（_）开头的名称，并不推荐使用，因为它会引入一系列未知的名称到解释器中，所以很可能隐藏我们已经定义的一些数据。不过，在解释中这样用也是可以的，会少写一些代码。

from…import *语句的使用语法如下：

```
from 模块 import *
```

还是用 time 模块来举例：

【示例 8-3】

```
01    from time import *
02
03    if gmtime().tm_year == 2018:
04      for i in range(1,12):
05          print(str(gmtime().tm_year) +'年'+str(i)+'月好')
```

这个比较简单，我们不再给出代码解析，输出结果也和前面一致。

8.2.4　导入自定义的模块

前面都是导入标准库的模块，如果是开发人员自定义的内容，那是否也遵循前面介绍的导入规范呢？下面我们写一个三角形周长函数，然后保存为 testfun.py。

【示例 8-4】

```
01    import math
02
03    def square(x):
04        return x*x
05    def distance(x1,y1,x2,y2):
06        L=math.sqrt(square(x1-x2)+square(y1-y2))
07        return L
08    def isTriangle(x1,y1,x2,y2,x3,y3):
09        flag=((x1-x2)*(y3-y2)-(x3-x2)*(y1-y2))!=0
```

```
10          return flag
```

在 IDEL 解释器中，使用 help 查看自定义的这个 testfun 模块，结果如图 8.7 所示。

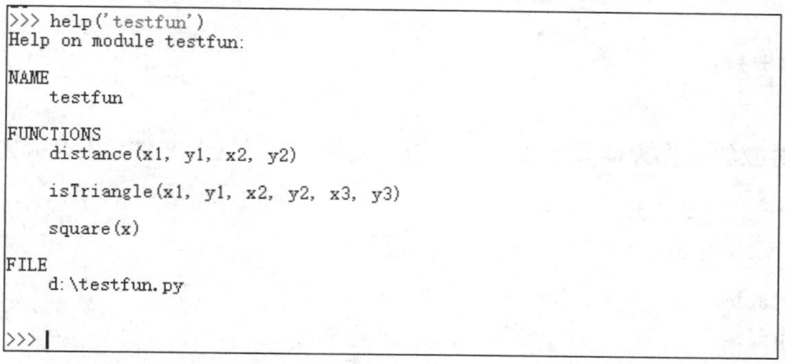

```
>>> help('testfun')
Help on module testfun:

NAME
    testfun

FUNCTIONS
    distance(x1, y1, x2, y2)

    isTriangle(x1, y1, x2, y2, x3, y3)

    square(x)

FILE
    d:\testfun.py

>>> |
```

图 8.7　使用 help 查看 testfun 模块

现在在代码中导入这个测试函数：

```
import testfun

print(testfun.square(5))                    #25
```

导入自定义的模块与导入标准库的模块并没有区别。

8.3　包

创建许多模块后，可能希望将某些功能相近的文件组织在同一文件夹下，这里就需要运用包的概念了。本节介绍包的概念和用法。

8.3.1　包和模块的区别

包与文件夹对应。使用包的方式与使用模块的方式类似，唯一需要注意的是，当文件夹当作包使用时，文件夹需要包含__init__.py 文件，主要是为了避免将文件夹名当作普通的字符串。__init__.py 的内容可以为空，一般用来进行包的某些初始化工作或设置__all__值，__all__是在 from 包名称 import *语句使用的，全部导出定义过的模块。

包中的模块有很多，可直接导入包，也可以导入包中的模块。

（1）导入包中的模块

```
import  包名称.模块名称
```

（2）使用 from…import 形式

```
from 包名称 import 模块名称
```

（3）使用 from…import *形式

```
from 包名称 import *
```

（4）导入包中模块的指定方法或变量

```
from 包名称.模块名称 import 方法名称
```

8.3.2　包的结构

前面提到包对应的文件夹需要包含 __init__.py 文件，除了这个文件，还有哪些呢？这里给出包的结构如下：

包文件夹 1

```
├──── __pycache__
├──── __init__.py
├──── 模块 1.py
└──── 模块 2.py
```

包文件夹 2

```
├──── __pycache__
├──── __init__.py
├──── 模块 1.py
└──── 模块 2.py
```

其中，每个模块都会在 __pycache__ 文件夹中放置该模块的预编译模块，命名为 module.cpython-version.pyc，是模块的预编译版本编码，一般都包含 Python 的版本号。例如，在 Python 3.6 中，decoder.py 文件的预编译文件就是 decoder.cpython-36.pyc。这种命名规则可以保证不同版本的模块和不同版本的 python 编译器的预编译模块共存。

图 8.8 所示是 json 包的结构。

名称	修改日期	类型	大小
__pycache__	2018/1/17 15:15	文件夹	
__init__.py	2017/9/19 15:22	PY 文件	15 KB
decoder.py	2017/6/17 19:57	PY 文件	13 KB
encoder.py	2017/6/17 19:57	PY 文件	17 KB
scanner.py	2017/6/17 19:57	PY 文件	3 KB
tool.py	2017/6/17 19:57	PY 文件	2 KB

图 8.8　json 包的结构

8.3.3　导入自定义的包

前面曾经使用过一个自定义模块，我们将其放在一个文件夹下并增加 __init__.py 文件，最终将其扩展为包，详细步骤如下。

（1）一个 testfun.py 文件：

【示例 8-5】

```
01   import math
02
03   def square(x):
04       return x*x
05   def distance(x1,y1,x2,y2):
06       L=math.sqrt(square(x1-x2)+square(y1-y2))
07       return L
08   def isTriangle(x1,y1,x2,y2,x3,y3):
09       flag=((x1-x2)*(y3-y2)-(x3-x2)*(y1-y2))!=0
10       return flag
```

（2）一个 __init__.py 文件，可以什么内容都没有，也可以添加一些说明文字，还可以添加一些正常的 Python 代码，这个没有要求。

```
#添加一些说明，比如有几个方法，使用示例
```

（3）新建文件夹 testpackage，将上述两个文件都放入该文件夹中。最终结构如下：

```
testpackage
├──── __pycache__
├──── __init__.py
└──── testfun.py
```

提　　示
__pycache__ 会自动生成。

（4）现在在 IDEL 编辑器中导入自己的包，代码如下：

```
import testpackage.testfun

print(testpackage.testfun.square(5))                    #25
```

上述代码在调用模块的方法时，必须给出详细的路径，如"包.模块.方法名"这种形式，否则会报错，找不到方法。

8.4 命名空间

在 Python 中，等于（=）操作并不是复制的意思，而是将一个变量名指向一个对象，或者说将一个变量名和一个对象绑定起来。Python 的世界可以看成有两个世界组成，一边是有着各种各样的对象，一边各种不同的变量名称，这些名称如果不和对象绑定起来就没有意义。当对象和变量名称绑定的时候，就可以使用变量名称调用对应的对象。

8.4.1　命名空间

命名空间是名称到对象的映射集合，这种说法比较抽象。举个例子来说，一个计算机由主板、CPU、硬盘、内存等各部分组成，而主板、CPU、硬盘等都是一个个与真实物品一一对应的名字，计算机则是由这么多叫着不同名字的东西组合起来的，那么计算机就算是一个命名空间，换句话说命名空间就是不同的变量和变量所指向的对象的集合。

命名空间是一个广义的概念，一个总的名字包含若干个对象，这就叫命名空间。比如模块是命名空间，一个模块包含了一些变量、函数和类；包也是命名空间，它包含了一些模块和子包；类也是命名空间，它包含自己的属性和方法。命名空间在 Python 中是一个底层而简单的概念，而类、模块、包都是通过命名空间实现的高层概念，就像整数、小数、字符串都是对二进制数进行包装而来的。

命名空间的作用是能够提供对变量名的层次访问。Python 中有大量的对象，又有更多的变量指向这些对象，而命名空间能够把这些变量名包装起来提供层次性的访问。图 8.9 展示了命名空间对变量名层次的包装。

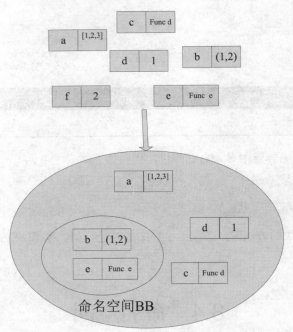

图 8.9　命名空间的作用

图 8.9 中的变量 a、b、c、d 等都是指向不同对象的变量名，如果没有命名空间，所有的变量名的层次均为一样，而一旦加了命名空间 AA 和 BB，变量名如图 8.9 所示可以分成各个层次。例如，现在调用变量 a，则要如下代码：

```
print(AA.a)
```

如果要调用变量 b，因为它还在命名空间 BB，所以层次就要更低一层，代码如下：

```
print(AA.BB.b)
```

从上面可以看出，命名空间的作用是有层次地管理变量和变量所指向对象，而这又是类、包、模块功能的基础。Python 也正是使用命名空间实现了类、模块、包等更高级的功能。

那么 Python 的命名空间是用什么方式创造和维护的呢？答案是字典，每个命名空间都有一个 __dict__ 属性，该属性就是命名空间所拥有的变量和变量所指向对象的绑定关系，该字典的 key 值为变量名称，value 是具体的对象，例如：

```
>>>class TestA:
    def printvalue(self):
        print("this is TestA")

>>>TestA.__dict__
mappingproxy({'__module__': '__main__', 'printvalue': <function TestA.printvalue at
0x00000271507A1E18>, '__dict__': <attribute '__dict__' of 'TestA' objects>, '__weakref__':
<attribute '__weakref__' of 'TestA' objects>, '__doc__': None})
```

上面代码定义了一个类 TestA，该类有一个方法 printvalue，打印 __dict__ 可以看到 TestA 的全部变量和变量所对应的对象，包括变量 __module__ 所指向的一个字符串，其用来说明类所在的模块名字。__doc__ 因为该类没有注释说明，所以指向一个空对象，'printvalue' 是该类的内置方法的说明。

8.4.2 全局命名空间

全局命名空间是一个特殊的命名空间，一旦进入 Python 的解释器，就创建了一个全局命名空间（global name space），这是全局唯一的命名空间。该命名空间已经有若干个成员变量在里面，可以用 dir 函数查看命名空间有几个变量名称，例如：

```
>>> dir()
['__annotations__', '__builtins__', '__doc__', '__loader__', '__name__', '__package__',
'__spec__', 'sys']
```

__builtins__ 是 Python 的内置模块，里面包括了各种内置的类型函数等，__doc__ 是该命名空间的注释文字，__name__ 是用来标识命名空间的。如果命名空间是全局命名空间，那么 __name__ 就等于 __main__，例如：

```
>>> print(__name__)
__main__
```

一个模块文件被 import 时，它的命名空间 __name__ 名字就和模块文件的名字一样，例如：

```
>>> import sys
>>> sys.__name__
'sys'
```

当一个模块文件使用 Python 直接运行的时候，因为该模块文件的命名空间是直接合并到全局命名空间中，所以 __name__ 为 __main__。例如，建立一个 test.py 文件，它的内容如下：

```
value=3
print(dir())
print(__name__)
```

该文件有一个变量 value 为 3，dir 用来打印命名空间的成员，直接在命令行运行 test.py 的结果如下：

```
F:\>python test.py
['__annotations__', '__builtins__', '__cached__', '__doc__', '__file__', '__loader__',
'__name__', '__package__', '__spec__', 'value']
__main__
```

可以看到 test.py 的命名空间已经和全局命名空间合并到一起，而__name__属性为__main__，也正因为如此，所以一般在模块文件的结尾如下代码来测试：

```
>>> if __name__=='__main__':
...     测试代码
```

如果该模块文件被其他文件 import 的话，__name__不会等于__main__，测试代码就不会被执行。只有当直接运行该模块文件的时候，测试代码才能运行，这正好为单元测试提供了方便。

全局命名空间的内容可以使用内置函数 globals 获得该命名空间的内容，例如：

```
>>> globals()
{'__name__': '__main__', '__doc__': None, '__package__': None, '__loader__': <class
'_frozen_importlib.BuiltinImporter'>, '__spec__': None, '__annotations__': {}, '__builtins__':
<module 'builtins' (built-in)>}
```

上面的例子是在 Pyshell 输入 globals 函数得到的结果，可以看出当前全局变量包括__builtins__内置模块和__name__、__doc__等属性变量。

8.4.3　局部命名空间

局部命名空间就是一个代码块所创造的一个临时的命名空间，当进入该代码块的时候，局部变量空间被创建，当退出这个代码块时，该局部变量空间就被销毁。例如定义一个函数 TestA：

```
>>> def TestA():
    a=3
    print(locals())
    print(globals())
```

当调用 TestA 的时候，就生成该函数的命名空间。当 TestA 返回或抛出异常的时候，局部命名空间就被删除，获得局部命名空间的内容可以用 locals 函数，TestA 运行的结果如下：

```
>>> TestA()
{'a': 3}
{'__name__': '__main__', '__doc__': None, '__package__': None, '__loader__': <class
'_frozen_importlib.BuiltinImporter'>, '__spec__': None, '__annotations__': {}, '__builtins__':
<module 'builtins' (built-in)>, 'sys': <module 'sys' (built-in)>, 'TestA': <function TestA at
0x000002715144A598>}
```

在 Python 查找一个变量名的时候，有一个 LGB 原则，L 就是局部命名空间（local name space），G 就是全局命名空间（global name space），B 就是内置命名空间（built in space）。也就是说，当使用一个变量名的时候，程序优先使用局部命名空间里的，如果局部命名空间没有，再去查找全局命名空间，最后查找内置命名空间。例如下面的例子：

```
>>> a=0
>>> def TestA():
        a=4

>>> TestA()
>>> print(a)
0
```

上面的例子中，全局命名空间下有一个变量 a，而 TestA 下也有一个局部变量 a，当将 a 和数字对象 4 绑定的时候，根据 LGB 原则，和 4 绑定的变量 a 是局部命名空间下的，与全局命名空间下的变量 a 没有关系，因此打印 a 得到的结果仍为 0。

在局部命名空间里也可以通过 global 关键字指定变量为全局命名空间，将 TestA 的代码改造如下：

```
>>> def TestA():
        global a
        a=4
        print(locals())
```

上面的 TestA 在 a 前面加了 global 关键字，这样 a 就不属于局部命名空间下的变量，而是全局命名空间下的变量，因此当对 a 做改变的时候，全局命名空间下的变量 a 也就改变了，例如：

```
>>> a=0
>>> def TestA():
        global a
        a=4
        print (locals())

>>> TestA()
{}
>>> print(a)
4
```

从上面的代码可以看出，如果在 TestA 下使用 global 关键字，那么这个 a 和在 TestA 函数外定义的 a 是同一个变量，对它所做的任何操作与对 TestA 外定义的那个 a 所做的操作是完全一致的。

8.4.4 命名空间和类

当定义一个类的时候，实际上是创建了名字为类名的命名空间，所有定义的属性和方法都放到了__dict__属性里，例如：

```
>>> class A:
        a=3
        def hello(self):
            print("hello world")

>>> A.__dict__
mappingproxy({'__module__': '__main__', 'a': 3, 'hello': <function A.hello at
0x00000271514416A8>, '__dict__': <attribute '__dict__' of 'A' objects>, '__weakref__': <attribute
'__weakref__' of 'A' objects>, '__doc__': None})
```

上面的代码定义了一个类 A，可以看到 A 的命名空间的内容包括自定义属性 a 和方法'hello'，而类调用自身属性和方法 A.a 或 A.hello，都等同于 A.__dict__['a']或者 A.__dict__["hello"]()，例如：

```
>>> A.__dict__['a']
3
>>> A.a
3
```

8.4.5 命名空间和类的实例化

在类的概念中，主要的就是实例化和继承。类既然是命名空间，那么类在做实例化的时候，它的对象的命名空间又是什么情况呢？一个类可能有很多个实例化对象，每个对象都有自己独立的命名空间，对 Python 设计者而言，比较简单的设计就是直接将类的命名空间复制给实例化对象命名空间，如图 8.10 所示。

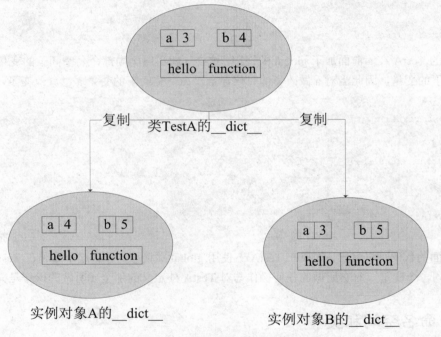

图 8.10 对象命名空间的设计

图 8.10 展示的这种设计比较简单，当类 TestA 要实例化一个对象的时候，直接将类的命名空间复制给对象，然后对象就有了类的所有能力。然而这是一种简单却也是非常浪费内存的设计，试想一下，一个类可能会实例化成百上千个对象，那就要复制几千个__dict__，而复制的__dict__大多数地方是重复的，这就是对内存的重大浪费。因此，Python 设计者在设计类的实例化时，为了节省内存，类的属性和方法都放在类的命名空间中，当对象调用这些属性和方法，实际上是查找类的命名空间；而当对象对类的属性和方法改变时，改动以后的属性和方法则放到了对象的命名空间，这样既能节省内存，各对象也能拥有自己的属性和方法。如图 8.11 所示的就是 Python 中类的命名空间的处理。

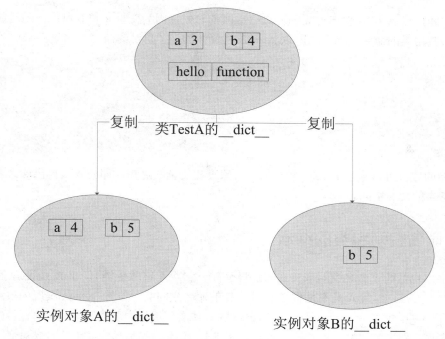

图 8.11　Python 对象的实例化示意图

图 8.11 展示了类在实例化的时候命名空间的设计，类 TestA 有属性 a 和 b 及方法 hello，它的代码如下：

```
>>> class TestA:
    a=3
    b=4
    def hello(self):
        print("hello world")


>>> TestA.__dict__
mappingproxy({'__module__': '__main__', 'a': 3, 'b': 4, 'hello': <function TestA.hello at
0x0000027151441E18>, '__dict__': <attribute '__dict__' of 'TestA' objects>, '__weakref__':
<attribute '__weakref__' of 'TestA' objects>, '__doc__': None})
```

可以看到 TestA 的命名空间包括 a 和 b 及方法 hello，而类的实例对象 A 和 B 在被实例初始化的时候，为了节省空间，它们的命名空间是空，它们都直接使用了类的命名空间，示例如下：

```
>>> A=TestA()
>>> B=TestA()
>>> A.a
3
>>> B.hello()
hello world
>>> A.__dict__
{}
>>> B.__dict__
{}
```

从上面的代码可以看到，对象 A 和 B 被实例化时它们的命名空间为空，实际上它们使用的是类的命名空间，当 A 和 B 对属性 a 和 b 进行改变的时候，因为变量 a 和 b 所指向的对象发生了变化，不能再共用类的命名空间了，所以 A 和 B 将属性加到了自己的命名空间里：

```
>>> A.a=4
>>> A.b=5
>>> B.b=5
>>> A.__dict__
{'a': 4, 'b': 5}
>>> B.__dict__
{'b': 5}
```

从上面的分析可以看出 Python 的实例化对象查找变量的过程，即先查找自己的命名空间，然后查找自身类的命名空间。

8.4.6　命名空间和类的继承

类的继承也是通过命名空间来实现的。假设有一个类 A 继承于类 B，也就是说 A 拥有了 B 的所有的属性和方法，那么 A 是不是也是复制了 B 的命名空间呢？虽然 Python 实现的最终结果就如同 A 复制了 B 的命名空间一样，不过在 Python 的具体实现过程中要复杂一些，这样做的目的也是为了节省内存，做法和实例化的方法一致。如图 8.12 所示的就是类做继承的时候对命名空间的查找。

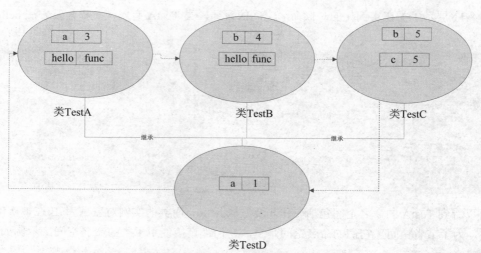

图 8.12　Python 类继承时命名空间查找顺序

实际上，类 TestD 继承自 TestA、TestB、TestC 并不是把它们的命名空间复制到自身的命名空间中，而是先在 TestD 的命名空间中查找属性和方法，如果找不到，再去 TestA 中找。整个查找命名空间的办法就是图 8.12 所显示的虚线路径，这样既使得 TestD 拥有了父类的所有属性和方法，同时节约了内存，以下代码是图 8.12 的代码演示。

```
01    >>> class TestA:
02        a=3
03        def hello(self):
04            print("this is TestA!")
```

```
05
06   >>> class TestB:
07       b=3
08       def hello(self):
09           print("this is TestB!")
10
11   >>> class TestC:
12       b=5
13       c=5
14
15   >>> class TestD(TestA,TestB,TestC):
16       a=1
17
18   >>> TestA.__dict__
19   mappingproxy({'__module__': '__main__', 'a': 3, 'hello': <function TestA.hello at
0x0000027151441D90>, '__dict__': <attribute '__dict__' of 'TestA' objects>, '__weakref__':
<attribute '__weakref__' of 'TestA' objects>, '__doc__': None})
20   >>> TestB.__dict__
21   mappingproxy({'__module__': '__main__', 'b': 3, 'hello': <function TestB.hello at
0x0000027151441EA0>, '__dict__': <attribute '__dict__' of 'TestB' objects>, '__weakref__':
<attribute '__weakref__' of 'TestB' objects>, '__doc__': None})
22   >>> TestC.__dict__
23   mappingproxy({'__module__': '__main__', 'b': 5, 'c': 5, '__dict__': <attribute '__dict__'
of 'TestC' objects>, '__weakref__': <attribute '__weakref__' of 'TestC' objects>, '__doc__': None})
24   >>> TestD.__dict__
25   mappingproxy({'__module__': '__main__', 'a': 1, '__doc__': None})
26   >>> TestD.__bases__
27   (<class '__main__.TestA'>, <class '__main__.TestB'>, <class '__main__.TestC'>)
28   >>> TestD.a
29   1
30   >>> TestD.b
31   3
32   >>> TestD.c
33   5
```

从代码可以看到，TestD 继承了 TestA、TestB、TestC，但是它的__dict__里只有一个自己定义
的属性 a，而当使用 TestD.b 和 TestD.c 调用 b 和 c 的属性的时候，TestD 自身的命名空间里没有，
TestD 就根据__bases__存放的父类的说明，从左到右一个个检查父类的命名空间，直到找到需要找
的变量，其查找的路径正如图 8.12 中虚线路径一样。

第 9 章

Tkinter 模块——图形界面编程

图形界面编程是 Python 应用的一个方向。目前流行的 Python GUI 开发工具包有 PyQt、PyGTK、Kivy、Flexx、wxPython、thrust、cefpyhton、Tkinter 等，它们各有千秋。比如 PyQt，稳定、开发的界面效果好，但商用的需付费；而本章讲的 Tkinter，简单易用，但进行商用应用开发的话不建议使用，它所开发出的界面颜值一般，在当今讲究用户体验的互联网时代显得格格不入。尽管如此，它仍是我们学习 python GUI 开发的入门首选。

本章主要涉及的知识点有：

- Tkinter 模块：通过 Tkinter 模块的介绍了解如何使用 python 进行 GUI 开发。
- Tkinter 控件：主要介绍 Tk 控件的创建及使用，为图形界面开发提供效果与展现。
- GUI 开发流程：通过一个简单记事本的开发，使用户掌握 GUI 的开发流程。

9.1 Tkinter 模块

Tkinter 模块是 Python 标准的 TK GUI 工具包接口，给 Python 应用提供了一个易于编程的用户界面。它直接内置 Python 安装包 Lib/tkinter 中，我们这里所说的 Tkinter 模块其实是指 tkinter 包。在 Python 2.x 版本中位于 Lib/lib-tk 中，仔细查看源代码会发现两个版本有些不同。

注　意
在两个版本中都可以使用 import tkinter，但在 Python 3.x 不能使用 import Tkinter，会报"ModuleNotFoundError"错误。

大多数情况下，tkinter 模块包含了界面开发需要的基本接口。如果对 Tk 底层有接口依赖的话，

有一个_tkinter 二进制模块可供调用，只是不宜直接调用它。

tkinter 的导入语句：

```
>>> import tkinter
```

该导入方式直接把 tkinter 中的模块都导入了进去，在后续代码中便可直接调用。比如需要使用模块 constants，使用方式为 tkinter.constants。

常用的做法是：

```
>>> from tkinter import *
```

该方式效率相对快一些，因为它可以根据代码需要导入相应的模块，所以省去了非必要模块导入的时间。

9.1.1　Tkinter 模块的 Hello World 程序

【示例 9-1】

新建一个文件 tk_hello.py，输入如下代码：

```
01  # 导入 tkinter 模块，并付给 tk
02  import tkinter as tk
03
04  #定义一个 Application,该类继承 tk.Frame
05  class Application(tk.Frame):
06      def __init__(self, master=None):
07          super().__init__(master)
08          self.pack()
09          self.create_widgets()
10      # 创建控件函数
11      # 如下代码其实类似于:
12      # hi_there=tk.Button(text="Hello World! （点击)", command=say_hi)
13      # hi_there.pack(side="botton")
14      # quit = tk.Button(text="退出", fg="#ff0000", command=root.destory)
15      def create_widgets(self):
16          self.hi_there = tk.Button(self)
17          self.hi_there["text"] = u"Hello World! （点击)"
18          self.hi_there["command"] = self.say_hi
19          self.hi_there.pack(side="top")
20
21          self.quit = tk.Button(self, text=u"退出", fg="#ff0000",
22                          command=root.destroy)
23          self.quit.pack(side="bottom")
24
25      def say_hi(self):
26          print(u"点击 Hello World 命令行输出该语句！")
27
28  root = tk.Tk()
29  app = Application(master=root)
30  app.mainloop()
```

运行结果如图 9.1 所示。

图 9.1　tk_hello.py 的运行结果

接下来对代码进行讲解。首先导入 tkinter 并保存为对象 tk，读者应该发现该导入方式与之前的介绍有点出入。事实上，在开发中常常有这样的操作，因为它无须全部导入模块的类、属性、方法等，而是根据需要选择合适的类、属性或方法进行调用，所以在某种程度上既节省了内存空间又提高了加载速度。接着定义了 Application 类，该类属于继承类（多层及多重继承），即父类 Frame 继承于 Widget，Widget 继承于 BaseWidget、Pack、Place 和 Grid 等，这些可以从 tkinter 包中的 __init__.py 源代码中看出来。在 Application 类中，__init__() 为其构造方法，初始化新创建对象的状态。至于如何理解构造方法，这里给出一个小例子：

```
>>> class Testinit:
...    def __init__(self, pro=None):
...            self.pro = "Python 从入门到精通"
...
>>> a = Testinit()
>>> a.pro
'Python 从入门到精通'
```

可以看出实例化 Testinit 类后便能直接调用属性 pro 的值，如果没有构造函数初始化，就无法调用。

注　意
在初始化函数中定义的属性为实例属性，比如刚才讲的 pro 属性，而在类下直接定义的属性为类属性。

__init__() 中有个 super().__init__() 调用，super() 函数用来查找超类及超类的超类，直到找到所需特性。超类即父类用于继承，当父类的属性和行为是私有的，子类是没法继承的。接着上面的小例子：

```
>>> class SonTestinit(Testinit):
...    def __init__(self, son_pro=None):
...            self.son_pro="Tk 模块，图形界面编程"
...
>>> b = SonTestinit()
>>> b.son_pro
'Tk 模块，图形界面编程'
>>> b.pro
Traceback (most recent call last):
  File "<stdin>", line 1, in <module>
AttributeError: 'SonTestinit' object has no attribute 'pro'
>>>
```

从代码可以看出实例 b 并没有继承类 Testinit 初始化的 pro 属性，不难理解 pro 并不是 Testinit 类属性，它仅是实例属性，如果将类 Testinit 改成如下就可以继承了：

```
>>> class Testinit:
...     pro = "Python 从入门到精通"
```

如果不改 Testinit 类，我们就可以通过调用 super()函数进行 pro 实例属性继承处理。

上述 pack()方法通过使用参数选项/值的键值对控制控件在其容器中显示的位置，以及调整主应用程序窗口大小时的行为方式，默认方向为窗口顶部，即控件呈现在窗口顶部。接下来调用自创建的 create_widgets()方法，该方法调用 Button 控件并设置其文本和回调函数等。

tk.Tk()创建了应用程序的主窗口。Application 实例在主窗口里创建了控件，而 mainloop()方法对应用进行了重建，即消息循环。

Hello World 程序阐释了 Tkinter 图形界面编程的基本流程，大部分 Tkinter GUI 应用遵循该流程，同时简单地讲叙了子类、超类、继承等问题。

9.1.2　tkinter 包介绍

通常情况下，上述 Tkinter 模块的叫法是不妥当的，在 Python 3.x 源代码的 Lib 目录下可以看出 tkinter 是以包的形式存在的。在 tkinter 包里存在几个不同的模块，分别是：

- 包含常量定义的 tkinter.constants 模块。
- 小控件包装器的 tkinter.tix 模块。
- 提供类可使用 Tk 主题小控件集的 tkinter.ttk 模块。
- 包含垂直滚动条文本控件的 tkinter.scrolledtext 模块。
- 让用户选择颜色对话框的 kinter.colorchooser 模块。
- 对接 Tkinter 接口的 tkinter.dialog 模块。
- 列出其他模块中定义对话框基类的 tkinter.commondialog 模块。
- 允许用户指定打开/保存文件通用对话框的 tkinter.filedialogtkinter.filedialog 模块。
- 处理字体的 tkinter.font 模块。
- 标准 Tk 对话框的 tkinter.messagebox 模块。
- 基本对话框和常用功能的 tkinter.simpledialog 模块。
- 支持拖放的 tkinter.dnd 模块。

除了上述模块外，tkinter 包在其初始化__init__.py 文件中包含类 Tk 和工厂函数 Tcl()。Tk 类属于多重继续。具体表示如下：

```
class tkinter.Tk(screenName=None, baseName=None, className='Tk', useTk=1)
```

Tk 没有参数，被实例化时将创建一个顶层的 Tk 窗口，通常是应用程序的主窗口。每个实例都有其自身相关联的 Tcl 解释器。

```
def Tcl(screenName=None, baseName=None, className='Tk', useTk=0):
    return Tk(screenName, baseName, className, useTk)
```

Tcl()函数实际上返回的是 Tk 类，不同的是它不会初始化 Tk 子系统，可从 useTk=0 看出，这样处理通常很有用。当驱动 Tcl 解释器不希望创建外来顶层窗口的环境或不能直接创建窗口的环境时，通过 Tcl()函数创建的对象就很有必要，当然仍可以通过调用 loadtk()方法创建一个顶层窗口。

注　意

Python 2.x 和 Python 3.x 关于各模块的命名有着很大的区别，而且个别模块发生更改，注意查看源代码目录下的模块。

当然，在 __init__.py 文件中，更多的是各个控件类及其属性方法的定义。在 9.2 节我们将对这些控件进行讲述。

Tkinter 模块在 Python 2.x 和 Python 3.x 的不同可参见表 9.1。

表 9.1　Tkinter 模块在 Python 3.x 和 Python 2.x 的不同

Python 3.x	Python 2.x
import tkinter.ttk　　／ from tkinter import ttk	import ttk
import tkinter.messagebox	import tkMessageBox
import tkinter.colorchooser	import tkColorChooser
import tkinter.filedialog	import tkFileDialog
import tkinter.simpledialog	import tkSimpleDialog
import tkinter.commondialog	import tkCommonDialog
import tkinter.font	import tkFont
import tkinter.scrolledtext	import ScrolledText
import tkinter.tix	import Tix

可以看出 Python 3.x 版本的内容更多，其命名规则干净、优雅、系统化，同时其模块是以小写的形式出现。因此，如果看到"from Tkinter import *"，说明它对应 python 环境是 2.x。

为了兼容两个版本，我们常常使用 try…except…进行判断，比如对 tkinter 模块引用的判断。

```
try:
    import tkinter as tk
except ImportError:
    import Tkinter as tk
try:
    import tkinter.messagebox
except:
    import tkMessageBox
```

事实上，在目前两个版本都使用的情况下，为了兼容代码常常会作出这样的处理，而且不仅限于模块的引用，包括函数、属性等。

9.1.3　主窗口

使用 Tkinter 模块创建主窗口非常简单，使用如下代码便可以创建一个主窗口。

【示例 9-2】

```
01   from tkinter import *
02   root = Tk()
03   # 进入消息循环
04   root.mainloop()
```

将上述代码保存为 main_tk.py，运行结果如图 9.2 所示。

图 9.2　main_tk.py 运行结果

这个窗口包含了标题及其图标、最小化、最大化、关闭及空白框等，这是 GUI 编程基本的一个界面风格。下面对每一行进行描述：

第 01 行引入 tkinter 模块所有类、属性、方法进入当前工作区，建议按模块 tk_hello.py 代码中引用方式。

第 02 行创建一个 tkinter.Tk 类实例 root，该实例就是一个主窗口。

第 04 行执行了实例的主循环方法，该方法目的是为了主窗口保持可见，如果不添加该方法，执行完第二行创建的窗口就立即消失，甚至都来不及看到它的界面。使用该方法创建的窗口可以单击"关闭"按钮退出主循环。

注　意
因为 mainloop 方法已在 Tkinter 模块中公开化，所以可以直接调用 mainloop()，而不需调用 root.mainloop()。

9.2　Tkinter 控件

主窗口已经创建完成，下面就可以在其中创建我们需要的相关控件了。这些控件可以说是 Tkinter 模块中较为核心的内容之一。

9.2.1　控件的介绍

在上文 Hello World 程序中就已经提及了 Button 控件，这里我们将列出 Tkinter 模块中 21 个核心控件，具体名称及其描述如表 9.2 所示。

表9.2　Tkinter 控件

控件	描述
BitmapImage	在标签、按钮、画布和文本小控件中显示位图图像
Button	按钮，用于执行命令或其他操作
Canvas	结构化图形，用于绘制图形，创建图形编辑器及实现自定义控件类
Checkbutton	单击复选按钮，可在两个值之间进行切换
Entry	文本输入框或文本域
Frame	容器，可拥有边框和背景，是屏幕上的一块矩形区域，可集合其他控件
Label	显示文本或图像的标签
LabelFrame	集合其他小控件的容器控件，它有一个可选标签，可能是一个纯文本字符串或另一个小控件
Listbox	列表框
Menu	显示下拉菜单或弹出菜单的菜单栏
Menubutton	下拉菜单的菜单按钮
Message	类似于标签显示文本，但能自动将文本放在指定宽高内
OptionMenu	可选菜单
PanedWindow	水平或垂直推放控件的窗口
PhotoImage	在标签、按钮、画布和文本小控件显示图像（真彩色或灰度图像）
Radiobutton	单选按钮
Scale	滑块，通过滑块设置数字值
Scrollbar	滚动条；配合使用 canvas、 entry、 listbox、text 窗口控件的标准滚动条
Spinbox	与 Entry 类似，但可指定输入范围值
Text	格式化的文本显示，支持内嵌图片和文本，允许用不同风格和属性显示和编辑文本
Toplevel	用来创建子窗口的窗口组件

注　意

在 tkinter.ttk 模块中还有一些不同的控件，如 Progressbar，这些一般都继承于 Widget 类。

对于这些控件，我们该如何在主窗口中使用呢？从前面 Button 控件的使用不难看出添加控件的方式：

```
widget = Widget-name (容器, ** 配置选项)
```

在 ipython 控制台进行实例阐释：

```
In [1]: from tkinter import *

In [2]: root = Tk()

In [3]: label = Label(root, text='这是一个标签控件')

In [4]: button = Button(root,text='这是一个按钮控件')

In [5]: label.pack()
```

```
In [6]: button.pack()

In [7]: root.mainloop()
```

之所以在控制台执行，是为了方便解释。一般对于代码过长的内容不建议在控制台执行，而是以文件的形式保存执行。

In[3]添加一个 Label 实例，即一个标签控件，其首个参数 root 是一个主窗口。在主窗口中有一个标签控件，其文本是"这是一个标签控件"。In[4]同样添加一个按钮控件在主窗口中。pack()方法用于在窗口中定位标签和按钮等控件的位置，该方法在后面几何管理器中会介绍。

而且 In[3]可以和 In[5]整合在一起使用，In[4]和 In[6]亦同，可以表示为：

```
Label(root, text='这是一个标签控件').pack()
```

当然，这样执行会发现它没有创建一个对象或实例，如果在后续代码中需要使用该对象或实例，就会带来不便，因此建议初学者分开使用。

上述代码运行结果如图 9.3 所示。

图 9.3　ipython 中输入代码运行结果

9.2.2　控件的特性

对于 Button、Label 之类的控件来说，它们拥有一些共同的特性：这些控件都是各控件类派生出来的对象，比如 button 控件是控件类 Button 的实例。每个控件有一组选项决定它的行为和外观，比如文本标签、颜色及字体大小等。就拿 Button 控件来说，它有一些属性管理它的标签、控制它的大小、更改它的颜色等。这些属性，可以在创建时就设定，比如上述代码 In [3]中 Label 控件中的文本参数 text，此外也可以通过.config()或.configure()方法在后续设置选项。

注　意
查看源代码会发现.config()与.configure()方法是等价的，提供相同的功能。

当然，这些控件的属性不一定是相同的，即它们有共同的标准属性又有自己相对应的属性，表 9.3 列出了它们的标准属性。至于它们自身特有的属性需查看其文档，在后续如有引用将会做出解释。

表 9.3 标准属性及其描述

属性	描述
Anchor	指定锚点
Bitmap	指定位图
Class	指定类
Cursor	指定要用于小控件的鼠标光标
Color	指定控件颜色
Dimension	指定控件大小
Font	指定字体
Style	指定样式
Takefocus	确定在键盘遍历时窗口是否接受焦点

9.2.3 Tkinter 几何管理器

Tkinter 几何管理器主要用于设定控件的位置。比如上述代码中 pack()方法的调用就是一个几何管理器调用的实例。当然，pack()不是唯一管理几何接口的方法。

在 Tkinter 模块中有 3 种方法可以指定位置，分别是 pack()、grid()、place()。这 3 种方法对应着 3 个几何管理器：包管理器、网格管理器和位置管理器。

1. 包管理器

包管理器通过 pack()方法调取使用，它包含一些常用选项，分别为 side、fill、expand、anchor、ipadx、ipady、padx、pady 等。

- side 的取值有 LEFT、TOP、RIGHT 及 BOTTOM，用于决定控件的对齐方式。
- fill 的取值有 X、Y、BOTH 及 NONE，用于决定控件的尺寸变化。
- expand 的取值为布尔值，如 tkinter.YES/tkinter.NO、1/0、True/False。
- anchor 的取值有 NW、N、NE、E、SE、S、SW、W 及 CENTER，表示对应的主方向。
- ipadx、ipady、padx、pady 表示内外部填充，它们的默认值为 0。

【示例 9-3】

下面以具体实例讲述 pack()方法中这些常用选项的使用。创建文件 tk_pack.py，输入如下代码：

```
01   from tkinter import *
02   # 创建主窗口
03   root = Tk()
04   # 创建框架
05   frame = Frame(root)
06
07   # 包管理器中的标签文本
08   Label(frame, text="包侧面和填充的演示").pack()
09   #  左边，Y 填充
10   Button(frame, text="左边，Y 填充").pack(side=LEFT, fill=Y)
11   # 顶部，X 填充
12   Button(frame, text="顶部，X 填充").pack(side=TOP, fill=X)
13   # 右边，不填充
```

```
14    Button(frame, text="右边，不填充").pack(side=RIGHT, fill=NONE)
15    # 顶部，底部填充
16    Button(frame, text="顶部，底部填充").pack(side=TOP, fill=BOTH)
17
18    frame.pack()
19
20    # 包管理器的标签文本
21    Label(root, text="包扩展演示").pack()
22    # 不扩展
23    Button(root, text="不扩展").pack()
24    # 扩展不填充
25    Button(root, text="扩展不填充").pack(expand = 1)
26    # 填充 X 且扩展
27    Button(root, text="填充扩展").pack(fill=X, expand=1)
28    # 消息循环
29    root.mainloop()
```

运行结果如图 9.4 所示。

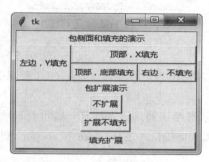

图 9.4　tk_pack.py 运行结果

2. 网格管理器

相比包管理器，网格管理器容易得多。网格管理器是 Tkinter 模块较为重要的管理器，它的核心思想就是将容器框架组织在一个二维表中，将其分成若干行和列。换言之，grid()方法包含 row 和 column 参数，每个单元格对应一个小控件，当然一个控件可以占有多个单元格。

在每个单元格中可以使用 sticky 选项调整小控件的位置及扩展方式。如果容器单元格大于其所包含的控件大小，可以通过 N、S、E、W、NW、NE、SW 和 SE 等值进行设置。

对于 grid()方法，除了 row、column、sticky 选项外，还有 padx、pady、rowspan 和 columnspan 等选项。

【示例 9-4】

创建文件 tk_grid.py，输入如下代码：

```
01    from tkinter import *
02    # 创建主窗口
03    root = Tk()
04    #标签及其几何位置
05    Label(root, text="用户名").grid(row=0, sticky=W)
06    Label(root, text="密码").grid(row=1, sticky=W)
07    Label(root, text="邮箱").grid(row=2, sticky=W)
08    # 文本及其几何位置
09    Entry(root).grid(row=0, column=1, sticky=E)
```

```
10   Entry(root).grid(row=1, column=1, sticky=E)
11   Entry(root).grid(row=2, column=1, sticky=E)
12   Checkbutton(root, text='记录输入值').grid(row=3, column=1, columnspan=4, sticky='w')
13   Button(root, text="注册").grid(row=4, column=1, sticky=W)
14   # 消息循环
15   root.mainloop()
```

运行结果如图 9.5 所示。

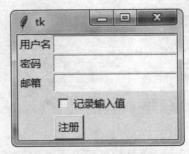

图 9.5　tk_grid.py 运行结果

3. 位置管理器

在 Tkinter 模块中位置管理器使用相对较少，一般在 GUI 游戏中会有所涉及，它主要是通过使用(x,y)坐标系统精确定位小控件。

位置管理器通过 place()方法继续访问，该方法有一些重要选项，用于绝对位置的 x 和 y 及相对位置的 relx、rely、relwidth 和 relheight。还有 width 和 anchor 选项，其中 anchor 默认值为 NE。

【示例 9-5】

创建文件 tk_place.py，输入如下代码：

```
01   from tkinter import *
02   # 创建主窗口
03   root = Tk()
04   # 绝对位置
05   Button(root, text="绝对位置").place(x=20, y=10)
06   # 相对位置
07   Button(root, text="相对位置").place(relx=0.8,rely=0.2,relwidth=0.5,width=10,anchor=NE)
08   # 消息循环
09   root.mainloop()
```

运行结果如图 9.6 所示。

图 9.6　tk_place.py 运行结果

9.2.4　Tkinter 事件及回调

Tkinter 事件及回调其实就是处理控件的功能，比如处理按键 Ctrl+C 的复制功能，响应鼠标的单击功能等。

处理控件相关功能较简单的方式是使用指令绑定，通常在控件中都会有一个 command 参数，该参数便是用来调用回调函数。首先定义回调函数，一般如下：

```
def  fun_callback():
    # 用于处理某功能的代码比如：content_text.event_generate("<<Cut>>")
```

定义好回调函数后，通过控件中的 command 参数选项调用即可。比如想在 Button 控件中调用如上定义的 fun_callback()，代码如下：

```
Button(root, text="点击", command=fun_callback)
```

这样单击时就可以执行 fun_callback()函数中的代码了。

对于不同的事件，Tkinter 提供一种名为 bind()事件绑定机制，其语法格式如下：

```
widget.bind(event, handler, add=None)
```

参数 event 表示事件对象实例，handler 表示新的处理器，add 可用来处理回调。

【示例 9-6】

举例解释，新建文件 tk_bind.py，输入如下代码：

```
01   from tkinter import *
02   from tkinter import messagebox as tmb
03   # 创建主窗口
04   root = Tk()
05   # 标签包管理器
06   Label(root, text='单击如下框架，你能获取到你单击的 x 轴和 y 轴的位置').pack()
07   # 定义回调函数
08
09   def callback(event):
10     # 用户弹窗显示信息
11     tmb.showinfo(title='信息', message="你单击的 x 轴和 y 轴的位置: "+ str(event.x)+", "
                                             + 12   str(event.y)+"")
12   # 创建框架
13   frame = Frame(root, bg='#ff9900', width=250, height=150)
14   # 绑定事件，调取回调函数
15   frame.bind("<Button-1>", callback)
16   frame.pack()
17   # 消息循环
18   root.mainloop()
```

运行 tk_bind.py，得到结果如图 9.7 所示。

图 9.7　tk_bind.py 运行结果

9.3 Tkinter 实战

根据本章所学的内容，我们通过创建一个简单的文本编辑器来学习一下 GUI 编程的流程操作。先从基本的主窗口创建开始，一步一步扩展，直到完成一个简单可用的文本编辑器。

9.3.1 创建主窗口

【示例 9-7】

在 9.1.3 节中已经讲解了主窗口，这里对 root 对象添加几个方法，比如标题、框体是否可调节、主框初始大小等。

```
01    from tkinter import *
02    # 创建主窗口
03    root = Tk()
04    #设置窗口标题
05    root.title('tkeditor')
06    # 设置窗口大小可调性，分别表示 x,y 方向的可变性，0,0 表示窗口不可变
07    root.resizable(0, 0)
08    # 设定初始窗口大小
09    root.geometry('450x300')
10    # 这里用于添加我们的代码
11    # 消息循环
12    root.mainloop()
```

保存代码为 tkeditor0.py，运行结果如图 9.8 所示。

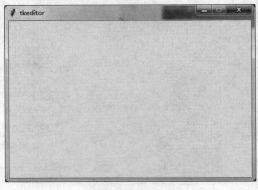

图 9.8　主窗口

9.3.2 添加菜单栏及菜单选项

在实际使用的 GUI 桌面程序中几乎都提供了菜单栏，它通过有效编排菜单选项，从而使界面不至于混乱。在 Tkinter 模块中，可通过 Menu 控件添加菜单栏，该菜单栏一般出现在应用程序界面的顶部，并且对于终端用户是可见的，然后添加菜单项供用户单击执行。

在界面顶部添加菜单栏的方式是 my_menu = Menu(parent, **options)。下面我们接上述代码继续处理。

```
01    from tkinter import *
02    # 创建主窗口
03    root = Tk()
04    #设置窗口标题
05    root.title('tkeditor')
06    # 设置窗口大小可调性，分别表示 x,y 方向的可变性，0,0 表示窗口不可变
07    #root.resizable(0, 0)
08    # 设定初始窗口大小
09    root.geometry('450x300')
10    # 这里用于添加我们的代码# 这里用于添加我们的代码
11    menu_bar = Menu(root)
12    # 文件菜单项
13    file_menu = Menu(menu_bar, tearoff=0)
14    menu_bar.add_cascade(label='文件', menu=file_menu)
15    # 编辑菜单项
16    edit_menu = Menu(menu_bar, tearoff=0)
17    menu_bar.add_cascade(label='编辑', menu=edit_menu)
18    # 视图菜单项
19    view_menu = Menu(menu_bar, tearoff=0)
20    menu_bar.add_cascade(label='视图', menu=view_menu)
21    # 关于菜单项
22    about_menu = Menu(menu_bar, tearoff=0)
23    menu_bar.add_cascade(label='关于', menu=about_menu)
24    # 帮助菜单项
25    help_menu = Menu(menu_bar, tearoff=0)
26    menu_bar.add_cascade(label='帮助', menu=help_menu)
27
28    root.config(menu=menu_bar)
29    # 消息循环
30    root.mainloop()
```

将上述代码保存为 tkeditor1.py，运行结果如图 9.9 所示。

图 9.9　tkeditor1.py 运行结果

在 tkeditor1.py 中，主要是菜单栏及菜单选项的创建，任何一个子控件的创建都是以父控件作为第一参数。同时在代码中可以看到参数 tearoff，它用于有下拉菜单时设定菜单选项上一条虚线，

当 tearoff=1，就会存在这条下拉虚线，否则没有。函数 add_cascade()用来添加菜单项，其参数 label 设定菜单项文本，menu 指定菜单项。

注　意

操作系统的不同可能会导致设置 tearoff=1 没有效果。

9.3.3　添加下拉菜单

下面我们将在每一个独立的菜单项中添加下拉菜单，主要通过 add_command()方法进行添加，添加格式为：菜单项.add_command(label=菜单标签名称, accelerator=快捷键,compound=位置, image=图片对象, underline=索引, command=返回函数)。根据该格式添加 etkeditor1.py 的 file_menu 的菜单代码如下：

```
file_menu.add_command(label="新建", accelerator='Ctrl+N', compound='left', image=image_new,
underline=0)
```

对于 add_command()的参数，label 表示标签即 GUI 界面上呈现出的名称。accelerator 表示加速器，用于指定一个字符串，通常是键盘快捷键，指定为加速器的字符串会出现在菜单项的文本旁边。compound 为菜单项指定一个复合选项，如 compound='left', image=new_icon，这意味着新建图标将出现在新建菜单的左边。而这里 new_icon 为我们存储和引用的图标对象，该对象一般是模块 PIL 某类的实例，在第 12 章中将单独对该模块进行讲解，这里不做该参数引用操作。underline 指定需要强调的菜单文本字符索引，索引从 0 开始，如果 underline=1，就表示强调文本第二个字符。command 参数为单击标签时执行的函数。

注　意

键盘快捷键无法自动创建执行命令，需要自己手动设置，在后面我们会对其进行讨论。

创建 tkeditor2.py，输入如下代码：

```
01    from tkinter import *
02    # 创建主窗口
03    root = Tk()
04    #设置窗口标题
05    root.title('tkeditor')
06    # 设置窗口大小可调性，分别表示 x,y 方向的可变性，0,0 表示窗口不可变
07    #root.resizable(0, 0)
08    # 设定初始窗口大小
09    root.geometry('450x300')
10    # 这里用于添加我们的代码# 这里用于添加我们的代码
11    menu_bar = Menu(root)
12    # 文件菜单项
13    file_menu = Menu(menu_bar, tearoff=0)
14    menu_bar.add_cascade(label='文件', menu=file_menu)
15    # 通过 add_command()方法添加下拉菜单
16
17    file_menu.add_command(label="新建", compound='left', accelerator='Ctrl+N', underline=0)
18    file_menu.add_command(label="打开", compound='left', accelerator='Ctrl+O', underline=0)
```

```
19    file_menu.add_separator()
20    file_menu.add_command(label="保存", compound='left', accelerator='Ctrl+S', underline=0)
21    file_menu.add_command(label="另存为...", accelerator='Ctrl+Shift+S', underline=1)
22    file_menu.add_command(label="重命名", accelerator='Ctrl+Shift+R', underline=0)
23    file_menu.add_separator()
24    file_menu.add_command(label="关闭", accelerator='Alt+F4', underline=0)
25
26    # 编辑菜单项
27    edit_menu = Menu(menu_bar, tearoff=0)
28    menu_bar.add_cascade(label='编辑', menu=edit_menu)
29    edit_menu.add_command(label="返回")
30    edit_menu.add_command(label="重做")
31    edit_menu.add_command(label="剪切", accelerator="Ctrl+X")
32    edit_menu.add_command(label="复制", accelerator="Ctrl+C")
33    edit_menu.add_command(label="粘贴", accelerator="Ctrl+V")
34    edit_menu.add_command(label="删除", accelerator="del")
35    edit_menu.add_command(label="选定所有", accelerator="Ctrl+A")
36    edit_menu.add_command(label="查找", accelerator="Ctrl+F")
37
38    # 视图菜单项
39    view_menu = Menu(menu_bar, tearoff=0)
40    menu_bar.add_cascade(label='视图', menu=view_menu)
41
42    # 关于菜单项
43    about_menu = Menu(menu_bar, tearoff=0)
44    menu_bar.add_cascade(label='关于', menu=about_menu)
45    about_menu.add_command(label="关于我")
46    # 帮助菜单项
47    help_menu = Menu(menu_bar, tearoff=0)
48    menu_bar.add_cascade(label='帮助', menu=help_menu)
49    help_menu.add_command(label="帮助索引")
50    help_menu.add_command(label="许可")
51
52    root.config(menu=menu_bar)
53    # 消息循环
54    root.mainloop()
```

在该代码中，我们对每一个菜单项都添加了下拉菜单，每个下拉菜单都是通过 add_command()
方法进行添加的，同时我们也发现可以通过方法 add_separator()添加横线，该函数没有参数。运行
代码，结果如图 9.10 所示。

图 9.10　tkeditor2.py 运行结果

9.3.4 实现简单记事本

从 tkeditor2.py 运行结果上看，我们是无法触发标签及快捷键效果的，在主窗口内无法输入文本，接下来的任务就是如何添加执行命令及文本输入。

Tkinter 模块中文的本控件带有一些方便内置的功能以处理常用的文本相关函数，我们将利用这些功能实现文本编辑的常见功能，比如使用 Ctrl + X、Ctrl + C 和 Ctrl + V 组合键执行文本区域中的剪切、复制和粘贴功能。

实现这些功能之前，首先要创建文本控件，可通过 Text()类进行创建。

```
content_text = Text(root, wrap='word')
content_text.pack(expand='yes', fill='both')
```

对于 Tcl/Tk 通用控件一般可以使用如下命令触发无外部刺激的事件：

```
widget.event_generate(sequence, **kw)
```

如果想创建一个剪切事件，可以使用如下代码：

```
content_text.event_generate("<<Cut>>")
```

接下来，我们根据该情况完成标签触发及快捷键的功能。创建 tkeditor3.py，输入如下代码：

```
01    import os
02    from tkinter import *
03    from tkinter import filedialog as ft
04    from tkinter import messagebox as tmb
05    # 创建主窗口
06    root = Tk()
07    #设置窗口标题
08    root.title('tkeditor')
09    # 设置窗口大小可调性，分别表示 x,y 方向的可变性，0,0 表示窗口不可变
10    #root.resizable(0, 0)
11    # 设定初始窗口大小
12    root.geometry('450x300')
13    # 这里用于添加我们的代码# 这里用于添加我们的代码
14    menu_bar = Menu(root)
15
16    # 添加文本控件及滚动条控件
17    content_text = Text(root, wrap='word')
18    content_text.pack(expand='yes', fill='both')
19    content_text.tag_configure('active_line', background='#f1f1f1')
20
21
22    scroll_bar = Scrollbar(content_text)
23    content_text.configure(yscrollcommand=scroll_bar.set)
24    scroll_bar.config(command=content_text.yview)
25    scroll_bar.pack(side='right', fill='y')
26
27    # 创建文件
28    def new_text(event=None):
29        root.title("Untitled")
30        global file_name
31        file_name = None
32
```

```
33      # 另存为
34      def save_as(event=None):
35          t = content_text.get("1.0", "end-1c")
36          save_location = ft.asksaveasfilename(defaultextension=".txt",
                            filetypes=[("所有文件", "*.*"), ("文本文件", "*.txt")])
37          file1 = open(save_location, "w+")
38          file1.write(t)
39          global file_name
40          file_name = save_location
41          root.title('{} - {}'.format(os.path.basename(save_location), "tkeditor"))
42          file1.close()
43
44      # 保存
45      def save(event=None):
46          global file_name
47          if not file_name:
48              save_as()
49          else:
50              t = content_text.get("1.0", "end-1c")
51              file1 = open(file_name, "w+")
52              file1.write(t)
53          return "break"
54
55      # 打开
56      def open(event=None):
57          input_file_name = ft.askopenfilename(defaultextension=".txt",
                            filetypes=[("所有文件", "*.*"), ("文本文件", "*.txt")])
58          if input_file_name:
59              global file_name
60              file_name = input_file_name
61              root.title('{} - {}'.format(os.path.basename(file_name), "tkditor"))
62              content_text.delete(1.0, END)
63              file = open(input_file_name, 'r')
64              if file != '':
65                  try:
66                      txt = file.read()
67                  except:
68                      tmb.showwarning("Invalid", "Please select a valid file to open")
69                  content_text.insert(INSERT, txt)
70              else:
71                  pass
72
73      # 剪切
74      def cut():
75          content_text.event_generate("<<Cut>>")
76
77      # 复制
78      def copy():
79          content_text.event_generate("<<Copy>>")
80
81      # 粘贴
82      def paste():
83          content_text.event_generate("<<Paste>>")
84
85      # 删除
```

```
86  def delete():
87      content_text.event_generate("<<Delete>>")
88
89  # 选择所有
90  def selectAll():
91      content_text.event_generate("<<SelectAll>>")
92
93  #返回
94  def undo():
95      content_text.event_generate("<<Undo>>")
96
97  #重做
98  def redo():
99      content_text.event_generate("<<Redo>>")
100
101 # 关闭
102 def close():
103     content_text.event_generate("<<Close>>")
104
105 # 退出
106 def exit():
107     if tmb.askokcancel("退出?", "真的退出?"):
108         root.destroy()
109
110 def highlight(interval=100):
111     content_text.tag_remove("active_line", 1.0, "end")
112     content_text.tag_add("active_line", "insert linestart", "insert lineend+1c")
113     content_text.after(interval, toggle_highlight)
114
115 def remove_highlight():
116 ·············#省略部分代码
117 # 帮助菜单项
118 help_menu = Menu(menu_bar, tearoff=0)
119 menu_bar.add_cascade(label='帮助', menu=help_menu)
120 help_menu.add_command(label="帮助索引", command=display_help_messagebox)
121 help_menu.add_command(label="许可", command=display_lience_messagebox)
122
123 root.config(menu=menu_bar)
124 # 消息循环
125 root.mainloop()
```

运行结果如图 9.11 所示。

图 9.11   tkeditor3.py 运行结果

第 10 章

---

re 模块——正则表达式

正则表达式是用于处理字符串的强大工具，拥有自己独特的语法及独立的处理引擎。它是计算机语言常会涉及的内容，不同语言使用不同的方式进行调用。在 Python 中，使用 re 模块处理正则表达式。

本章主要涉及的知识点有：

- 正则表达式的介绍：主要从其概念和构成进行讲解，从而能够正确使用正则表达式进行日常应用。
- re 模块介绍：通过 re 模块的基础应用掌握 Python 处理字符串的方法。
- 常用正则表达式的使用：目的是为了熟练使用正则表达式进行字符串处理。

10.1　正则表达式简介

本节首先介绍正则表达式的基本概念，理解其概念是学习正则表达式构成的基础，然后通过对正则表达式的构成进行讲解，熟练掌握基本正则表达式的规则。

10.1.1　正则表达式概念

正则表达式作为计算机科学的一个概念，通常用来检索、替换那些符合某个规则的文本。正则表达式是对字符串操作的一种逻辑公式，用事先定义好的规则字符串对字符串进行过滤逻辑处理。

就其本质而言，正则表达式是一种小型的、高度专业化的编程语言，在 Python 中通过 re 模块实现。使用该语言，可以给匹配的相应字符串集指定规则，该字符串集可能包含英文语句、e-mail 地址、shell 命令或任何你想搞定的东西，然后使用 re 模块以某些方式修改或分割字符串。

正则表达式模式被编译成一系列的字节码，然后由用 C 语言编写的匹配引擎执行。从某种程度来说，使用正则表达式比直接写 Python 字符串处理代码要快。注意，并非所有字符串处理都能用正则表达式完成，即使有些处理可以使用正则表达式完成，这样也会使表达式变得异常复杂，可读性变差，遇到这种情况时，建议编写 Python 代码进行处理反而更好。毕竟一段 Python 代码比一个精巧的正则表达式要更容易理解。

10.1.2　正则表达式构成

正则表达式由两种字符构成：一种是在正则表达式中具有特殊意义的"元字符"；另一种是普通字符。字符可以是一个字符，如"^"，也可以是一个字符序列，如"\w"。表 10.1 列出 Python 支持的正则表达式元字符及语法。

表 10.1　正则表达式元字符及语法

语法	说明	表达式实例	实例匹配的字符串
一般字符	匹配自身	abc	abc
.	匹配除了换行符"\n"以外的任意一个字符，在 DOTALL 模式中也能匹配换行符	a.c	aac/abc/acc
\	转义字符，使后一个字符串改变原来意思，比如字符串中有"*"需要匹配，可以使用"*"或"[*]"	ab\.	ab.
[abcd]	匹配"a"或"b"或"c"或"d"	[abc]	a/b/c
[0-9]	匹配 0~9 中任意一个数字，等价于[0123456789]	[0-3]	0/1/2/3
[\u4e00-\u9fa5]	匹配任意一个汉字	[\u4e00-\u9fa5]	匹/配/任/意/一/个/汉/字
[^a0=2]	匹配除"a""0""=""2"外的其他任意一个字符	[^a0=2]	b/c/1/4/^
[^a-z]	匹配除小写字母外任意一个字符	[^a-z]	A/B/^
\d	匹配任意一个数字，相当于[0~9]	a\dc	a1c/a0c/a2c
\D	匹配任意一个非数字字符，相当 \d 的取反，即[^0~9]	a\Dc	abc/adc/aec
\s	匹配任意空白字符，相当于[\r\n\f\t\v]	a\sb	a b/a b
\S	匹配任意非空白字符，相当\s 的取反，相当于[^\r\n\f\t\v]	a\Sc	abc/abbc
\w	匹配任意一个字母或数字或下画线，相当于[a-zA-Z0-9_]	a\wc	aac/a0c/a_c

（续表）

语法	说明	表达式实例	实例匹配的字符串
\W	匹配任意一个非字母或数字或下画线，\w 的取反，相当于 [^a-zA-Z0-9_]	a\Wc	a*c/a$c
*	匹配前一个字符 0 次或无限次	abc*	ab/abc/abccccc
+	匹配前一个字符 1 次或无限次	abc+	abc/abcc/abcccccccc
?	匹配前一个字符 0 次或 1 次	abc?	ab/abc
{m}	匹配前一个字符 m 次	ab{3}c	abbbc
{m,n}	匹配前一个字符 m 到 n 次，m 和 n 可以省略，省略 m，则匹配 0 到 n 次，省略 n，则匹配 m 到无限次	ab{1,2}c	abc/abbc
^	匹配字符串的开始位置，不匹配任何字符	^abc	abc
$	匹配字符串的结束位置，不匹配任何字符	abc$	abc
\A	仅匹配字符串的开始位置	\Aabc	abc
\b	匹配\w 和\W 之间	a\b!bc	a!bc
\B	\b 的取反	a\Bbc	abc
\Z	仅匹配字符串的结束位置	abc\Z	abc
|	子表达式之间“或”关系匹配	abc|def	abc/def
(…)	匹配分组	(abc){3}	abcabcabc
(?P<name>…)	匹配分组，除了原有编号外再指定一个额外的别名	(?P<id>abc){2}	abcabc
\<number>	匹配引用编号为<number>的分组到字符串中	(\d)abc\1	1abc1/3abc3
(?P=name)	匹配引用别名为<name>的分组到字符串中	(?P<id>\d)abc(?P=id)	2abc2/4abc4
(?:…)	匹配不分组的(…),用于食用 ‘|’ 或后接数量词	(?:abc){2}	abcabc
(?iLmsux)	iLmsux 的每一个字符代表一个匹配模式，只能用于字符串的开始位置，可选多个	(?i)abc	AbC
(?#...)	#后的内容将作为注释被忽略	abc(?#comment)123	abc123
(?(id/name)yes-pattern|no-pattern)	匹配编号为 id 或别名为 name 的组，需要匹配 yes-pattern，否则需要匹配 no-pattern	(\d)abc(?(1)\d|abc)	1abc2/abcabc

从表 10.1 可以看出只是单一针对字符串匹配，可在实际应用中是多种单一匹配的组合，因此，建议读者认真掌握，便于进行 Python 开发时能顺手拿来。对于读者而言介绍这么多语法其实是很枯燥的，接下来将结合 Python re 模块进行讲解，以便于熟悉消化。

10.2　re 模块的简单应用

本节主要介绍 re 模块的常用功能函数，然后通过这些函数调用正则表达式元字符及语法处理字符串。

Python 自 1.5 版本起就增加了 re 模块，它提供了如 Perl 风格一样的正则表达式模式。我们可以在 Python 文件下的 Lib 目录中找到 re.py 文件，即为 re 模块。

因为 re 模块是内嵌在 Python 中，所以可以直接使用 import 导入。查看 re 版本及属性方法函数的方式如下：

```
>>> import re
>>>re.__version__
'2.2.1'
>>>re.__all__
[ "match", "search", "sub", "subn", "split", "findall", "compile", "purge", "template",
"escape", "I", "L", "M", "S", "X", "U", "IGNORECASE", "LOCALE", "MULTILINE", "DOTALL",
"VERBOSE","UNICODE", "error" ]
```

从上述代码中可以看出，re 模块涉及的函数并不多，从其功能概况来说：一是查找文本中的模式，二是编译表达式，三是多层匹配。同时可以看出它定义了一些常量。

查找文本中的模式主要使用 search()函数，该函数有 pattern、string、flags 3 个参数。pattern 表示编译时用的表达式字符串；string 表示用于匹配的字符串；flags 表示编译标志位，用于修改正则表达式的匹配方式，如是否区分大小写、多行匹配等，其默认值为 0。常用的 flags 如表 10.2 所示。

表 10.2　常用 flags 及其含义

标志	含义
re.S(DOTALL)	使匹配包括换行在内的所有字符
re.I（IGNORECASE）	使匹配对大小写不敏感
re.L（LOCALE）	做本地化识别（locale-aware）匹配等
re.M(MULTILINE)	多行匹配，影响^和$
re.X(VERBOSE)	该标志通过给予更灵活的格式以便将正则表达式写得更易于理解
re.U	根据 Unicode 字符集解析字符，这个标志影响\w、\W、\b、\B

re.search()函数通过取模式和要扫描的文本作为输入，返回匹配对象，如果未找到匹配模式，则返回 None。

```
In [1]: import re

In [2]: pattern = "模块"
```

```
In [3]: string = "如何学习 re 模块？多多实践操作！"

In [4]: match = re.search(pattern, string)

In [5]: match.start()
Out[5]: 6

In [6]: match.end()
Out[6]: 8

In [7]: string[6:8]
Out[7]: '模块'

In [8]: match
Out[8]: <_sre.SRE_Match object; span=(6, 8), match='模块'>
```

从上面的代码可以看出，match 为返回的匹配对象，它包含了有关匹配性质的信息，如使用匹配的正则表达式，模式在原字符串中出现的位置，具有 start()、end()、group()、span()、groups()等方法。start()方法返回匹配开始的位置，end()方法返回匹配结束的位置，group()方法返回被匹配的字符串，span()方法返回一个包含匹配（开始，结束）位置的元组，groups()方法返回一个包含正则表达式中所有小组字符串的元组，从 1 到所含的小组号，通常 groups()不需要参数，返回一个元组，元组中的元就是正则表达式中定义的组。除此之外，还有一个 group(n, m)方法，该方法返回组号为 n,m 所匹配的字符串，如果组号不存在，就报 indexError 错误。

```
In [9]: print(re.search("([0-9]*)([a-z]*)([0-9]*)",'123abc456').group(0))
123abc456

In [10]: print(re.search("([0-9]*)([a-z]*)([0-9]*)",'123abc456').group(1))
123

In [11]: print(re.search("([0-9]*)([a-z]*)([0-9]*)",'123abc456').group(2))
abc

In [12]: print(re.search("([0-9]*)([a-z]*)([0-9]*)",'123abc456').group(3))
456

In [13]: print(re.search("([0-9]*)([a-z]*)([0-9]*)",'123abc456').group())
123abc456

In [14]: print(re.search("([0-9]*)([a-z]*)([0-9]*)",'123abc456').groups())
('123', 'abc', '456')
```

编译正则表达式使用 compile()函数，该函数返回一个对象模式，有两个参数分别为 pattern、flags=0，其含义与 search()函数中介绍的一样。通过将正则表达式编译成正则表达式对象可以提供执行效率。

```
In [15]: string ="如何学习 re 模块？如何学习 flask 开发，如何学习 python 开发进行大数
    ...: 据开发？"

In [16]: pattern = re.compile('如何')

In [17]: match = pattern.search(string)
```

```
In [18]: print(match.group())
如何
```

In[16]通过 compile()编译'如何'字符串模式，通常编译的这些表达式是程序频繁使用的表达式，这样编译起来会更为高效，同时也会开销一些缓存。使用已编译的表达式还有一个好处是，在加载模块时就编译所有表达式，而不是当程序相应用户的动作时才进行编译。

函数 match()用在文本字符串的开始位置匹配。

```
In [18]: print(re.match('cn','cnwww.akaros.cn').group())
cn

In [19]: print(re.match('cn','Cnwww.akaros.com', re.I).group())
Cn
```

注　意

该方法并非完全匹配，比如 In[28]pattern 'cn'只要匹配首次出现的'cn'就行，无须在乎其后是否跟有字符串。如果想全局匹配，可以在表达式末尾加上边界匹配符'$'。

可以使用函数 findadll()进行遍历匹配，获取字符串中所有匹配的字符串，返回一个列表。它不同于 search()，search()用于查找字符串的单个匹配，而 findall()函数返回所有匹配而不重叠的子字符串，参数与 search()一样。

```
In [20]: string ='abbaaabbbbaaaaabbbaababcdabcdabdebababddfedf'

In [21]: pattern = 'ab'

In [22]: match = re.findall(pattern, string)

In [23]: print(match)
['ab', 'ab', 'ab', 'ab', 'ab', 'ab', 'ab', 'ab', 'ab']
```

函数 finditer()使用方式与 findall()差不多，也是 3 个参数，返回的是一个迭代器，它将生成 Match 实例，不像 findall()返回的是字符串。

```
In [24]: match = re.finditer(pattern, string)

In [25]: print(match)
<callable_iterator object at 0x03DF5FF0>

In [26]: for i in match:
    ...:     print(i)
    ...:     print(i.group())
    ...:     print(i.span())
<_sre.SRE_Match object; span=(0, 2), match='ab'>
ab
(0, 2)
<_sre.SRE_Match object; span=(5, 7), match='ab'>
ab
(5, 7)
<_sre.SRE_Match object; span=(14, 16), match='ab'>
```

```
ab
(14, 16)
<_sre.SRE_Match object; span=(19, 21), match='ab'>
ab
(19, 21)
<_sre.SRE_Match object; span=(21, 23), match='ab'>
ab
(21, 23)
<_sre.SRE_Match object; span=(25, 27), match='ab'>
ab
(25, 27)
<_sre.SRE_Match object; span=(29, 31), match='ab'>
ab
(29, 31)
<_sre.SRE_Match object; span=(34, 36), match='ab'>
ab
(34, 36)
<_sre.SRE_Match object; span=(36, 38), match='ab'>
ab
(36, 38)
```

除了上述介绍的查找、编译、匹配，还可以利用 re 模块的 split()方法进行分割，sub()和 subn()进行替换。

re.split()按照能够匹配的子字符串将需匹配的字符串进行分割并返回列表，参数有 pattern、string 等。

```
In [27]: print(re.split('\d+','wo1men2shi3hao4peng5you6'))
['wo', 'men', 'shi', 'hao', 'peng', 'you', '']
```

re.sub()使用 pattern 替换 string 中每一个匹配的子串后返回替换后的字符串。格式为 re.sub(pattern, repl, string, count)。re.subn()返回替换次数。

```
In [28]: string = "学 无 止 镜"

In [29]: print(re.sub(r'\s+', '-', string))
学-无-止-镜

In [30]: print(re.subn('[1-2]', '学习', '123456^%$#@!1qaz2wsx3edc4rfv'))
('学习学习3456^%$#@!学习qaz学习wsx3edc4rfv', 4)
```

关于 re 模块的应用就介绍到这里了。事实上正则表达式远不止这么简单，不过掌握以上方法后，一般字符串正则处理基本都能解决。

10.3　常用正则表达式

前面介绍 re.compile()函数时讲过，使用该函数预先编译好的正则表达式来提高执行效率，这预先编译好的正则表达式一般适于常用的正则表达式。

在正则表达式元字符及语法中，我们以表格的形式列举了正则表达式的基本格式及其语法，本节讲述的常用正则表达式就是在元字符及语法的基础上进行扩展应用。

10.3.1　常用数字表达式的校验

数字表达式校验主要针对文本中出现的数字进行正则表达式的匹配，下面我们将讲解一些常用的表达式，并使用 re 模块对其进行相关处理。

1. ^[0-9]*$

从表 10.1 可以看出，'^'匹配字符串的开始位置，'[0-9]'匹配 0~9 中任意一个数字，'*'匹配前一个字符 0 次或无限次，'$'匹配字符的结束位置。综合起来说，该表达式是用于匹配数字的，该数字可以是 2，也可以是 22222222222222222222。

【示例 10-1】

```
In [1]: import re

In [2]: num = re.search('^[0-9]*$', '123')

In [3]: print(num.group())
```

2. ^\d{n}$

与上面示例同理操作，该表达式匹配的是 n 位数字。

【示例 10-2】

```
In [4]: num = re.findall('^\d{3}$','224')

In [4]: num
Out[4]: ['224']
```

3. ^\d{n,}$

该表达式匹配的至少 n 位数字。

【示例 10-3】

```
In [5]: num = re.findall('^\d{3,}$', '4353')

In [6]: num
Out[6]: ['4353']
```

4. ^\d{m,n}$

该表达式匹配 m~n 的数字，n 大于 m。

【示例 10-4】

```
In [7]: num = re.findall('^\d{3,5}$', '4353')

In [8]: num
Out[8]: ['4353']
```

5. ^([1-9][0-9]*)+(.[0-9]{1,2})?$

该表达式匹配最多带两位小数点的数字。^([1-9][0-9]*)$匹配非零开头的数字，^(.[0-9]{1,2})?$匹配最多带两位小数点的数字。

【示例 10-5】

```
In [9]: num = re.findall('^([1-9][0-9]*)+(.[0-9]{1,2})?$', '234.34')

In [10]: num
Out[10]: [('234', '.34')]
```

注　意

通过'()'分组得到的返回值是不同的。下一例进行演示。

6. ^[0-9]+(.[0-9]{1,3})?$

该表达式匹配 1~3 为小数的正实数。

【示例 10-6】

```
In [11]: num = re.findall('^[0-9]+(.[0-9]{1,3})?$', '233.23')

In [12]: num
Out[12]: ['.23']

In [13]: num = re.findall('^([0-9])+(.[0-9]{1,3})?$', '233.23')

In [14]: num
Out[14]: [('3', '.23')]
```

In[11]与 In[13]不同的地方就是加上'()'，得到的结果也有所不同。

7. ^[1-9]\d*$

该表达式匹配非零的正整数。注意'*'匹配的是前一个字符，而且匹配非零正整数的表达式可以有多种表现形式，如^\+?[1-9][0-9]*$。

【示例 10-7】

```
In [15]: num = re.findall('^[1-9]\d*$', '344')

In [16]: num
Out[16]: ['344']

In [17]: num = re.findall('^\+?[1-9][0-9]*$', '344')

In [18]: num
Out[18]: ['344']
```

常用数字表达式有很多，这里就介绍这些，只要熟练掌握正则表达的元字符及语法，对解决更复杂的处理都不是问题。

10.3.2 常用字符表达式的校验

在文本分析中，常常会涉及字符表达式的处理，比如提取某些汉字，对长度为多少的字符进行删除等操作。下面我们将以一些基本的字符表达式进行阐述。

1. 汉字的匹配

在 Python 中匹配需转化 utf-8 编码，在 Python 3.x 无须考虑这个问题。汉字的编码范围为 \u4e00-\u9fa5。如果想匹配 1~3 个汉字的字符串，那该如何操作呢？

【示例 10-8】

```
In [1]: import re

In [2]: test="my name is 良葱落, how are you?"

In [3]: result = re.findall('[\u4e00-\u9fa5]{1,3}',test)

In [4]: result
Out[4]: ['良葱落']
```

2. 英文和数字的匹配

英文和数字的匹配可以使用^[A-Za-z0-9]+$。如果我们想要抽取某些字符串文本的英文数字，那又该如何操作呢？

【示例 10-9】

```
In [5]: test = "我的名字是良葱落, 我的吉祥数字是 886, Hai!"

In [6]: result = re.findall('[A-Za-z0-9]+',test)

In [7]: result
Out[7]: ['886', 'Hai']

In [8]: result = re.findall('[A-Za-z]+',test)

In [9]: result
Out[9]: ['Hai']

In [10]: result = re.findall('[A-Z]+',test)

In [11]: result
Out[11]: ['H']

In [12]: result = re.findall('[a-z0-9]+',test)

In [13]: result
Out[13]: ['886', 'ai']

In [14]: result = re.findall('[A-Z0-9]+',test)

In [15]: result
Out[15]: ['886', 'H']
```

3. 中文、英文、数字和某些字符的匹配

匹配由数字、26 个英文字母或下画线组成的字符串，可以使用^\w+$。匹配中文、英文、数字（包括下画线），可以使用^[\u4E00-\u9FA5A-Za-z0-9_]+$。匹配中文、英文、数字（不包括下画线），可以使用^[\u4E00-\u9FA5A-Za-z0-9]+$。匹配可以输入含有^%&',;=?$\"等字符的表达式，可以使用[^%&',;=?$\x22]+。

【示例 10-10】

```
In [16]: test ="Wo name is 良葱落，可以这样拼：Liang_cong_luo,我的手机号是86-1
 ...: 23123XXX"

In [17]: result = re.findall('[\u4E00-\u9FA5A-Za-z0-9_]+',test)

In [18]: result
Out[18]: ['Wo', 'name', 'is', '良葱落', '可以这样拼', 'Liang_cong_luo', '我的手
机号是86', '123123XXX']
```

从代码结果可以看出，它对文本的处理是以空格作为分隔符的，根据匹配规则可以得知 "-" 是无法匹配，因此返回的结果不会出现。

10.3.3　特殊需求表达式的校验

在网站注册页面上常常会出现输入用户名、密码及 Email 等，当输入的邮箱不含 "@" 符号，网页就会提示输入 Email 地址错误，这个处理过程其实就是一个正则表达式的处理。我们对这些特殊需求的表达式校验进行一个总结。

1. Email 地址

Email 处理的表达式使用方式为^\w+([-+.]\w+)*@\w+([-.]\w+)*\.\w+([-.]\w+)*$ 。我们可以使用该表达式验证输入的 Email 是否正确。

【示例 10-11】

```
In [1]: import re

In [2]: test = "rontom@gmail.com"

In [3]: test1 = "rontomgmail.com"

In [4]: test2 = "rontom@gmail"

In [5]: result = re.match('^\w+([-+.]\w+)*@\w+([-.]\w+)*\.\w+([-.]\w+)*$',test)
 ...:

In [6]: print(result.group())
rontom@gmail.com

In [7]: result = re.match('^\w+([-+.]\w+)*@\w+([-.]\w+)*\.\w+([-.]\w+)*$',test1
 ...: )

In [8]: print(result.group())
```

```
AttributeError                          Traceback (most recent call last)
<ipython-input-9-666d063f295f> in <module>()
----> 1 print(result.group())

AttributeError: 'NoneType' object has no attribute 'group'

In [9]: result = re.match('^\w+([-+.]\w+)*@\w+([-.]\w+)*\.\w+([-.]\w+)*$',test
   ...: 2)

In [13]: print(result.group())
--------------------------------------------------------------------------
AttributeError                          Traceback (most recent call last)
<ipython-input-13-666d063f295f> in <module>()
----> 1 print(result.group())

AttributeError: 'NoneType' object has no attribute 'group'
```

从上述的代码中就可以看出，对于 In[3]和 In[4]，由于它不是标准的 Email，不匹配正则表达式规则^\w+([-+.]\w+)*@\w+([-.]\w+)*\.\w+([-.]\w+)*$ ，因此执行它会报 AttributeError 错误。

2. 域名

我们所看到的 baidu.com、akaros.cn 就是所谓的域名，判断是否是一个有效的域名的正则表达式是(?i)^([a-z0-9]+(-[a-z0-9]+)*\.)+[a-z]{2,}$，而如果想在一段长文本中找到有效的域名，则可使用(?i)\b([a-z0-9]+(-[a-z0-9]+)*\.)+[a-z]{2,}\b。

【示例 10-12】

```
In [14]: test = "akaros.cn"

In [15]: result = re.match('(?i)^([a-z0-9]+(-[a-z0-9]+)*\.)+[a-z]{2,}$',test)

In [16]: print(result.group())
akaros.cn
```

3. 手机号码

中国的手机号码为 11 位，并且一般是以 13、14、15、17、18 等开头，因此可以确定的是开头为 1，第二位为 3、4、5、7、8，其表达式可为 1[3458]\\d{9}。

【示例 10-13】

```
In [16]: test = "12315632143 13213213211 54234432521 14345433333 182345345654"

In [17]: result = re.findall('1[3458]\\d{9}', test)

In [18]: result
Out[18]: ['13213213211', '14345433333', '18234534565']
```

4. 身份证号

一般身份证号码为 15 位或 18 位，15 位是以 xxxxxxYYMMddxxx 形式出现，前六位表示地区，YY 表示年份，MM 表示月份，dd 表示天数，xx 表示顺序码，最后的 x 表示校验码，其正则表达式为^[1-9]\d{5}\d{2}((0[1-9])|(10|11|12))(([0-2][1-9])|10|20|30|31)\d{2}$；18 位是以 xxxxxxYYYYMMddxxxx 形式出现，它的年份是四位，顺序码是三位，效验码可以取 x 或 X，其正则表达式为

^[1-9]\d{5}(18|19|([23]\d))\d{2}((0[1-9])|(10|11|12))(([0-2][1-9]) |10|20|30|31)\d{3}[0-9Xx]$ 。综合为 (^[1-9]\d{5}(18|19|([23]\d))\d{2}((0[1-9])|(10|11|12))(([0-2][1-9])|10|20|30|31)\d{3}[0-9Xx]$)|(^[1-9]\d{5}\d{2}((0[1-9])|(10|11|12))(([0-2][1-9])|10|20|30|31)\d{2}$)。

【示例 10-14】

```
In [19]: r = r'^([1-9]\d{5}[12]\d{3}(0[1-9]|1[012])(0[1-9]|[12][0-9]|3[01])\d{3
    ...: }[0-9xX])$'

In [20]: result = re.findall(r, '43052419020202000x')

In [21]: result
Out[21]: [('43052419020202000x', '02', '02')]
```

5. 邮政编码

中国的邮政编码是 6 位，其正则表达式为[1-9]\d{5}(?!\d)。

【示例 10-15】

```
In [22]: test = "12343 234532 34533 532345"

In [23]: result = re.findall('[1-9]\d{5}(?!\d)',test)

In [24]: result
Out[24]: ['234532', '532345']
```

6. 空白正则表达式

在文本处理中常常需要进行删除空白行、删除行首尾空白等操作。空白行的正则表达式为 \n\s*\r，首尾空白字符的正则表达式为^\s*|\s*$或(^\s*)|(\s*$)。

【示例 10-16】

```
In [25]: rest = "          好好学习正则表达式对你进行某些数据正确与否分析显得
    ...: 很重要的
    ...:    "
In [26]: result = re.sub('\s*|\s*','',rest)

In [27]: result
Out[27]: '好好学习正则表达式对你进行某些数据正确与否分析显得很重要的'
```

常用正则表达式就介绍到这里，读者可以根据自己的开发需要进行相应的正则表达式总结，并收集起来便于后续的开发引用。

第 11 章

---

os 模块与 shutil 模块——文件处理

os 模块和 shutil 模块是处理文件/目录的主要方式。特别是 os 模块，写代码时经常会用到，该模块提供了一种使用操作系统相关功能的便捷方式。shutil 模块是一种高级的文件/目录操作工具，它的强大之处在于对文件的复制及删除操作。

本章主要涉及的知识点有：

- os 模块：通过学习 os 模块相关函数，掌握文件的基本处理。
- shutil 模块：通过学习 shutil 模块相关函数，掌握文件和目录的复制、移动、删除、压缩、解压等高级处理。

11.1　os 模块

os 模块提供一些便捷功能使用操作系统，比如读取某目录下的文件，在命令行查看某路径下文件的所有内容等。本节我们将对 os 模块下常用的函数或属性等内容依次进行讲解。

11.1.1　获取系统类型

对代码进行兼容性开发以适应不同的操作系统，通过系统类型进行判断可以轻松解决。

```
In [1]: import os

In [2]: os.name
Out[2]: 'nt'
```

Out[2]'nt' 名称依赖于操作系统，nt 代表 window，posix 代表 linux。有如下名称已经注册在 os 模块中：'posix'、'nt'、'ce'、'java'。因此可以轻易地根据 os.name 判断操作系统。

```
In [3]: if os.name == 'nt':
   ...:     print('你的操作系统是 window!')
   ...: elif os.name =='posix':
   ...:     print('你的操作系统是 linux')
   ...: else:
   ...:     print('你的操作系统是其他')

你的操作系统是 window!
```

如果想知道操作系统更详细的信息，可以使用 sys.platform。

```
In [5]: sys.platform
Out[5]: 'win32'
```

11.1.2　获取系统环境

模块 environ 属性用于对系统环境变量进行相关设置，需要时可以调用该选项。

```
In [1]: import os

In [2]: os.environ
Out[2]: environ({'ALLUSERSPROFILE': 'C:\\ProgramData', 'APPDATA': 'C:\\Users\\Ad
ministrator\\AppData\\Roaming', 'COMMONPROGRAMFILES': 'C:\\Program Files (x86)\\
Common Files', 'COMMONPROGRAMFILES(X86)': 'C:\\Program Files (x86)\\Common Files
', 'COMMONPROGRAMW6432': 'C:\\Program Files\\Common Files', 'COMPUTERNAME': 'MS-
20161230PPWG', 'COMSPEC': 'C:\\Windows\\system32\\cmd.exe', 'FP_NO_HOST_CHECK':
'NO', 'HOMEDRIVE': 'C:', 'HOMEPATH': '\\Users\\Administrator', 'LOCALAPPDATA': '
C:\\Users\\Administrator\\AppData\\Local', 'LOGONSERVER': '\\\\MS-20161230PPWG',
 'NLTK_DATA': 'E:\\nltk_data', 'NUMBER_OF_PROCESSORS': '4', 'NVTOOLSEXT_PATH': '
C:\\Program Files\\NVIDIA Corporation\\NvToolsExt\\', 'OS': 'Windows_NT', 'PATH'
//省略部分代码
14.0\\Common7\\Tools\\', 'WINDIR': 'C:\\Windows', 'WINDOWS_TRACING_FLAGS': '3',
'WINDOWS_TRACING_LOGFILE': 'C:\\BVTBin\\Tests\\installpackage\\csilogfile.log',
'_DFX_INSTALL_UNSIGNED_DRIVER': '1'})

In [3]: env = os.environ

In [4]: for e in env:
   ...:     print(e)
   ...:
ALLUSERSPROFILE
APPDATA
COMMONPROGRAMFILES
COMMONPROGRAMFILES(X86)
//省略部分代码
WINDIR
WINDOWS_TRACING_FLAGS
WINDOWS_TRACING_LOGFILE
_DFX_INSTALL_UNSIGNED_DRIVER

In [5]: env['PATH']
```

```
Out[5]: 'C:\\Python36-32\\Scripts;C:\\Python36-32\\python3;C:\\Ruby23-x64\\bin;
C:\\Windows\\system32;C:\\Windows;C:\\Windows\\System32\\Wbem;C:\\Windows\\Syste
m32\\WindowsPowerShell\\v1.0\\;C:\\Users\\Administrator\\.dnx\\bin;C:\\Program F
iles\\Microsoft DNX\\Dnvm\\;C:\\Program Files (x86)\\nodejs\\;C:\\Program Files\
\Git\\cmd;C:\\Program Files\\Microsoft SQL Server\\130\\Tools\\Binn\\;C:\\Progra
m Files\\MongoDB\\Server\\3.4\\bin;C:\\Anaconda2;C:\\Anaconda2\\Scripts;C:\\Anac
onda2\\Library\\bin;C:\\Program Files (x86)\\Google\\Cloud SDK\\google-cloud-sdk
\\bin;C:\\Program Files (x86)\\Windows Kits\\8.1\\Windows Performance Toolkit\\;
C:\\Program Files\\Microsoft SQL Server\\110\\Tools\\Binn\\;C:\\Program Files (x
86)\\NVIDIA Corporation\\PhysX\\Common;C:\\Python36-32\\Scripts\\;C:\\Python36-3
2\\;C:\\Users\\Administrator\\AppData\\Roaming\\npm;c:\\python36-32\\lib\\site-p
ackages\\pywin32_system32'
```

从上面的代码可以看出 os.environ 返回系统环境变量，是字典的形式。如果想要获取具体环境变量的属性值，可以直接索引输出。也可以使用方法 getenv()获取具体环境变量的属性值，如 env['PATH']，通过如下操作能得到同样的结果：

```
In [12]: os.getenv('PATH')
Out[12]: 'C:\\Python36-32\\Scripts;C:\\Python36-32\\python3;C:\\Ruby23-x64\\bin;
C:\\Windows\\system32;C:\\Windows;C:\\Windows\\System32\\Wbem;C:\\Windows\\Syste
m32\\WindowsPowerShell\\v1.0\\;C:\\Users\\Administrator\\.dnx\\bin;C:\\Program F
iles\\Microsoft DNX\\Dnvm\\;C:\\Program Files (x86)\\nodejs\\;C:\\Program Files\
\Git\\cmd;C:\\Program Files\\Microsoft SQL Server\\130\\Tools\\Binn\\;C:\\Progra
m Files\\MongoDB\\Server\\3.4\\bin;C:\\Anaconda2;C:\\Anaconda2\\Scripts;C:\\Anac
onda2\\Library\\bin;C:\\Program Files (x86)\\Google\\Cloud SDK\\google-cloud-sdk
\\bin;C:\\Program Files (x86)\\Windows Kits\\8.1\\Windows Performance Toolkit\\;
C:\\Program Files\\Microsoft SQL Server\\110\\Tools\\Binn\\;C:\\Program Files (x
86)\\NVIDIA Corporation\\PhysX\\Common;C:\\Python36-32\\Scripts\\;C:\\Python36-3
2\\;C:\\Users\\Administrator\\AppData\\Roaming\\npm;c:\\python36-32\\lib\\site-p
ackages\\pywin32_system32'
```

11.1.3　执行系统命令

使用 os 模块 system()方法就可以执行 shell 命令，正常执行会返回 0。使用格式是 os.system("bash command")。

```
In [14]: os.system('ping www.akaros.cn ')

正在 Ping www.akaros.cn [39.108.166.54] 具有 32 字节的数据:
来自 39.108.166.54 的回复: 字节=32 时间=38ms TTL=48
来自 39.108.166.54 的回复: 字节=32 时间=80ms TTL=48
来自 39.108.166.54 的回复: 字节=32 时间=41ms TTL=48
来自 39.108.166.54 的回复: 字节=32 时间=72ms TTL=48

39.108.166.54 的 Ping 统计信息:
    数据包: 已发送 = 4, 已接收 = 4, 丢失 = 0 (0% 丢失),
往返行程的估计时间(以毫秒为单位):
    最短 = 38ms, 最长 = 80ms, 平均 = 57ms
Out[14]: 0

In [15]: os.popen('ping www.akaros.cn').read()
Out[15]: '\n 正在 Ping www.akaros.cn [39.108.166.54] 具有 32 字节的数据:\n 来自 39
```

.108.166.54 的回复: 字节=32 时间=46ms TTL=48\n 来自 39.108.166.54 的回复: 字节=32
时间=50ms TTL=48\n 来自 39.108.166.54 的回复: 字节=32 时间=75ms TTL=48\n 来自 39.
108.166.54 的回复: 字节=32 时间=74ms TTL=48\n\n39.108.166.54 的 Ping 统计信息:\n
　　数据包: 已发送 = 4, 已接收 = 4, 丢失 = 0 (0% 丢失),\n 往返行程的估计时间(以
毫秒为单位):\n　最短 = 46ms, 最长 = 75ms, 平均 = 61ms\n'

注　意

在非控制台编写时, system()只会调用系统命令而不会执行, 执行结果可通过 popen()函数
返回 file 对象读取获得。

11.1.4　操作目录及文件

使用 os 模块操作目录和文件是 Python 开发常见的功能之一。熟练掌握目录和文件操作对于我
们做 Python 开发显得尤为重要。

1. 获取当前目录

使用 os.getcwd()函数获取当前目录路径, 即当前 Python 脚本工作的目录路径, 该函数没有参
数。

【示例 11-1】

```
In [1]: import os

In [2]: os.getcwd()
Out[2]: 'C:\\Users\\Administrator'
```

2. 更改目录

使用 os.chdir()函数更改当前脚本目录, 相当于 shell 命令中的 cd, 从函数名很容易理解它需要
目标目录的路径作为参数, 使用方法为 os.chdir('目标路径')。示例代码如下:

【示例 11-2】

```
In [3]: os.chdir('E:')

In [4]: os.getcwd()
Out[4]: 'E:\\'
```

从代码可以看出目录由 "C:\\Users\\Administrator" 转到 "E:\\"。

3. 列举目录下的所有文件

通过 os.listdir(path)函数可以获得 path 下的所有文件, 返回是列表。

【示例 11-3】

```
In [5]: os.listdir('E:\\testdir')
Out[5]: ['index.html', 'one.txt', 'os.py']
```

注　意

window 路径模式是双斜杠"\\", 不同于 Linux。

4. 创建及删除目录

使用 os.mkdir(path)函数创建单级目录，使用 os.makedirs(path)函数创建多级目录。使用 os.rmdir() 删除单级空目录，若目录不为空则无法删除，参数为需要删除的目录名称。使用 os.removedirs()删除多级空目录，参数为需要删除的目录名称或路径。

【示例 11-4】

```
In [6]: os.mkdir('./dir1')

In [7]: os.makedirs('./dir1/dir2/dir3')

In [8]: os.listdir('dir1')
Out[8]: ['dir2']

In [9]: os.rmdir('dir1')
-------------------------------------------------------------------------
OSError                                   Traceback (most recent call last)
<ipython-input-17-fc3e3e614220> in <module>()
----> 1 os.rmdir('dir1')

OSError: [WinError 145] 目录不是空的。: 'dir1'

In [10]: os.removedirs('./dir1/dir2/dir3')

In [11]: os.listdir('./dir1')
-------------------------------------------------------------------------
FileNotFoundError                         Traceback (most recent call last)
<ipython-input-19-9abfbda7d558> in <module>()
----> 1 os.listdir('./dir1')

FileNotFoundError: [WinError 3] 系统找不到指定的路径。: './dir1'

In [12]: os.mkdir('dir1')

In [13]: os.rmdir('dir1')
```

从代码 In [9]可以看出，因为目录 dir1 下有子目录，所以无法直接删除。通过 In[10]对目录层级进行删除，dir1 目录不存在，这时无法查到目录 dir1。

5. 重命名目录或文件

使用 os.rename()函数重命名目录或文件，使用方法为 os.rename("文件或目录名称","要修改成的文件或目录名称")。

【示例 11-5】

```
In [14]: os.chdir('e:\\testdir')

In [15]: os.getcwd()
Out[15]: 'E:\\testdir'

In [16]: os.listdir('.')
Out[16]: ['index.html', 'one.txt', 'os.py']

In [17]: os.rename('one.txt','two.txt')
```

```
In [18]: os.listdir('.')
Out[18]: ['index.html', 'os.py', 'two.txt']
```

6. 获取绝对路径

使用 os.path.abspath(path) 函数获取 path 的绝对路径，一般情况下此处指相对路径。

【示例 11-6】

```
In [32]: os.path.abspath('.')
Out[32]: 'E:\\testdir'


In [33]: os.path.abspath('..')
Out[33]: 'E:\\'
```

7. 路径分解与组合

通过 os.path.split(path) 函数将路径分解为文件夹和文件名，返回的是一个二元组。若路径字符串最后一个字符是\，则只有文件夹部分有值；若路径字符串中均无\，则只有文件名部分有值；若路径字符串有\且不在最后，则文件夹和文件名均有值，且返回的文件夹结果不包含\。os.path.join(path1,path2,...) 函数将 path 进行组合，若其中有绝对路径，则之前的 path 将被删除。具体例子演示如下：

【示例 11-7】

```
In [35]: os.path.split('D:\\flaskProject\\mergePic\\runserver.py')
Out[35]: ('D:\\flaskProject\\mergePic', 'runserver.py')

In [36]: os.path.split('D:\\flaskProject\\mergePic\\')
Out[36]: ('D:\\flaskProject\\mergePic', '')

In [37]: os.path.split('D:\\flaskProject\\mergePic')
Out[37]: ('D:\\flaskProject', 'mergePic')

In [38]: os.path.join('D:\\flaskProject','mergePic')
Out[38]: 'D:\\flaskProject\\mergePic'

In [39]: os.path.join('D:\\flaskProject','mergePic', 'hello.py')
Out[39]: 'D:\\flaskProject\\mergePic\\hello.py'

In [40]: os.path.join('D:\\flaskProject','mergePic', 'D:\\flaskProject\\mergePi
   ...: c1')
Out[40]: 'D:\\flaskProject\\mergePic1'
```

8. 返回目录和文件名

通过 os.path.dirname(path) 函数可以获取 path 中的文件夹部分，而且结果不包含\。通过 os.path.basename(path) 函数可以获取 path 中的文件名。

【示例 11-8】

```
In [41]: os.path.dirname('D:\\flaskProject\\mergePic\\hello.py')
Out[41]: 'D:\\flaskProject\\mergePic'

In [42]: os.path.dirname('.')
Out[42]: ''
```

```
In [43]: os.path.dirname('D:\\flaskProject\\mergePic\\')
Out[43]: 'D:\\flaskProject\\mergePic'

In [44]: os.path.dirname('D:\\flaskProject\\mergePic')
Out[44]: 'D:\\flaskProject'

In [45]: os.path.basename('D:\\flaskProject\\mergePic\\hello.py')
Out[45]: 'hello.py'

In [46]: os.path.basename('.')
Out[46]: '.'

In [47]: os.path.basename('D:\\flaskProject\\mergePic\\')
Out[47]: ''

In [48]: os.path.basename('D:\\flaskProject\\mergePic')
Out[48]: 'mergePic'
```

9. 判断及获取文件或文件夹信息

通过函数 os.path.exists(path)判断文件或文件夹是否存在，如果存在就返回 True，如果不存在就返回 False。通过函数 os.path.isfile(path)判断路径是否为一个文件。通过函数 os.path.isdir(path)判断路径是否为一个目录。通过函数 os.path.isabs(path)判断路径是否是绝对路径。通过函数 os.path.getsize(path)获取文件或文件夹大小。通过函数 os.path.getctime(path)获取文件或文件夹的创建时间。os.path.getatime(path)获取文件或文件夹的最后访问时间。通过函数 os.path.getmtime(path)获取文件或文件夹的最后修改时间。这些获取时间的函数返回值都是从新纪元到访问时的秒数。

> **注　意**
>
> 新纪元是指从协调世界时 1970 年 1 月 1 日 0 时 0 分 0 秒起到现在的总秒数，不包括闰秒。正值表示 1970 年以后，负值则表示 1970 年以前。

【示例 11-9】

```
In [49]: os.listdir('D:\\flaskProject\\mergePic')
Out[49]:
['.git',
 '.gitignore',
 'lib',
 'PicMerge',
 'requirements.txt',
 'runserver.py',
 'uploadr']

In [50]: os.path.exists('D:\\flaskProject\\mergePic\runserver.py')
Out[50]: False

In [51]: os.path.exists('D:\\flaskProject\\mergePic\\runserver.py')
Out[51]: True

In [52]: os.path.exists('D:\\flaskProject\\mergePic\\Runserver.py')
Out[52]: True
```

```
In [53]: os.path.exists('D:\\flaskProject\\mergePic\\RunseRveR.PY')
Out[53]: True

In [54]: os.path.exists('D:\\flaskProject\\mergePic\\Runserver1.py')
Out[54]: False

In [55]: os.path.exists('D:\\flaskProject\\mergePic\\')
Out[55]: True

In [56]: os.path.exists('D:\\flaskProject\\mergePic')
Out[56]: True

In [57]: os.path.isfile('D:\\flaskProject\\mergePic\runserver.py')
Out[57]: False

In [58]: os.path.isfile('D:\\flaskProject\\mergePic\\runserver.py')
Out[58]: True

In [59]: os.path.isfile('D:\\flaskProject\\mergePic')
Out[59]: False

In [60]: os.path.isdir('D:\\flaskProject\\mergePic\\')
Out[60]: True

In [61]: os.path.isdir('D:\\flaskProject\\mergePic')
Out[61]: True

In [62]: os.path.isabs('D:\\flaskProject\\mergePic\\runserver.py')
Out[62]: True

In [63]: os.path.getsize('D:\\flaskProject\\mergePic\\runserver.py')
Out[63]: 538

In [64]: os.path.getsize('D:\\flaskProject\\mergePic')
Out[64]: 4096

In [65]: os.path.getctime('D:\\flaskProject\\mergePic\\runserver.py')
Out[65]: 1487857915.8891466

In [66]: os.path.getatime('D:\\flaskProject\\mergePic\\runserver.py')
Out[66]: 1487857915.8891466

In [67]: os.path.getmtime('D:\\flaskProject\\mergePic\\runserver.py')
Out[67]: 1487584624.342
```

10. 一些表现形式参数

在 os 模块中定义了一些文件、路径，对应在不同操作系统中的表现形式（参数）。

【示例 11-10】

```
In [68]: os.sep
Out[68]: '\\'

In [69]: os.extsep
```

```
Out[69]: '.'

In [70]: os.pathsep
Out[70]: ';'

In [71]: os.linesep
Out[71]: '\r\n'
```

上面介绍的只是 os 模块较为常用的方法或属性，如果读者想要了解更多的内容，请查看其源代码或文档。接下来将介绍 shutil 模块。

11.2　shutil 模块

相比 os 模块，shutil 模块用于文件和目录的高级处理，它提供了文件复制、移动、删除、压缩、解压等功能。

11.2.1　复制文件

shutil 模块主要用于复制文件。在控制台上演示这些函数的使用方法，特别在涉及权限的问题时，在 Linux 系统下直接操作可以更为直观地查看效果。

1. shutil.copyfileobj(file1, file2)

该函数将 file1 的内容覆盖给 file2，参数 file1、file2 表示打开的文件对象，其中 file2 必须是可写入的。

【示例 11-11】

```
In [1]: import shutil

In [2]: f1 = open('file1.txt',encoding='utf-8')

In [3]: f2 = open('file2.txt','w',encoding='utf-8')

In [4]: shutil.copyfileobj(f1,f2)
```

2. shutil.copyfile(file1, file2)

该函数无须打开文件，直接用文件名进行覆盖。事实上从该函数源代码就可以看出它调用的是 shutil.copyfileobj()函数，返回 file2。

【示例 11-12】

```
In [5]: shutil.copyfile('file1.txt', 'file3.txt')
Out[5]: 'file3.txt'
```

3. shutil.copymode(file1, file2)

该函数仅复制文件权限，不更改文件内容、组和用户，无返回对象。

【示例 11-13】

```
In [6]: shutil.copymode('file1.txt', 'file3.txt')
```

4. shutil.copystat(file1, file2)

该函数用于复制文件的所有状态信息，包括权限、组、用户和时间等，无返回对象。

【示例 11-14】

```
In [7]: shutil.copystat('file1.txt','file3.txt')
```

5. shutil.copy(file1, file2)

该函数复制文件的内容及权限，相当于先执行 copyfile()，再执行 copymode()，返回 file2。

【示例 11-15】

```
In [11]: shutil.copy('file1.txt','file3.txt')
Out[11]: 'file3.txt'
```

6. shutil.copy2(file1, file2)

该函数复制文件的内容及文件的所有状态信息，相当于先执行 copyfile()，再执行 copystat()，返回 file2。

【示例 11-16】

```
In [12]: shutil.copy2('file1.txt','file3.txt')
Out[12]: 'file3.txt'
```

7. shutil.copytree(src,dst,symlinks=False,ignore=None,copy_function=copy2, ignore_dangling_symlinks=False)

该函数递归地复制文件内容及状态信息。

【示例 11-17】

```
In [18]: ls
 驱动器 C 中的卷是 system
 卷的序列号是 2496-FC22

 C:\Users\Administrator\os-shutil 的目录

2018/04/23  17:20    <DIR>          .
2018/04/23  17:20    <DIR>          ..
2018/04/23  17:06                56 file1.txt
2018/04/23  17:12                 0 file2.txt
2018/04/23  17:06                56 file3.txt
               3 个文件            112 字节
               2 个目录 17,306,734,592 可用字节


In [19]: cd ..
C:\Users\Administrator

In [20]: shutil.copytree('os-shutil','os-shutil-cp')
Out[20]: 'os-shutil-cp'
```

注　意

shutil.copy()、shutil.copy2()等都无法复制文件的所有元数据。

11.2.2　移动文件

使用 shutil.move(src, dst, copy_function=copy2)函数递归地移动文件或重命名并返回目标。如果目标是现有目录，src 就在当前目录移动；如果目标已经存在且不是目录，它可能就会被覆盖。

【示例 11-18】

```
In [21]: import shutil

In [22]: import os

In [23]: os.listdir('.')
Out[23]: ['file1.txt', 'file2.txt', 'file3.txt']

In [24]: shutil.move('file1.txt', 'file4.txt')
Out[24]: 'file4.txt'

In [25]: os.listdir('.')
Out[25]: ['file2.txt', 'file3.txt', 'file4.txt']
```

11.2.3　读取压缩及归档压缩文件

shutil.make_archive(base_name, format[, root_dir[, base_dir[, verbose[, dry_run[, owner[, group[, logger]]]]]]])函数用于创建归档文件并返回其归档后的名称。base_name 是需要创建的文件名称，包括路径、减去任何特定格式的扩展名。format 可选项有 zip、tar、bztar 等，可以通过 shutil.get_archive_formats()获取支持的归档格式的列表。root_dir 为归档文档的目录。

【示例 11-19】

```
In [26]: ls .
 驱动器 C 中的卷是 system
 卷的序列号是 2496-FC22

 C:\Users\Administrator\os-shutil 的目录

2018/04/24  09:29    <DIR>          .
2018/04/24  09:29    <DIR>          ..
2018/04/23  17:12                 0 file2.txt
2018/04/23  17:06                56 file3.txt
2018/04/23  17:06                56 file4.txt
               3 个文件            112 字节
               2 个目录 17,314,975,744 可用字节

In [27]: shutil.make_archive('.','zip','.')
Out[27]: 'C:\\Users\\Administrator\\os-shutil.zip'
```

11.2.4　解压文件

可以通过函数 shutil.unpack_archive(filename[,extract_dir[,format]]) 分拆归档。filename 为归档的完整路径；extract_dir 为解压归档的目标目录名称，如果未提供，就表示使用当前目录进行解压。格式是文件存档格式、zip、tar 或其他格式。

【示例 11-20】

```
In [28]: os.listdir('e:\\testdir')
Out[28]: ['index.html', 'os.py', 'two.txt']

In [33]: shutil.make_archive('.','zip','.')
Out[33]: 'C:\\Users\\Administrator\\os-shutil.zip'

In [34]: shutil.unpack_archive('C:\\Users\\Administrator\\os-shutil.zip','e:\\t
    ...: estdir')

In [35]: os.listdir('e:\\testdir')
Out[35]: ['file2.txt', 'file3.txt', 'file4.txt', 'index.html', 'os.py', 'two.txt
']
```

关于 shutil 模块就介绍到这里。当然，除了上述功能，shutil 模块还有像获取终端窗口大小、引发同文件异常之类的功能，读者在需要时可以查阅官方文档。

11.3　文件处理实战

本节我们利用前面所学的知识创建一个小应用，该应用在图片识别处理中经常会涉及，比如用于训练图片库，首先删除该图片库中的非图片文件，然后对这些图片按一定规律进行命名，并创建图片的索引，便于图像识别程序能够根据索引文件进行处理。

【示例 11-21】

创建一个文件 dir_images.py，输入如下代码：

```
01  import os
02  import shutil
03  import time
04
05  # 可选的图片列表
06  IMG = ['jpg', 'jpeg', 'gif', 'png']
07
08  # 重命名图片及删除非图片文件
09  def rename_image(path):
10      global i  # 定义全局变量
11      if not os.path.isdir(path) and not os.path.isfile(path):  # 判断是否是目录或文件
12          return False
13      if os.path.isfile(path):  # 如果是文件
14          file_path = os.path.split(path)  # 分割出目录与文件名
15          lists = file_path[1].split('.')  # 分割出文件与文件扩展名
```

```
16              file_ext = lists[-1]  # 取出后缀名
17              if file_ext in IMG:  # 判断该后缀名是否是图片的后缀名
18                  os.rename(path, file_path[0] + "/" + lists[0] + str(i) + '.' + file_ext)
19                  i += 1
20              else:
21                  print(file_path)
22                  os.remove(os.path.join(file_path[0], file_path[1]))
23          elif os.path.isdir(path):  # 如果是目录
24              for x in os.listdir(path):  # 递归重命名程序
25                  rename_image(os.path.join(path, x))
26
27  # 创建文本索引文件
28  def create_index(path):
29      if not os.path.isdir(path) and not os.path.isfile(path):  # 判断是否是目录或文件
30          return False
31      if os.path.isdir(path):
32          lists = os.listdir(path)
33          with open(os.path.join(path, 'index.txt'), 'a+', encoding='utf-8') as f:
34              for item in lists:
35                  f.write(item)
36                  f.write("\n")
37
38  # 压缩目录下的文件
39  def archive_dir(path):
40      shutil.make_archive(path, 'zip')
41
42  # 执行主函数
43  def main(path):
44      rename_image(path)
45      create_index(path)
46      archive_dir(path)
47
48  if __name__ == "__main__":
49      img_dir = input("请输入路径:")    # 取得图片文件夹路径, 比如"E:\images"
50      start = time.time()  # 计时
51      i = 0  # 初始化计算器 i 为 0
52      main(img_dir)
53      m = time.time() - start
54      print("程序运行耗时:%0.2f" % m)
55      print("总共处理了%d 张图片" % i)
```

以笔者主机为例，准备处理 E:\images 下的文件，该目录如图 11.1 所示。

图 11.1 待处理目录 E:\images

执行结果如图 11.2 所示。

图 11.2　处理后的目录 E:\images

　　同时会在 images 同级目录下创建一个 images.zip。在 Windows cmd 中执行该代码可能会报 PermissionError 错误，这是权限问题，但不影响我们得到所需的结果。

第 12 章

PIL（Pillow）模块——图像实战

PIL（Python Image Library）即为 Python 图像库，为 Python 解释器添加图像处理功能。该库支持多种文件格式，提供强大的图像处理和图形显示功能。在当前人工智能火热的背景下，PIL 已然是图像识别、数据分析、深度学习等必备的图像库。虽然 PIL 的功能非常强大，但其提供的接口简单易用。

由于 PIL 版本很久未更新，当前版本为 1.1.7，可从其官方网站（http://www.pythonware.com/products/pil）上看出来。考虑它支持的是 Python 2.x，目前我们都使用在其基础上创建的兼容版本 Pillow，Pillow 在 PIL 基础上增加了许多新特征，而且支持 Python 3.x。

本章主要涉及的知识点有：

- Pillow 库及其安装：通过 Pillow 库的安装学会如何安装 Python 库。
- Image 类：学会使用 PIL 模块下 Image 类进行图像处理。
- 图像合成：通过 Image 类的方法对两张不同图片实现合成。
- 图像变换：主要从图像通道、几何变换、裁剪等对图像进行变换处理。
- 图像处理应用：综合 Pillow 下的相关类及所学的图像处理知识进行实战演练操作，从而掌握 Pillow 库的用法。

12.1　Pillow 库简介与安装

本节首先介绍 Pillow 库及该库的用途，进而讲解为何该库在人工智能方面有着不可代替的优势。

12.1.1　Pillow 库的介绍

　　Pillow 核心库可以用于快速访问存储在一些基本像素格式中的数据，这样意味着它可以以数字的方式来处理图片。事实上，在图像识别中经常使用 Pillow 库的原因是可以通过 Pillow 某些类对图片进行处理，然后用多维数组表示，进而进行计算。

　　Pillow 库是图像归档和批处理应用程序的理想选择，可以使用该库创建缩略图，对图片格式进行转换、打印图像等。它包含基本的图像处理功能，如点操作、使用一组内置的卷积内核进行过滤及色彩空间转换，还支持图像大小调整、旋转和任意仿射变换等。

　　总之，它是 Python 图像处理的通用基础。

12.1.2　Pillow 库的安装

　　可以通过 pip 安装 Pillow：

```
$ pip install Pillow
```

注　意

Pillow 和 PIL 不能同时存在相同的环境中，因此在安装 Pillow 之前需要先卸载 PIL。

　　很多人安装某些依赖会发现报无法"import Image"错误，这个错误是因为版本不对，Pillow 1.0 后不再支持"import Image"。

　　对于所有 Python 包，我们都可以使用源文件进行安装，Pillow 亦然。

　　可从 Pillow 官方 github 账号下 https://github.com/python-pillow/Pillow 下载。至于下载方式，既可以直接下载 zip 文件后解压，也可以通过"git clone"克隆，这里我们是直接下载并解压。进入 setup.py 所在的目录，使用如下方式安装：

```
$ python setup.py install
```

　　由于这种安装方式经常需要某些依赖，因此在安装过程要根据控制台所呈现的错误进行依赖包的安装。

　　安装完毕后，进入 Python 环境，输入：

```
>>> import PIL
```

　　如果没有发现错误，说明安装成功，同时可以使用如下方式查看其版本。

```
>>> PIL.__version__
```

注　意

"__version__"左右是两条下画线。一般情况下，包或模块都会有这个默认属性。

12.2 Image 类的使用

Image 模块是 PIL 包中较为重要的模块，其中有一个 Image 类与模块名称同名。可以在 site-packages 文件夹下的 PIL 包中找到 Image.py 文件模块，打开它就能找到 Image 类。Image 类下有着不同的属性、函数及方法，本节将对其进行详细介绍。这些属性、函数及方法都能在 Image 类里找到，建议读者打开文件多去看看源代码。

12.2.1 Image 类的属性

1. Format

源文件的文件格式，值为字符串或 None（默认值）。对于图片的文件格式，我们都不陌生，如 JPG、GIF、PNG 等。

```
>>>from PIL import Image
>>>img = Image.open("./Num13/images/test.png")
>>>img.format
'PNG'
```

2. Format_description

该属性是对图片格式进行描述，值为字符串或 None（默认值）。紧接上述代码输入：

```
>>>img.format_description
'Portable network graphics'
```

上述两个属性属于类属性，接下来我们讲讲实例属性。

3. Mode

图像模式。返回字符串，默认值为空字符串，该值表示图像所使用的像素格式。支持的格式有 1、L、P、RGB、RGBA、CMYK 等。

```
>>>img.mode
'RGBA'
```

4. Size

图像的尺寸，按照像素计算。返回值为宽度和高度二元组(width, height)，默认值为(0,0)。从源代码可以看出，利用@property 装饰器函数把 width 及 height 方法"装饰"成属性调用，因此 width 和 height 亦为 Image 类的属性。

```
>>>img.size
(253,453)
>>>img.width
253
>>>img.height
453
```

5. Palette

图像的颜色调色板。如果图像的模式是 P，就返回 ImagePalette 类的实例；否则返回 None。

```
>>>img.palette

>>>img = Image.open("./Num13/images/bface.gif")
>>>img.mode
"P"
>>>img.palette
<PIL.ImagePalette.ImagePalette at 0x540c400>
```

6. Info

存储图像相关信息，返回值为字典，默认为{}。文件句柄可以使用该字典传递从文件中读取的各种非图像信息。不同的图像返回字典的键值是不一样的，基于字典中的键非统一标准，大多数方法在返回新的图像时都会忽略这个字典，而且对于一个方法来说，它无法得知自己的操作如何改变这个字典的键值。因此，如果用户需要保存这些信息，就必须在方法 open() 返回时保存这个字典。

```
>>>img.info
{'background': 0, 'duration': 70, 'transparency': 252, 'version': 'GIF89a'}
>>>img = Image.open('./Num13/images/1.jpg')
>>>img.info
{'jfif': 257, 'jfif_density': (1, 1), 'jfif_unit': 0, 'jfif_version': (1, 1)}
```

除了上面讲的几个实例属性，还有 im、category、readonly、pyaccess 等属性，因为不常用，这里不做详细介绍。

Image 还有其他属性，比如通过@property 装饰器函数"装饰"特殊方法而成的特殊属性。

```
@property
def __array_interface__(self):
    # numpy 数组接口支持
    new = {}
    shape, typestr = _conv_type_shape(self)
    new['shape'] = shape
    new['typestr'] = typestr
    new['version'] = 3
    if self.mode == '1':
        # Binary images need to be extended from bits to bytes
        # See: https://github.com/python-pillow/Pillow/issues/350
        new['data'] = self.tobytes('raw', 'L')
    else:
        new['data'] = self.tobytes()
    return new
```

12.2.2　Image 类的函数

1. New

使用给定的变量 mode、size 创建新图像，包含的参数有 mode、size、color。mode 表示新图像使用的模式，如 P。size 是以像素形式给定的宽/高二元组。color 表示什么颜色用于图像，默认值为 0，表示黑色。如果给出的话，这个值应该是单波段模式的单个整数或浮点值，以及多通道模式的元组（每个通道一个值）。在版本 1.1.4 及其之后，用户创建 RGB 图像时，还可以使用 ImageColor 模块支持的颜色字符串，比如设变量 color 赋值为 red。如果颜色为无，则图像不会被初始化，这对向该图像复制或绘制某些内容是有用的。new 函数返回的是一个 Image 对象。

```
def new(mode, size, color=0):
    pass
```

比如创建一个 256×256 大小的图像：

```
>>>from PIL import Image
>>>im = Image.new('RGB', (256,256))
>>>im.show()
```

因 color 取默认值 0，故该图像为黑色。如果要创建一个同尺寸的蓝色图像，就需要修改颜色值：

```
>>>im = Image.new('RGB', (256,256),''#0000ff'')
>>>im.show()
```

显示效果如图 12.1 所示。

图 12.1　创建的蓝色图像（颜色为蓝色，参考下载包中相关文件）

当然，也可以通过如下代码创建图 12.1 所示的图像。

```
>>>im = Image.new('RGB', (256,256),''blue'')
>>>im.show()
```

2. Open

该函数用来打开并识别给定的图像文件，而且只标识文件头，使文件保持打开状态，直到你尝试处理数据（或调用 load()方法）时才会从文件中读取实际的图像数据。

```
def open(fp, mode='r'):
    pass
```

fp 为文件名（字符串）、pathlib.Path 对象或文件对象。文件对象必须实现 read()、seek()和 tell() 方法并以二进制模式打开。 mode 表示模式，如果给出，这个值必须是'r'。返回 Image 对象。

```
>>>from PIL import Image
>>>im = Image.open('./Num13/images/test.jpg')
>>>im.show()
>>>im1= Image.open('./Num13/images/test.jpg','r')
```

```
>>>im1.show()
```

3. Alpha_composite

该函数对图像进行 Alpha 复合，有 im1 和 im2 两个参数，分别表示两张图像，必须是 RGBA 模式，且 im2 必须与 im1 图像大小相同。返回 Image 对象。

```
def alpha_composite(im1, im2):
    pass
```

事实是 im2 覆盖了 im1，示例如下：

```
>>> from PIL import Image
>>>im1 = Image.new('RGBA', (256,256), '#0000ff')
>>>im2 =Image.new('RGBA',(256,256), '#ff0000')
>>>alpha_im = Image.alpha_composite(im1, im2)
>>>alpha_im.show()
```

从返回的效果发现 im1 与 im2 一样。如果 im2 的大小或模式与 im1 不一样，就会报"ValueError: images do not match"错误。

4. blend

blend 函数使用给定的两张图像及透明度变量 Alpha 进行插值并生成一张新图像。

```
def blend(im1, im2, alpha):
    pass
```

im1 表示首张图像，im2 表示与 im1 同尺寸和模式的图像，否则会报错。其合成公式为 out = image1 *(1.0 - alpha) + image2 * alpha。alphpa 为插值 alpha 因子。如果 alpha 为 0.0，就返回第一个图像的副本。如果 alpha 为 1.0，就返回第二个图像的副本。Alpha 值没有限制，如有必要，结果将被剪裁以适合允许的输出范围。

```
>>>from PIL import Image
>>> im1 =Image.open("./Num13/images/scence1.jpg")
>>> im2 =Image.open("./Num13/images/scence2.jpg ")
>>> im =Image.blend(im1, im2, 0.35)
>>> im.show()
```

合成的效果如图 12.2 所示。

图 12.2　blend 函数处理所得效果

5. composite

Composite 函数通过在两个输入图像之间插值创建一个新图像，通过使用透明度蒙版混合图像创建合成图像。

```
def composite(image1, image2, mask):
    pass
```

image1 表示首张图像，image2 表示与 image1 同尺寸和模式的图像，mask 表示蒙版图像。该图像具有模式有 1、L、RGBA，并且必须与其他两个图像有相同的尺寸。

```
>>>from PIL import Image
>>> image01 =Image.open("./Num13/images/scence1.jpg")
>>> image02 =Image.open("./Num13/images/scence2.jpg ")
>>>R,G,B = image01.split()
>>>G.mode
'L'
>>> im =Image.composite(image01, image02, G)
>>> im.show()
```

合成的效果如图 12.3 所示。

图 12.3　composite()函数处理所得效果

6. eval

将函数（应该带一个参数）应用于给定图像中的每个像素。如果图像具有多个通道，就将相同的功能应用于每个通道。

注　意
因为该函数对每个像素值只处理一次，所以不能使用随机组件或其他生成器。

```
def eval(image, *args):
    pass
```

参数 image 表示输入图像，function 表示有一个整型参数的函数对象。返回 Image 对象。

```
>>>from PIL import Image
>>> image01 =Image.open("./Num13/images/scence1.jpg")
>>>def eval_fun(x):
    return x*0.35
```

```
>>>eval_im = Image.eval(image01, eval_fun)
>>>eval_im.show()
```

所得结果如图 12.4 所示。

图 12.4　eval()函数处理所得效果

7. merge

merge 用于将一组单通道图像合并成一个新的多通道图像。

```
def merge(mode, bands):
    pass
```

mode 表示输入图像的使用模式，bands 包含单通道图像的序列，每个序列必须具有相同的大小。

```
>>>from PIL import Image
>>> im2 =Image.open("./Num13/images/scence2.jpg")
>>>im2.mode
'RGB'
>>>r,g,b = im2.split()
>>>im = Image.merge('RGB', (r,g,b))
>>>im.show()
```

这里只是为了演示显示图与原图一样，毕竟是先把它拆分后再合成的。

8. fromarray

从导出阵列接口的对象（使用缓冲协议）创建图像内存。

```
def fromarray(obj, mode=None):
    pass
```

obj 表示阵列接口对象，如果参数 obj 是非连续的，就调用 tobytes 方法，并使用 frombuffer()。mode 表示使用模式（如果没有，将从类型中确定）。

```
>>>from PIL import Image
>>> im2 =Image.open("./Num13/images/scence2.jpg")
>>>import numpy as np
>>>array = numpy.array(im2)
```

```
>>>image2 = Image.fromarray(array)
>>>image2.show()
```

上述代码调用了非常有名的 Python 科学计算工具包 numpy，这个工具包包含了大量有用的工具，如数组对象（表示向量、矩阵、图像等）及线性代数函数。这里不做讲述，读者可使用如下方式进行安装或使用 anaconda 之类的集成软件。

```
$pip install numpy
```

这里主要使用 numpy 把 PIL 图像转换成数组（或阵列），然后通过 fromarray()函数把数组转换成图像。

9. frombytes

利用缓存中的像素数据创建图像存储器的副本。

```
frombytes(mode, size, data, decoder_name='raw', *args):
    pass
```

该函数比较简单的形式也有 3 个参数：mode、size、data，分别表示模式、尺寸及解包的像素数据。可以使用 PIL 支持任何像素解码器。

注　意

该功能只能解码像素数据，而不能解码整个图像。如果字符串中包含完整的图像，则必须包装在 BytesIO 对象中，然后使用 open()加载它。

```
>>>from PIL import Image
>>> im2 =Image.open("./Num13/images/scence2.jpg")
>>>w =im2.width
6000
>>>h=im2.height
4000
>>>m=im2.mode
'RGB'
>>>image = Image.frombytes('RGBAf fw ,im2.tobytes())
```

10. frombuffer

利用字节缓冲区中的像素数据创建图像存储器。

```
frombuffer(mode, size, data, decoder_name='raw', *args):
    pass
```

该函数与 frombytes()类似，但使用的是字节缓冲区中的数据，这意味着对原始缓冲区对象的更改反映在此图像中。而且并非所有模式都可以共享内存，支持的模式包括 L、RGBX、RGBA 和 CMYK。mode 表示模式，size 表示大小，data 表示字节或包含给定模式的原始数据的其他缓冲区对象，decoder_name 表示解码器名称，*args 表示给定解码器的附加参数。对于默认编码器（原始）建议提供全套参数，比如：

```
frombuffer(mode, size, data, "raw", mode, 0, 1)
```

注　　意

版本 1.1.6 及其以下，这个函数的默认情况与函数 fromstring() 不同。这个有可能在将来的版本中改变，因此为了最大的可移植性，当使用 "raw" 解码器时，推荐用户写出所有的参数。

基于篇幅的原因，Image 类下的函数或方法就介绍到这里，如果读者想了解更多的内容，可以访问其 API。Image 类下的属性、函数或方法说明，如表 12.1 所示。

表 12.1　Image 类下的属性、函数或方法说明

属性/方法/函数	说明
Filename	源文件的文件名或路径
Mode	图像模式
Size	图像大小，以像素格式显示，是一个(width,height)
Width	图像宽度，以像素格式显示
Height	图像高度，以像素格式显示
Palette	调色面板表
Info	以字典表示图像的相关数据
Open	打开并识别给定的图像文件
Alpha_composite	对图像进行 Alpha 复合，图像必须是 RGBA 模式
Blend	通过在两个输入图像之间插值创建新图像
Composite	通过在两个输入图像之间插值创建一个新图像
Eval	将函数（应该带一个参数）应用于给定图像中的每个像素
Merge	将一组单通道图像合并成一个新多通道图像
New	根据给定的模式和尺寸创建新图像
Fromarray	从导出阵列接口的对象（使用缓冲协议）创建图像内存
Frombytes	利用缓存中的像素数据创建图像存储器的副本
Fromstring	从字符串中的像素数据产生一个图像存储
Frombuffer	利用字节缓冲区中的像素数据创建图像存储器
Register_open	注册图像插件
Register_mime	注册图像 MIME 类型
Register_save	注册图像保存功能
Register_encoder	注册图像编码器
Register_extension	注册图像扩展名
Convert	对图像进行转换，生成该图像副本
Copy	复制图像
Crop	切割图像
Draft	配置图像加载便于返回可能接近给定模式和大小的图像版本
Filter	使用给定的过滤器过滤图像
Getbands	以元祖的形式获取图像每个通道名
Getbbox	计算图像中非零区域的边界框

（续表）

属性/方法/函数	说明
Getcolors	获取图像中使用的颜色列表
Getdata	以像素值序列形式获取图像内容
Getextrema	获取图像每个通道中最小和最大像素值
Getpalette	以列表的形式获取图像调色板
Getpixel	获取给定位置的像素值
Histogram	获取图像的直方图
Offset	获取图像的偏移
Paste	在图像上粘贴另一张图像
Point	通过查找表或函数映射图像
Putalpha	添加或替换图像的 Alpha 图层
Putdata	复制像素数据给图像
Putpalette	附加调色板给图像
Putpixel	修改给定位置的像素
Quantize	转换图像为指定数量颜色的 p 模式
Resize	返回图像调整大小的副本
Remap_palette	重写图像以重新排序调色板
Rotate	返回图像的旋转副本
Save	以给定文件名保存图像
Seek	在序列文件中寻找给定的帧
Show	呈现图像
Split	分割图像为单通道
Getchannel	获取源图像的单通道图像
Tell	返回当前帧号
Thumbnail	将图像生成缩略图
Tobitmap	将图像转换为 X11 位图
Tobytes	将图像返回字节对象
Tostring	将图像返回字符串
Transform	转换图像
Transpose	转置图像（在 90°的步骤中翻转或旋转）
Verify	验证文件内容
Fromstring	从字符串获取图像
Load	为图像分配存储并加载像素数据
Close	关闭文件指针

Image 类及 Image 模块就介绍到这里，下一节我们将开始介绍图像的应用。此外说明一下，PIL 有很多像 Image 一样的模块，而且模块里有像 Image 一样拥有属性或方法的类，大家多去看看官方文档或源代码。

12.3　图像的基本合成

本节将利用上节所学的知识进行图像合成处理，讲述几种方式进行图像的基本合成。

12.3.1　调用 Image.composite 接口

主要通过在两个输入图像之间插值创建一个新图像，通过使用透明度蒙版混合图像创建合成图像。事实上，在上节介绍函数的时候已经进行了讲述，这里将以文件或模块的方式进行阐明。

【示例 12-1】创建一个 ImageComposite.py 文件，输入如下代码：

```
01   # /usr/bin/env python
02   # -*- coding:utf-8 -*-
03
04   from PIL import Image
05   def composite_image():
06       im1 = Image.open("one.jpg")
07       im1 = im1.convert("RGBA")  # 模式可以为"1""L""RGBA"
08       im2 = Image.open("two.jpg")
09       im2 = im2.convert("RGBA")
10       r, g, b, alpha = im2.split()
11       alpha = alpha.point(lambda i: i > 0 and 168)
12
13       im_result = Image.composite(im2, im1, alpha) # 注意 im2 与 im1 大小相同
14       im_result.save("result.jpg")
15       return_im = im_result.show()
16       return return_im
17
18   if __name__ == "__main__":
19       composite_image()
```

运行该模块查看合成所得结果。模块中 composite_image()函数通过 PIL 图像方式打开，然后转化成相同模式并进行单通道处理，再在两个输入图像之间插值创建一个新图像。可以对该函数稍微处理一下，变得更通用一些。

```
def composite_image(im1, im2,result_im, mode='RGBA'):
    image1 = Image.open(im1)
    image2 = Image.open(im2)
    r,g,b,a = image2.split()
alpha = a.point(lambda i: i>0 and 168)
    result_image = Image.composite(image2, image1, alpha)
    result_image.save(result_im)
  im_show = result_image.show()
   return im_show
```

12.3.2　调用 Image.blend 接口

该接口与 Image.composite 调用差不多，也是使用给定的两张图像及透明度变量 alpha 进行插值生成一张新图像，不过它是在给定的两张图像进行合并时，按照公式 out = image1 * (1.0 - alpha) + image2 * alpha 进行的。

【示例 12-2】创建一个 ImageComposite.py 文件，输入如下代码：

```python
01    # /usr/bin/env python
02    # -*- coding:utf-8 -*-
03
04    from PIL import Image
05
06    def blend_image():
07        im1 = Image.open("one.jpg")
08        im1 = im1.convert("RGBA")  # 模式可以为"1" "L" "RGBA"
09        im2 = Image.open("two.jpg")
10        im2 = im2.convert("RGBA")
11
12        im_result = Image.blend(im2, im1, 0.16)  # 注意 im2 与 im1 大小相同
13        im_result.save("result1.jpg")
14        return_im = im_result.show()
15        return return_im
16
17    if __name__ == "__main__":
18        blend_image()
```

从上面的代码可以看到，该接口与 Image.composite 调用的不同在于 alpha 值的获取。

12.3.3　调用 Image.paste 接口

该接口与上述两个接口有所不同，它调用的参数不一样，其主要用于在一张图像上粘贴另一张图像。

【示例 12-3】创建 PasteImage.py 文件，编辑代码如下：

```python
01    # /usr/bin/env python
02    # -*- coding:utf-8 -*-
03
04    from PIL import Image
05
06
07    def paste_image():
08        base_im = Image.open('two.jpg')  # 加载底图
09        base_im = base_im.convert('RGBA')  # 转换成 RGBA 图像模式
10
11        im1 = Image.open('weixin.jpg')  # #加载需要放上去的图片
12        box = (0, 0, 600, 600)
13
14        region = im1.resize((box[2] - box[0], box[3] - box[1]))  #对图片进行缩放，以适应
15  box 区域大小
16        base_im.paste(region, box)  #粘贴图片到另一种图片上
17        base_im.save('out.jpg')  # 保存图片
```

```
18          im_show = base_im.show() # 查看合成的图片
19          return im_show
20
21    if __name__ == "__main__":
22          paste_image()
```

当然，也可以修改函数 paste_image()，把输入输出值作为参数传给它，还可以利用图像 crop()
函数对图像进行裁剪，然后在区域内合成，这里不做演示。

在实际应用中，图像的合成不仅这几种，如果读者想了解更多关于图像合成处理的知识，可
以阅读基于 BSD 许可（开源）发行的跨平台计算机视觉库 OpenCV。

12.4 图像的变换

在图像处理过程中图像的变换显得尤为重要，比如不同的图像格式有其特定的图像计算方法，
我们需要对图像格式进行转换。

12.4.1 图像格式及尺寸变换

1. 图像格式转换

常见的图像格式有 PNG、JPG、BMP、GIF 等。对于彩色图像，不管其图像格式是 PNG、JPG
或 BMP，使用 PIL.Image 模块的 open()函数打开后，返回图像对象的模式都是"RGB"。对于灰度图
像，其打开的模式为 "L"。可以通过 mode 属性查看图像模式。

```
>>>from PIL import Image
>>> im = Image.open("./Num13/one.jpg")
>>>im.mode
"RGB"
>>>im.save("./Num13/one_png.png", 'png')
>>>im.show()
```

> **注　意**
>
> 对图像不同模式间转换时，保存前务必使用 convert()进行转换。

2. 图像尺寸变换

我们知道图像尺寸是一个宽高二元组，可以通过属性 size 获得。对图像尺寸变换主要针对宽
度或高度进行处理，可以按宽高等比例进行调整，也以可只调整宽度或高度。

```
>>>from PIL import Image
>>>im = Image.open("./Num13/one.jpg")
>>> print(u"宽度: %s, 高度:%s" %(im.size[0], im.size[1]))
宽度: 6000, 高度: 4000
>>> print(u"宽度: %s, 高度:%s" %(im.width, im.height))
宽度: 6000, 高度: 4000
>>>new_size = (im.size[0]/10, im.size[1]/10)
```

```
>>>im.thumbnail(new_size, Image.ANTIALIAS)
>>>im.size
(600, 400)
>>>im.save('new_size.jpg', 'jpeg')
```

thumbnail()函数包含两个参数：第一个指定图像的大小；第二个指定过滤器类型。过滤器类型有 NEAREST、BILINER、BICUBIC、ANTALIAS，其中 ANTALIAS 的图像品质最高。

```
>>>renew_size = (im.size[0]/30, im.size[1]/20)
>>>resize_im = image.resize(renew_size, Image.ANTIALIAS)
>>>resize_im.save('resize.jpg', 'jpeg')
```

注　意
resize()函数不同于 thumbnail()，其返回值生成新的 Image 对象。

12.4.2　图像通道变换

通道变换就是之前讲的模式变换。在 PIL 中有 9 种不同的模式，分别是 1、L、P、RGB、RGBA、CMYK、YCbCr、I、F。

1. 彩色图像（多通道）转灰色图像（单通道）

灰度图像的模式是 L，比较简单的方式是将图像模式转换为 L。

```
>>>from PIL import Image
>>> im = Image.open('one.jpg')
>>>im1 = im.convert('L')
>>>im1.show()
```

所得图像变成黑色，如图 12.5 所示。

图 12.5　黑色图像

如果我们想对图像做更多的灰度处理，有必要了解一下图像转换为灰度的方法：

（1）浮点算法：gray=R*0.3+G*0.59+B*0.11。

（2）整数方法：gray=(R*30+G*59+B*11)/100。

（3）移位方法：gray =(R*76+G*151+B*28)>>8。

（4）平均值法：gray=（R+G+B）/3。

其中 R、G、B 分别代表 RGB(R,G,B)中的各值，通过计算得到的 gray 值代替原来的值而形成新颜色 RGB(gray, gray, gray)的灰度图。此处不用例子演示，毕竟它涉及 numpy 数组等各项知识。

2. 通道合并

通道合并在介绍 merge()函数时讲过。直接看代码：

```
>>>from PIL import Image
>>> im = Image.open('one.jpg')
>>>im1 = im.convert('L')
>>>r,g,b = im.split()                          #分离通道
>>>im2 = Image.merge('RGB', (r, g, b))         #合并通道
>>>r.show()                                    # 显示 r 通道图像
```

12.4.3　图像几何变换

图像几何变换主要是指图像缩放、旋转及转换，这些都比较简单。

```
>>>from PIL import Image
>>> im = Image.open('one.jpg')
>>> im1 = im.resize((600, 400))                      # 缩放图像
>>> im2 = im1.rotate(60)                              # 顺时针角度旋转图像
>>>im3 = im1.transpose(Image.FLIP_LEFT_RIGHT)  # 左右对换
>>>im4 = im1.transpose(Image.Flip_TOP_BOTTOM)  # 上下对换
>>>im5 = im1.transponse(Image.ROTATE_60)             # 顺时针旋转 60 度
```

12.4.4　图像变换成 OpenCV 格式

是否为 OpenCV 格式只需判断该图像是否为 np.ndarray 实例，其中 np 代表 numpy，即 isinstance(im, np.ndarray)。这里做一个简单介绍，暂时不清楚也不要紧，在 Python 后续开发过程中读者会接触到。

```
>>>from PIL import Image
>>>import cv2 # 代表 OpenCV
>>>import numpy as np
>>>im = Image.open('one.jpg')
>>>im1 = cv2.cvtColor(np.asarray(image), cv2.COLOR_RGB2BGR)
>>>cv2.imshow("result image", im1)
>>>cv2.waitKey()
```

12.5　图像处理实战

查看过 Pillow 库源代码或其文档的读者应该会发现，我们仅讲述该库下较为重要的 Image 模块，还有 ImageChops、ImageColor、ImageCms、ImageDraw、ImageEnhance、ImageFile、ImageFilter、ImageFont、ImageGrob、ImageMath、ImageMorph、ImageOps、ImagePalette、ImagePath、ImageQt、ImageSequence、ImageStat、ImageTk、ImageWin、ExifTags、TiffTags、PSDraw、PixelAccess、PyAccess 等模块未讲解。如果读者想了解更多关于 Pillow 库的知识，可以访问 http://pillow.readthedocs.io/en/latest/index.html 进行查阅。

玩微信朋友圈的人经常会看到如图 12.6 所示的一类图片：一张不错的照片，一段耐人寻味的话，以及一个二维码。本节就以生成这样的图片为实例进行讲解，希望读者通过该实例能理解图像的基本处理。

首先创建一张纯黑的图像（400×600）；然后在其上粘贴照片（one.jpg）及二维码图片（weixin.jpg）；最后加入文字即可。

【示例 12-4】

创建一个 ImageExample.py 文件，输入如下代码：

```
01  # /usr/bin/env python
02  # -*- coding: utf-8 -*-
03
04  from PIL import Image, ImageDraw,ImageFont
05
06  im = Image.new('RGB', (400, 600), '#000')  # 新建黑色图像
07  font = ImageFont.truetype("simsun.ttc",16)
08  im1 = Image.open('one.jpg')
09  resize_im = im1.resize((1200, 800))      # 缩放图像
10  crop_im = resize_im.crop((500, 200, 900, 500))  # 切割图像
11  im.paste(crop_im, (0,0)) # 粘贴图像
12  draw = ImageDraw.Draw(im) # 绘制图像
13  draw.text((60,350), u'黑夜给了我一双黑色的眼睛',(255,255,255),font=font) # 输入文本
14  draw.text((60,380),u'我却用它寻找光明',(255,255,255),font=font)
15  draw.text((60,410),u'——顾城',(255,255,255),font=font)
16
17  im2 = Image.open('weixin.jpg')
18  resize_im2 = im2.resize((120, 120))
19  im.paste(resize_im2, (180,450))
20  im.show()
```

图 12.6　图像处理实战样例

运行代码就能得到图 12.6 所示的效果。也许有人会对此有些不屑，用 Photoshop 等软件设计不是更好看吗？不过我想说的是，一张或几张也许用软件设计更好，如果是批量同时自动处理，你还会这样认为吗？

第 13 章

socket 模块——网络编程

网络编程属于 Python 编程非常重要的内容，我们使用 Python 进行项目开发时无不涉及网络编程。Python 模块中提供网络底层接口主要来自 socket 模块，而且它适用于各种主流系统平台。当然，某些特性的调用可能会使用操作系统中的 socket APIs 进行。

本章主要涉及的知识点有：

- 网络编程理论：通过对网络协议、IP 地址和端口、socket 的讲述增强对网络知识的了解，明白网络通信是如何进行操作的。
- TCP：讲述 TCP 协议，并用例子演示实现 TCP 服务端及客户端，完成对网络之间数据流的传输。
- UDP：讲述 UDP 协议，并用例子演示实现 UDP 服务端及客户端，完成基于 UDP 网络数据的传输。

13.1　网络编程基础

网络编程的基础是网络通信，而网络通信建立在一系列网络协议的基础上。TCP/IP 协议与 UDP 协议可以说是常用的网络协议。

13.1.1　网络协议

网络协议是计算机网络数据进行彼此交换而建立起的规则、标准或约定的集合。通俗地讲，就是计算机网络中设备彼此之间交流的方式，正如我与你的交谈，我们使用的是普通话，而这普通话就是一种网络协议。网络协议由三部分组成：语义、语法和时序。其中语义是用来解释控制信息每个部分的意义；语法是用户数据与控制信息的结构与格式，以及数据出现的顺序；时序是对事件发生顺序的详细说明。可以这样形象地描述：语义表示要做什么，语法表示要怎么做，时序表示做的顺序。

基于网络节点之间联系的复杂性，在制定网络协议时，会通过一些层次结构简化彼此之间的联系。国际标准化组织（ISO）在 1978 年提出了"开放系统互联参考模型"，即著名的 OSI/RM 模型（Open System Interconnection/Reference Model）。它将网络协议划分为七层，自下而上依次为物理层（Physics Layer）、数据链路层（Data Link Layer）、网络层（Network Layer）、传输层（Transport Layer）、会话层（Session Layer）、表示层（Presentation Layer）和应用层（Application Layer），具体如表 13.1 所示。

表 13.1　计算机网络协议 OSI/RM 模型

层次	名称	功能描述
第 7 层	应用层（Application）	负责网络中应用程序与网络操作关系之间的联系，例如：建立和结束使用者之间的连接，管理建立相互连接使用的应用资源
第 6 层	表示层（Presentation）	用于确定数据交换的格式，它能够解决应用程序之间在数据格式上的差异，并负责设备之间所需要的字符集和数据的转换
第 5 层	会话层（Session）	用户应用程序与网络层接口，它能够建立与其他设备的连接（即会话），并且能够对会话进行有效地管理
第 4 层	传输层（Transport）	提供会话层和网络层之间的传输服务，该服务从会话层获得数据，必要时对数据进行分割，然后将数据传递到网络层，并确保数据能正确无误地传送到网络层
第 3 层	网络层（Network）	能够将传输的数据封包，然后通过路由选择、分段组合等控制，将信息从源设备传送到目标设备
第 2 层	数据链路层（Data Link）	主要是修正传输过程中的错误信号，它能够提供可靠的通过物理介质传输数据的方法
第 1 层	物理层（Physical）	利用传输介质为数据链路层提供物理连接，它规范了网络硬件的特性、规格和传输速度

网络协议中较为重要的无非是 TCP/IP 协议，它是互联网的基础协议，没有它就无法上网、聊天、看视频。当然，除了 TCP/IP 协议还有 UDP 协议、ICMP 协议、HTTP 协议、DNS 协议等，如果读者想了解更多的内容，建议上网查看相关协议文档。

TCP/IP 协议不是 TCP 和 IP 协议的合称，它是因特网整个网络 TCP/IP 协议族。这个协议族的体系结构并不完全符合 OSI 七层参考模型，它由四个层次组成：网络接口层、网络层、传输层和应用层。它与 OSI 模型对应关系如表 13.2 所示。

表 13.2　TCP/IP 结构与 OSI 模型结构对应关系

TCP/IP	OSI
应用层（Telnet、FTP、HTTP、DNS、SNMP 和 SMTP 等）	应用层 表示层 会话层
传输层（TCP 和 UDP）	传输层
网络层（IP、ICMP 和 IGMP）	网络层

（续表）

TCP/IP	OSI
网络接口层（以太网、令牌环网、FDDI、IEE802.3 等）	数据链路层
	物理层

至于每层的功能及其包含的协议定义，请查找相关资料进行了解。

13.1.2　IP 地址与端口

IP（Internet Protocol）是计算机网络相互连接进行通信而设计的协议，位于 TCP/IP 协议族结构体系网络层中。它是所有计算机网络实现相互通信的一套规则，规定了计算机在因特网上进行通信时应当遵守的规则。因此，任何计算机系统只要遵守 IP 协议就可以与因特网互连互通。IP 协议也可以叫作"因特网协议"。

IP 协议是利用 IP 地址在主机之间进行传递信息，这是因特网能够运行的基础。因特网每一台主机都有一个唯一的 IP 地址。IP（指 IPV4）地址的长度为 32 位（共有 2^32 个 IP 地址），分为 4 段，每段 8 位，用十进制数字表示，每段数字范围为 0～255，段与段之间用句点隔开，如 172.168.1.100。IP 地址由网络标识号码与主机标识号码两部分组成，因此 IP 地址可分两部分组成，一部分为网络地址，另一部分为主机地址。IP 地址分为 A、B、C、D、E5 类，它们适用的类型分别为大型网络、中型网络、小型网络、多目地址及备用。常用的是 B 和 C 两类。

可以在网络和共享中心打开本地连接→详细信息查看，如图 13.1 所示。

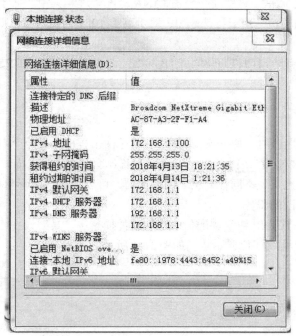

图 13.1　IP 地址查看方式一

也可以运行 cmd 进入控制台，然后输入 ipconfig 命令查看，如图 13.2 所示。

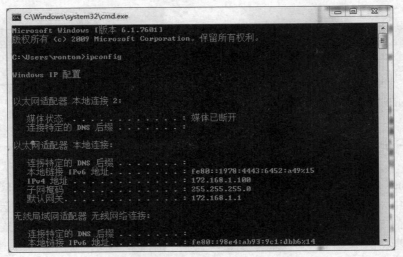

图 13.2　IP 地址查看方式二

由于 IP 地址使用纯数字不便于记忆，通常会使用主机名来代替 IP 地址，比如输入 baidu.com 就可以访问百度了，至于 baidu.com 是如何解析到 IP 地址就涉及前面所提到过的 DNS 协议。

端口是计算机与外界进行通讯交流的出入口，这个端口可指硬件接口，又可指 TCP/TIP 协议中的端口。我们这里讲述的端口是指网络中进行通信的通信协议端口，是一种抽象的软件结构，包含一些数据结构和基本输入输出缓冲区。端口号的范围为 0~65535，任何由 TCP/IP 提供的服务皆基于 1~1023 端口号进行通信，这些端口号由 IANA 分配管理。其中，低于 255 的端口号保留用于公共应用；255~1023 的端口号用于特殊应用；对于高于 1023 的端口号，则称为临时端口号，常用于软件服务。

常用的保留 TCP 端口号有 HTTP 80、FTP 20/21、Telnet 23、SMTP 25、DNS 53 等。

13.1.3　socket

socket 是网络通信端口的一种抽象。具体来说就是两个程序通过一个双向通信连接实现数据的交换，而这个连接的一端就是一个 socket。socket 也称作套接字，用于描述 IP 地址和端口，是一个通信链的句柄，可以用来实现不同计算机之间的通信。可以把 socket 形象地描述为一个多孔插座，不同编号的插座得到不同的服务。

socket 是应用层与 TCP/IP 协议族通信的中间软件抽象层，是架设在应用层与传输层之间的桥梁。socket 所处 TCP/IP 协议族位置示意图如图 13.3 所示。

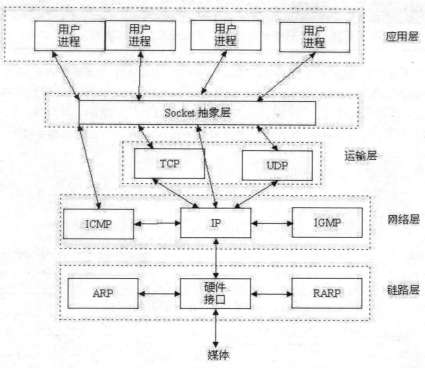

图 13.3　socket 所处 TCP/IP 协议族位置示意图

在 Python 中，通过 socket 模块实现网络通信，该模块提供了一个底层的 C API。从该模块源代码可以看出它提供了一系列函数、特殊对象、类常量等。其中 socket 类是该模块中较为重要的概念。

注　意
socket 模块提供了一个 socket 类，该类的名称是小写，正常情况下是以大写定义类名称的。

socket 类定义如下：

```
class socket(_socket.socket):
    def __init__(self, family=AF_INET, type=SOCK_STREAM, proto=0, fileno=None):
        pass
```

从该类的定义来看，它是 _socket.socket 的子类，根据给定的地址簇、套接字类型和协议号创建一个新的 socket。因此，我们可以看出套接字是通过（address family）和套接字类型（socket type）两个主要属性控制如何发送数据的，其中地址簇控制所用 OSI 网络层协议，套接字类型控制传输层协议。

套接字地址簇可取值有 AF_INET（默认）、AF_INET6、AF_UNIX、AF_CAN 或 AF_RDS 等。常用的是 AF_INET，用于 IPv4 Internet 寻址。AF_INIET6 用于 IPv6 Internet 寻址。AF_UNIX 是 UNIX 域套接字（UDS）的地址簇，是一种 POSIX 兼容系统上的进程间通讯协议。UDS 的实现通常允许操作系统直接从进程向进程传递数据而不需通过网络栈，因此 UDS 比 AF_INET 更为高效。

套接字类型可以为 SOCK_STREAM（默认）、SOCK_DGRAM、SOCK_RAW 或为其他 SOCK_ 中的某个常量。SOCK_STREAM 对应传输控制协议（TCP），TCP 传输需要握手或其他设置过程，因此能够确保每条消息只传送一次，并且是按正确顺序传送，从而增加了可靠性，不过会引入额外的延迟。UDP 则相反，它传送没有顺序，并且可能多次传送或不传送，适用于对顺序不太重要的协议或广播。

协议编号 proto 通常为零，可以省略。

由 socket 类创建的 socket 对象具有一系列方法及属性。我们以变量 sock 作为返回对象进行总结，如表 13.3 所示。

表 13.3　套接字方法/属性及其描述

名称	描述
服务器套接字方法	
sock.bind()	将地址（主机名、端口号对）绑定到套接字上
sock.listen()	设置并启动 TCP 监听器
sock.accept()	被动接受 TCP 客户端连接，一直等待直到连接到达（阻塞）
客户端套接字方法	
sock.connect()	主动发起 TCP 服务器连接
sock.connect_ex()	connect()的扩展版本，此时会以错误码的形式返回问题，而不是抛出一个异常
普通的套接字方法	
sock.recv()	接收 TCP 消息
sock.recv_into()	接收 TCP 消息到指定的缓冲区
sock.send()	发送 TCP 消息
sock.sendall()	完整地发送 TCP 消息
sock.recvfrom()	接收 UDP 消息
sock.recvfrom_into()	接收 UDP 消息到指定的缓冲区
sock.sendto()	发送 UDP 消息
sock.getpeername()	连接到套接字（TCP）的远程地址
sock.getsockname()	当前套接字的地址
sock.getsockopt()	返回给定套接字选项的值
sock.shutdown()	关闭连接
sock.share()	复制套接字并准备与目标进程共享
sock.close()	关闭套接字
sock.detach()	在未关闭文件描述符的情况下关闭套接字，返回文件描述符
sock.ioctl()	控制套接字的模式（仅支持 Windows）
面向阻塞的套接字方法	

（续表）

名称	描述
sock.setblocking()	设置套接字的阻塞或非阻塞模式
sock.gettimeout()	获取阻塞套接字操作的超时时间
面向文件的套接字方法	
sock.fileno()	套接字的文件描述符
sock.makefile()	创建与套接字关联的文件对象
数据属性	
sock.family	套接字家族
sock.type	套接字类型
sock.proto	套接字协议

当然，socket 模块除了 socket 类外，还有一些功能函数、常量及异常。这里仅对一些常用的功能函数做简单介绍。

socket.socketpair()函数根据给定的地址簇、套接字类型和协议号创建一对已连接的socket 对象。

注　　意

该函数在 Python 3.5 才支持 Windows。

socket.create_connection()函数创建一个 TCP 服务监听网络地址（一维数组(主机、端口)）的连接，并返回套接字对象。这个函数是比 socket.connect()更为高级的函数，如果主机是一个非数字的主机名，它将试图解析 AF_INET 和 AF_INET6，然后尝试连接所有可能的地址，直到连接成功。这使它易于编写 IPv4 和 IPv6 是兼容的客户端程序。

socket.SocketType 为套接字对象类型的 Python 类型对象，等同于 type(socket(…))。

socket.getaddrinfo()函数将主机/端口参数转换为五元组序列，该序列包含创建连接服务套接字的所有参数。参数 host 和 port 为必选，参数 type、proto、flags 皆为 0。

```
In [1]: import socket

In [2]: socket.getaddrinfo("baidu.com", port=80)
Out[2]:
[(<AddressFamily.AF_INET: 2>, 0, 0, '', ('111.13.101.208', 80)),
 (<AddressFamily.AF_INET: 2>, 0, 0, '', ('220.181.57.216', 80))]
```

从返回结果可以看到域名所对应的 IP 地址，也可以得知百度域名对应的 IP 有两个。事实上该函数返回的五元组结构(family, type, proto, canonname, sockaddr)如下：

```
In [3]: socket.getaddrinfo("example.org", 80, proto=socket.IPPROTO_TCP)
Out[3]:
[(<AddressFamily.AF_INET: 2>, 0, 6, '', ('93.184.216.34', 80)),
 (<AddressFamily.AF_INET6: 23>,
  0,
  6,
  '',
  ('2606:2800:220:1:248:1893:25c8:1946', 80, 0, 0))]
```

从上面两个实例看出，sockaddr 在 IPv4 上是一个二元组(addess, port)，在 IPv6 上是一个四元组(address, port, flow into, scope id)。

socket.getfqdn()函数返回限制域名名称。如果参数 name 为省略或空，就解释为本地主机。下面用代码演示：

```
In [6]: socket.getfqdn()
Out[6]: 'rontom-PC'

In [7]: socket.getfqdn('baidu.com')
Out[7]: 'baidu.com'

In [8]: socket.getfqdn('111.13.101.208')
Out[8]: '111.13.101.208'
```

socket.gethostbyname()函数将主机名转换为 IPv4 地址格式。参数 hostname 既可为主机名也可为 IPv4 地址。为 IPv4 地址返回不变。

注　意

该函数不支持 IPv6 名称解析。

```
In [9]: socket.gethostbyname('baidu.com')
Out[9]: '111.13.101.208'

In [10]: socket.gethostbyname('111.13.101.208')
Out[10]: '111.13.101.208'
```

socket.gethostbyname_ex()转主机为 IPv4 地址格式的扩展接口。返回一个三元组(hostname, aliaslist, ipaddrlist)，其中 aliaslist 列表（可能为空）的替代为同一地址，主机名可能对应 ipaddrlist 的元素不只一个。

```
In [12]: socket.gethostbyname_ex('baidu.com')
Out[12]: ('baidu.com', [], ['220.181.57.216', '111.13.101.208'])
```

从代码中可以看到主机 baidu.com 对应了两个 IP 地址。

socket.gethostname()返回包含机器主机名的字符串，执行于 Python 解析器中。

```
In [13]: socket.gethostname()
Out[13]: 'rontom-PC'
```

更多的信息可以查看表 13.4，该表对整个 socket 模块的属性、异常、方法进行了说明。

表 13.4　socket 模块属性、异常、方法及其描述

属性名称	功能描述
数据属性	
AF_UNIX、AF_INET、AF_INET6 、AF_NETLINK 、AF_TIPC	Python 中支持的套接字地址家族
SO_STREAM、SO_DGRAM	套接字类型（TCP=流，UDP=数据报）
has_ipv6	指示是否支持 IPv6 的布尔标记
异常	

（续表）

属性名称	功能描述
error	套接字相关错误
herror	主机和地址相关错误
gaierror	地址相关错误
timeout	超时时间
方法	
socket()	以给定的地址家族、套接字类型和协议类型（可选）创建一个套接字对象
socketpair()	以给定的地址家族、套接字类型和协议类型（可选）创建一对套接字对象
create_connection()	常规函数，它接收一个地址（主机名，端口号）对，返回套接字对象
fromfd()	以一个打开的文件描述符创建一个套接字对象
ssl()	通过套接字启动一个安全套接字层连接；不执行证书验证
getaddrinfo()	获取一个五元组序列形式的地址信息
getnameinfo()	给定一个套接字地址，返回（主机名，端口号）二元组
getfqdn()	返回完整的域名
gethostname()	返回当前主机名
gethostbyname()	将一个主机名映射到它的 IP 地址
gethostbyname_ex()	gethostbyname() 的扩展版本，它返回主机名、别名主机集合和 IP 地址列表
gethostbyaddr()	将一个 IP 地址映射到 DNS 信息；返回与 gethostbyname_ex() 相同的 3 元组
getprotobyname()	将一个协议名（如'tcp'）映射到一个数字
getservbyname()/getservbyport()	将一个服务名映射到一个端口号，或者反过来；对于任何一个函数来说协议名都是可选的
ntohl()/ntohs()	将来自网络的整数转换为主机字节顺序
htonl()/htons()	将来自主机的整数转换为网络字节顺序
inet_aton()/inet_ntoa()	将 IP 地址八进制字符串转换成 32 位的包格式，或者反过来（仅用于 IPv4 地址）
inet_pton()/inet_ntop()	将 IP 地址字符串转换成打包的二进制格式，或者反过来（同时适用于 IPv4 和 IPv6 地址）
getdefaulttimeout()/setdefaulttimeout()	以秒（浮点数）为单位返回默认套接字超时时间；以秒（浮点数）单位设置默认套接字超时时间

接下来将利用 socket 模块处理网络程序。

13.2 使用 TCP 的服务器与客户端

传输控制协议（Transmission Control Protocol，TCP）是一种面向连接的、可靠的、基于字节流的传输层通信协议，由 IETF 的 RFC 793 定义。位于 IP/TCP 模型中的传输层，即处在 IP 层之上、应用层之下的中间层，因此它的数据传输必须经过 IP 层。

从 TCP 定义来看，TCP 协议是一种可靠的协议，用于在不可靠的互联网络上提供可靠、端对端的字节流传输服务。

当应用层向 TCP 层发送用于网间传输、用 8 位字节表示的数据流，TCP 则把数据流分割成适当长度的报文段，然后将离散的报文组装成比特流。为了保障数据的可靠传输，会对从应用层传送到 TCP 实体的数据进行监管并提供重发机制。

13.2.1 TCP 工作原理

TCP 为了保证数据不发生丢失，对传输数据按字节进行了编号，编号的目的是为了保证传送到接收端的数据能够按序接收。接收端会对已经接收的数据发回一个确认。若发送端在规定时间内未收到有编号的数据时，则将重新传送前面的数据。

TCP 并不会像我们一样使用顺序的整数作为数据包的编号，而是通过一个计数器记录发送的字节数。举个例子，如果数据流被切割为几个包，其中某个包大小为 1024 字节，序号为 3600，那么下一个数据包的序号就是 4624。这说明网络栈无须记录数据流是如何分割成数据包的，而且 TCP 初始序列号是随机选择的，这样可以避免 TCP 序号易于猜测而被伪造数据进行欺骗或攻击。

TCP 无须按照数据包依次发送，它可以一次性发送多个数据包，对通过发送方同时传输的数据量大小进行减缓或暂停，即所谓的流量控制。

TCP 如果发现数据包丢弃，就会减少每秒发送的数据量。

根据前面所讲的 socket 模块，我们如何进行 TCP 通信呢？

首先从服务器开始，初始化 Socket，然后绑定（bind）端口并对端口进行监听（listen），最后调用 accept 阻塞，等待客户端连接。客户端发送数据请求，服务器端接收请求并处理请求，然后把回应数据发送给客户端，客户端读取数据，最后关闭连接，一次交互结束。

TCP 通信模式如图 13.4 所示。

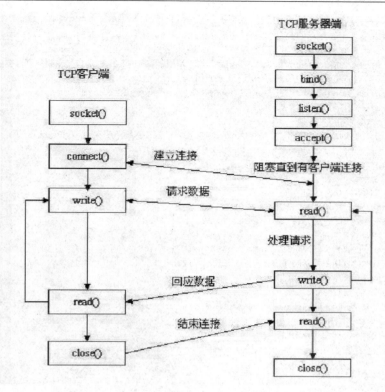

图 13.4 TCP 通信模式

13.2.2 TCP 服务器的实现

在使用 Python 进行网络编程时，大部分网络通信是基于 TCP 的，当然也有可能基于下节要讲的 UDP。

【示例 13-1】

我们将使用 socket 模块相关知识实现一个简易的 TCP 服务器。首先创建一个 TcpServer.py 文件，输入如下代码：

```
01    import socket
02    from time import ctime
03
04    HOST = 'localhost'
05    PORT = 5008
06    BUF_SIZE = 1024
07    ADDRESS = (HOST, PORT)
08
09    if __name__ == '__main__':
10        # 新建 socket 连接
11        server_socket = socket.socket(sqcket.AF_INET, socket.SOCK_STREAM)
12        # 将套接字与指定的 ip 和端口相连
13        server_socket.bind(ADDRESS)
14        # 启动监听，并将最大连接数设为 5
15        server_socket.listen(5)
```

```
16    print("[***] 正在监听: %s:%d" % (HOST, PORT))
17    # setsocketopt()函数用来设置选项，结构是 setsocketopt(level, optname, value)
18    # level 定义了哪个选项将被使用，通常是 SOL_SOCKET,意思是正在使用的 socket 选项。
19    # socket.SO_REUSEADDR 表示 socket 关闭后，本地端用于该 socket 的端口号立刻就可以被重用。
20    # 通常来说，只有经过系统定义一段时间后才能被重用。
21    server_socket.setsockopt(socket.SOL_SOCKET, socket.SO_REUSEADDR, 1)
22    while True:
23        print(u'服务器等待连接...')
24    # 当有连接时，将接收到的套接字存到 client_sock 中，远程连接细节保存到 address 中
25        client_sock, address = server_socket.accept()
26        print(u'连接客户端地址: ', address)
27        while True:
28            # 打印客户端发送的消息
29            data = client_sock.recv(BUF_SIZE)
30            if not data or data.decode('utf-8') == 'END':
31                break
32            print("来自客户端信息: %s" % data.decode('utf-8'))
33            print("发送服务器时间给客户端: %s" % ctime())
34            try:
35                # 发送时间
36                client_sock.send(bytes(ctime(), 'utf-8'))
37            except KeyboardInterrupt:
38                print("用户取消")
39        # 关闭客户端 socket
40        client_sock.close()
41    # 关闭 socket
42    server_socket.close()
```

代码注释写得很清楚了，这里就不对代码做进一步的解释了。运行上面的代码，结果如图 13.5 所示。

图 13.5　TcpServer.py 运行结果

TcpServer.py 运行结果说明 TCP 服务器已经启动，等待客户端的连接。

13.2.3　TCP 客户端的实现

【示例 13-2】

为了便于理解 TCP 连接，我们使用 TcpServer.py 提供端口和服务。在文件 TcpServer.py 同目录下创建一个 TcpClient.py 文件，输入代码如下：

```
01    import socket
02    import sys
03
04    HOST = 'localhost'
05    PORT = 5008
```

```
06
07    if __name__ == '__main__':
08        try:
09            sock = socket.socket(socket.AF_INET, socket.SOCK_STREAM)
10        except socket.error as err:
11            print(u"创建 socket 实例失败")
12            print(u"原因：%s" % str(err))
13            sys.exit();
14
15        print(u"socket 实例创建成功！")
16        try:
17            sock.connect((HOST, int(PORT)))
18            print(u"Socket 已经连接上目标主机：%s，连接的目标主机端口：%s" % (HOST, PORT))
19            sock.shutdown(2)
20        except socket.error as err:
21            print(u"连接主机：%s 端口：%s 失败！" % (HOST, PORT))
22            print(u"原因：%s" % str(err))
23        sys.exit();
```

这里使用的主机和端口与 TcpServer.py 相对应，便于测试连接情况。运行结果如图 13.6 所示。

图 13.6　TcpClient.py 运行结果

我们可以修改一下 TcpClient.py，通过用户输入 TCP 服务器地址和端口进行测试连接。

【示例 13-3】

新建文件 TcpClientEx.py，输入如下代码：

```
01    import socket
02    import sys
03
04    if __name__ == '__main__':
05        try:
06            sock = socket.socket(socket.AF_INET, socket.SOCK_STREAM)
07        except socket.error as err:
```

```
08              print(u"创建 socket 实例失败")
09              print(u"原因: %s" % str(err))
10              sys.exit();
11
12      print(u"socket 实例创建成功!")
13
14      HOST = input(u"输入目标主机: ")
15      PORN = input(u"输入目标主机端口: ")
16
17      try:
18              sock.connect((HOST, int(PORN)))
19              print(u"Socket 已经连接上目标主机: %s，连接的目标主机端口: %s" % (HOST, PORN))
20              sock.shutdown(2)
21      except socket.error as err:
22              print(u"连接主机: %s 端口: %s 失败！" % (HOST, PORN))
23              print(u"原因: %s" % str(err))
24      sys.exit();
```

运行结果如图 13.7 所示。

图 13.7　TcpClientEx.py 运行结果

13.3　使用 UDP 的服务器与客户端

用户数据报协议（User Datagram Protocol，UDP）是 OSI 参考模型中一种无连接的传输层协议，它提供面向事务的简单不可靠信息传送服务。

与 TCP 协议一样，UDP 在网络中用于处理数据包，不过它只负责将应用层的数据发送出去，不具备差错控制和流量控制功能。因此在传送过程中如果数据出错须由高层协议处理。由于 UDP 不需要具备差错控制和流量控制等功能的开销使得数据传输效率高、延时小，适合对可靠性要求不高的应用，如视频点播、QQ 等。

13.3.1　UDP 工作原理

UDP 使用底层互联网协议传送报文，提供不可靠的、无连接的数据包传输服务。UDP 在 IP 报文的协议号为 17，其报文是封装在 IP 数据报中进行传输的。UDP 报文由 UDP 源端口字段、UDP 目标端口字段、UDP 报文长度字段、UDP 校验和字段及数据区组成。首先通过端口机制进行复用和分解，每个 UDP 应用程序在发送数据报文之前必须与操作系统协商获取相应的协议端口及端口号，然后根据目的端口号进行分解，接收端使用 UDP 的校验和进行确认，以查看 UDP 报文是否正确到达目标主机的相应端口。

13.3.2　UDP 服务器的实现

由于 UDP 无须进行流量控制和差错控制，因此 UDP 服务器相比 TCP 服务器会简单很多。

【示例 13-4】

我们使用之前讲的 socket 模块实现一个简单 UDP 服务器。新建 UdpServer.py 文件，输入如下代码：

```
01    import socket
02
03    MAX_SIZE = 5600
04    # 新建 socket 连接
05    sock = socket.socket(socket.AF_INET, socket.SOCK_DGRAM)
06    # 绑定主机和端口，主机为空表示任意主机
07    sock.bind(('localhost', 8005))
08
09    while True:
10        print(u'服务器等待连接...')
11        # 当有连接时，将接收到的数据存到 data 中，远程连接细节保存到 address 中
12        # MAX_SIZE 表示可接收最长为 5600 字节的信息
13        data, address = sock.recvfrom(MAX_SIZE)
14        data = data.decode()
15        resp = "UDP 服务器在发送数据"
16        # 发送数据包
17        sock.sendto(resp.encode(), address)
```

UDP 与 TCP 新建 socket 连接不同的是 socket.socket() 第二个参数，TCP 使用 socket.SOCK_STREAM，而 UDP 使用 socket.SOCK_DGRAM。上述代码运行结果如图 13.8 所示。在网络传输发送接收数据以 bytes 进行，而不是 string，不然会报错：TypeError: a bytes-like object is required, not 'str'，因此在传输过程可以通过 encode() 或 decode() 进行编码或解码。如果是 str 转 bytes，就进行编码，比如上面代码要发送 resp 消息时必须进行编码以转成 bytes；如果是 bytes，就通过 decode() 进行解码。

图 13.8　UdpServer.py 运行结果

13.3.3　UDP 客户端的实现

【示例 13-5】

我们可以根据 UdpServer.py 创建一个客户端 UdpClient.py 以发送一些数据到 UDP 服务器进行验证，代码如下：

```
01    import socket
02
03    MAX_SIZE = 5600
04    # 新建 socket 连接
05    sock = socket.socket(socket.AF_INET, socket.SOCK_DGRAM)
06
07    MESSAGE = "UDP 服务器，你好！[握手中...]"
08
09    if __name__ == "__main__":
10        # 输入主机
11        HOST = input(u"输入目标主机: ")
12        # 输入端口
13        PORT = int(input(u"输入目标主机端口: "))
14        # 发送数据包
15        sock.sendto(MESSAGE.encode(), (HOST, PORT))
16        data, address = sock.recvfrom(MAX_SIZE)
17        print("来自 UDP 的回复:")
18    print(repr(data.decode()))
```

运行代码结果如图 13.9 所示。

通过输入 UDP 服务器地址和端口，然后向其发送数据，端口 UDP 服务器接收到数据并进行解析，接着做出回复。图上的"UDP 服务器在发送数据"就是 UDP 服务器回复的数据。

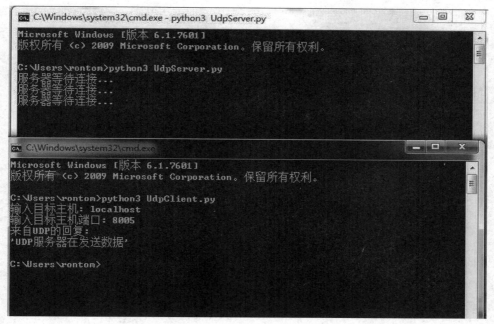

图 13.9　UdpClient.py 运行结果

13.4　网络编程实战

本节将根据前几节所学的内容创建一个简单的聊天小应用。

【示例 13-6】

新建文件 chat.py。输入如下代码：

```
01    import socket
02    import argparse
03
04    HOST = '127.0.0.1'
05    PORT = 8080
06
07    def listen_socket(host, port):
08        """ 监听 socket TCP 连接 """
09        sock = socket.socket(socket.AF_INET, socket.SOCK_STREAM)
10        sock.setsockopt(socket.SOL_SOCKET, socket.SO_REUSEADDR, 1)
11        # 绑定端口，host 为''，表示监听所以端口
12        sock.bind((host, port))
13        # 监听最大连接数
14        sock.listen(100)
15        return sock
16
17    def receive_msg(sock):
18        """ 解析数到数据 """
19        data = bytearray()
20        msg = ''
```

```
21          # 以及字节存储
22      while not msg:
23          recv = sock.recv(4096)
24          if not recv:
25              # 关闭 socket
26              raise ConnectionError()
27          data = data + recv
28          if b'\0' in recv:
29              # 判断收到数据，'\0'一直是最后的那个特征值。
30              msg = data.rstrip(b'\0')
31      msg = msg.decode('utf-8')
32      return msg
33
34  def prep_msg(msg):
35      """ 发送消息 """
36      msg += '\0'
37      return msg.encode('utf-8')
38
39  def send_msg(sock, msg):
40      """ 准备发送消息"""
41      data = prep_msg(msg)
42      sock.sendall(data)
43
44  def handle_client(sock, addr):
45      """ 接收客户端数据并回复 """
46      try:
47          msg = receive_msg(sock)  # 完成数据的接收
48          print('{}: {}'.format(addr, msg))
49          send_msg(sock, msg)  # 发送数据
50      except (ConnectionError, BrokenPipeError):
51          print('Socket 错误')
52      finally:
53          print('与{}连接关闭'.format(addr))
54          sock.close()
55
56  def server():
57      listen_sock = listen_socket(HOST, PORT)
58      addr = listen_sock.getsockname()
59      print('正在监听：{}'.format(addr))
60      while True:
61          client_sock, addr = listen_sock.accept()
62          print('连接来自：{}'.format(addr))
63          handle_client(client_sock, addr)
64
65  def client():
66      sock = socket.socket(socket.AF_INET, socket.SOCK_STREAM)
67      sock.connect((HOST, PORT))
68      while True:
69          try:
70              print('\n已经连接{}:{}'.format(HOST, PORT))
71              print("输入信息，按'enter'发送，'q'键取消")
72              msg = input()
73              if msg == 'q': break
74              send_msg(sock, msg)
75              print('发送消息：{}'.format(msg))
```

```
76              msg = receive_msg(sock)
77              print('收到回复: ' + msg)
78         except ConnectionError:
79              print('Socket 错误')
80              break
81
82         finally:
83              sock.close()
84              print('关闭连接\n')
85
86  if __name__ == '__main__':
87      choices = {'client': client, 'server': server}
88      parser = argparse.ArgumentParser(description='聊天小应用')
89      parser.add_argument('role', choices=choices, help='选择角色: client ,或者 server。')
90      args = parser.parse_args()
91      execute = choices[args.role]
92      execute()
```

这个小应用不同于之前讲的地方是，这里将客户端和服务端写在了同一个文件中，通过控制台输入命令行参数执行。

执行 python chat.py 会报如下错误：

```
usage: chat.py [-h] {client,server}
chat.py: error: the following arguments are required: role
```

原因是需要添加角色：client 或 server。执行 python chat.py server，结果如图 13.10 所示。

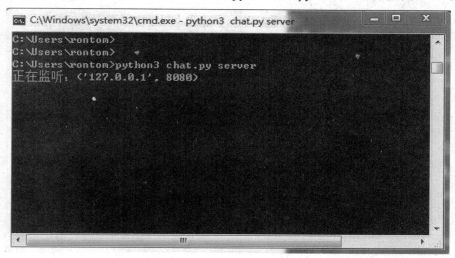

图 13.10　chat.py server 运行结果

说　　明

笔者的系统环境安装了两个版本，Python 2 用于指向版本 2.7，Python 3 用于指向版本 Python 3.6，读者在图中看到的 python3 chat.py server 相当于 python chat.py server 执行，因为我们是以 Python 3.x 进行讲解的。

执行 python chat.py client，结果如图 13.11 所示。

图 13.11　chat.py client 运行结果

　　输入信息后按 Enter 键，将会发送输入的信息到服务端，执行了 client()函数，服务器接到客户端发来信息，然后进行响应回复，执行了 server()函数。

　　代码中引用了 Python 标准库模块 argparse。该模块主要用于解析命令行参数，编写用户友好的命令行界面，同时该模块可以生成帮助信息，并且在所给参数无效时可以报错。使用 argparse 需要创建一个 ArgumentParser 对象，然后对该对象通过 add_argument()添加参数。

第 14 章

urllib 工具包——网络爬虫编程

urllib 是 Python 用来处理 Url 的工具包，源代码位于/Lib/下，其中包含 request、error、parse 及 robotparser 模块。request 模块用于打开及读写 urls，包含由 request 模块引起异常的 error 模块；parse 模块用于解析 urls；robotparser 模块用于分析 robots.txt 文件。本章将利用 urllib 工具包讲解网络爬虫（本书也称爬虫），毕竟爬虫在如今大数据采集中显得尤为重要。

本章主要涉及的知识点有：

- Python 2.x 与 Python 3.x 的 urllib*的不同处：掌握其不同，便于以后出现相关问题知道是版本不同所导致的。
- request、error、parse 和 robotparser 4 个模块的介绍：熟悉应用这些模块以便更好地进行网络爬虫实战。
- urllib 网络爬虫：实战体验 urllib 网络爬虫，掌握基本的网络爬虫方案。

14.1   urllib、urllib2 与 urllib3 的异同

简单地说，Python 2.x 包含 urllib、urllib2 模块，Python 3.x 把 urllib、urllib2 及 urlparse 都合成到 urllib 包中，而 urllib3 是新增的第三方工具包。因此我们可以看出 Python 3.x 不像 Python 2.x 模块那样散乱，而是将相关的一些模块打成包，这样便于模块调用及其持续维护。

注　　意
如果在控制台中报 "No module named urllib2"，说明你安装的是 Python 3.x 环境，而代码是按 Python 2.x 编写的。

遇到像"No module named urllib2""No module named parse.urlparse"等错误问题，几乎都是因为 Python 版本不同导致的。表 14.1 为 Python 2.x 下的 urllib、urllib2、urlparse 模块及 Python 3.x 下 urllib 包中不同函数或类的调取方式。

表 14.1　urllib、urllib2、urlparse 模块及 urllib 包不同函数或类调取方式

Python 3.x 类/函数	Python 2 类/函数
urllib.request.urlretrieve()	urllib.urlretrieve()
urllib.request.urlcleanup()	urllib.urlcleanup()
urllib.parse.quote()	urllib.quote()
urllib.parse.quote_plus()	urllib.quote_plus()
urllib.parse.unquote()	urllib.unquote()
urllib.parse.unquote_plus()	urllib.unquote_plus()
urllib.parse.urlencode()	urllib.urlencode()
urllib.request.pathname2url()	urllib.pathname2url()
urllib.request.url2pathname()	urllib.url2pathname()
urllib.request.getproxies()	urllib.getproxies()
urllib.request.URLopener	urllib.URLopener
urllib.request.FancyURLopener	urllib.FancyURLopener
urllib.error.ContentTooShortError	urllib.ContentTooShortError
urllib.request.urlopen()	urllib2.urlopen()
urllib.request.install_opener()	urllib2.install_opener()
urllib.request.build_opener()	urllib2.build_opener()
urllib.error.URLError	urllib2.URLError
urllib.error.HTTPError	urllib2.HTTPError
urllib.request.Request	urllib2.Request
urllib.request.OpenerDirector	urllib2.OpenerDirector
urllib.request.BaseHandler	urllib2.BaseHandler
urllib.request.HTTPDefaultErrorHandler	urllib2.HTTPDefaultErrorHandler
urllib.request.HTTPRedirectHandler	urllib2.HTTPRedirectHandler
urllib.request.HTTPCookieProcessor	urllib2.HTTPCookieProcessor
urllib.request.ProxyHandler	urllib2.ProxyHandler
urllib.request.HTTPPasswordMgr	urllib2.HTTPPasswordMgr
urllib.request.HTTPPasswordMgrWithDefaultRealm	urllib2.HTTPPasswordMgrWithDefaultRealm
urllib.request.AbstractBasicAuthHandler	urllib2.AbstractBasicAuthHandler
urllib.request.HTTPBasicAuthHandler	urllib2.HTTPBasicAuthHandler
urllib.request.ProxyBasicAuthHandler	urllib2.ProxyBasicAuthHandler
urllib.request.AbstractDigestAuthHandler	urllib2.AbstractDigestAuthHandler
urllib.request.HTTPDigestAuthHandler	urllib2.HTTPDigestAuthHandler
urllib.request.ProxyDigestAuthHandler	urllib2.ProxyDigestAuthHandler
urllib.request.HTTPHandler	urllib2.HTTPHandler
urllib.request.HTTPSHandler	urllib2.HTTPSHandler
urllib.request.FileHandler	urllib2.FileHandler

（续表）

Python 3.x 类/函数	Python 2 类/函数
urllib.request.FTPHandler	urllib2.FTPHandler
urllib.request.CacheFTPHandler	urllib2.CacheFTPHandler
urllib.request.UnknownHandler	urllib2.UnknownHandler
urllib.parse.urlparse	urlparse.urlparse
urllib.parse.urlunparse	urlparse.urlunparse
urllib.parse.urljoin	urlparse.urljoin
urllib.parse.urldefrag	urlparse.urldefrag
urllib.parse.urlsplit	urlparse.urlsplit
urllib.parse.urlunsplit	urlparse.urlunsplit
urllib.parse.parse_qs	urlparse.parse_qs
urllib.parse.parse_qsl	urlparse.parse_qsl
……	……

关于 urllib 包下的 4 个模块有关函数或类将在下面几节分开进行讲解。

上面提到的 urllib3 工具包是一个功能强大的、条理清晰的、用于 HTTP 客户端的 Python 库。它提供了许多 Python 标准库里所没有的重要特性：线程安全、连接池、客户端 SSL/TLS 验证、文件编码上传、协助处理重复请求和 HTTP 重定位、支持压缩编码、支持 HTTP 和 SOCKS 代理、100% 测试覆盖率等。

urllib3 安装很简单，可直接通过 pip 进行安装：

```
C:\Users\rontom> pip install urllib3
```

如果想使用最新代码，可从 GitHub 下载并安装，或者通过 git 客户端安装：

```
C:\Users\rontom> git clone git://github.com/shazow/urllib3.git
C:\Users\rontom> python setup.py install
```

关于 urllib3 有关函数或类的调用不做太多讲解，举个简单的例子：

```
>>>import urllib3
>>>http = urllib3.PoolManger()
>>>req = http.request('GET', 'http://www.akaros.cn')
>>>print(req.status)
200
```

如果读者想更多了解 urllib3 包，可访问其文档地址 https://urllib3.readthedocs.io/en/latest/。

14.2　request 模块

urllib.request 模块定义了在身份认证、重定向、cookies 等应用中打开 url（主要是 HTTP）的函数和类。

在这里需要提及一下 request 包，该包用于非底层的、高级的 HTTP 客户端接口，它的容错能力比 request 模块强大。request 使用的是 urllib3，从其源代码 __init__.py 文件 import urllib3 语句就可以看出。它继承了 urllib2 的特性，支持 HTTP 连接保持和连接池，支持使用 cookie 保持会话，支持文件上传，支持自动解压缩，支持 Unicode 响应，支持国际化的 URL 和 POST 数据自动编码，支持 HTTP(S)代理等。显然这些功能在 Web 开发中很常见。如果读者想了解更多关于 request 包的信息，可访问其文档地址 https://requests.readthedocs.io/。

接下来对 urllib.request 模块定义的一些函数或类进行讲解。

14.2.1 urlopen()、build_opener()和 build_opener()方法

1. urllib.request.urlopen(url, data=None, [timeout,]*, cafile=None, capath=None, cadefault=False, context=None)

该函数是模块中较为重要的函数之一，用于抓取 url 数据。从函数定义可以看出，它带有不少参数，且一些参数是在版本更改中添加的。除 url 外，因为其他几个参数都带有默认值，所以调用该函数时必须带有 url 参数，该参数传进来的网址可以是一个字符串，也可以是一个 Request 对象。例子演示如下：

```
>>> from urllib import request
>>> with request.urlopen("http://www.akaros.cn") as f:
...     print(f.status)
...     print(f.getheaders())
...
200
[('Server', 'nginx/1.10.3 (Ubuntu)'), ('Date', 'Sun, 01 Apr 2018 17:48:44 GMT'),
 ('Content-Type', 'text/html; charset=utf-8'), ('Transfer-Encoding', 'chunked'),
 ('Connection', 'close'), ('Vary', 'Cookie'), ('X-Frame-Options', 'SAMEORIGIN'),
 ('Set-Cookie', 'sessionid=500jaztto29dzvwecyqsuoedtwei30xp; expires=Sun, 15-Apr
-2018 17:48:44 GMT; HttpOnly; Max-Age=1209600; Path=/')]
>>>
```

输出的是响应的状态码及响应的头信息。至于返回对象为什么有 status 属性和 getheaders()方法，后续会有介绍。

如果向服务器发送数据，那 data 参数必须是一个有数据的 bytes 对象，否则为 None。在 Python 3.2 之后可以是一个 iterable 对象。若是 iterable 对象，则 headers 中必须带 Content-Length 参数。若 http 请求使用 POST 方法，则 data 必须有数据；若使用 GET 方法，则 data 写 None 就行。

```
>>> from urllib import parse
>>> from urllib import request
>>> data = bytes(parse.urlencode({"pro": "value"}), encoding="utf8")
>>> response = request.urlopen("http://httpbin.org/post", data=data)
>>> print(response.read())
b'{\n  "args": {}, \n  "data": "", \n  "files": {}, \n  "form": {\n    "pro": "v
alue"\n  }, \n  "headers": {\n    "Accept-Encoding": "identity", \n    "Connecti
on": "close", \n    "Content-Length": "9", \n    "Content-Type": "application/x-
www-form-urlencoded", \n    "Host": "httpbin.org", \n    "User-Agent": "Python-u
rllib/3.6"\n  }, \n  "json": null, \n  "origin": "58.20.12.197", \n  "url": "htt
p://httpbin.org/post"\n}\n'
>>>
```

对数据进行 post 请求，需要转码 bytes 类型或 iterable 类型，这里通过 bytes()进行字节转换，考虑其第一个参数为字符串，需要利用 parse 模块下的 urlencode()方法对上传的数据进行字符串转换，同时指定编码格式 utf8，至于此模块及其函数将在下节进行讲解。提交到的网址 httpbin.org 可以提供 HTTP 请求测试。从返回的内容可以看到，提交以表单 form 作为属性，提交的字典作为属性值。

timeout 参数是可选的，它以秒为单位指定一个超时时间。若超过该时间，任何操作都会被阻止，如果没有指定，则默认会取 socket.GLOBAL_DEFAULT_TIMEOUT 对应的值。其实这个参数仅对 http、https 和 ftp 连接有效。

```
>>> from urllib import request
>>> response = request.urlopen("http://httpbin.org/get", timeout=1)
>>> print(response.read())
b'{\n  "args": {}, \n  "headers": {\n    "Accept-Encoding": "identity", \n    "C
onnection": "close", \n    "Host": "httpbin.org", \n    "User-Agent": "Python-ur
llib/3.6"\n  }, \n  "origin": "58.20.12.197", \n  "url": "http://httpbin.org/get
"\n}\n'
>>>
```

从上面的代码可以看到设置了超时时间是 1 秒，1 秒过后服务器没有响应，程序就会抛出 urllib.error.URLError : <urlopen error timed out> 异常。

注　意
在实际开发中，常常会使用 try…except…处理异常，这样可以根据代码异常情况进行相应地处理。

cafile、capath、cadefault 已被弃用，使用自定义 context 代替。从 context 参数定义来看：context=ssl.create_default_context(ssl.Purpose.SERVER_AUTH,cafile=cafile, capath=capath)，其必须是 ssl.SSLContext 类型，用于指定 SSL 设置。cafile 和 capath 两个参数用于指定 CA 证书和它的路径，这个在请求 HTTPS 链接时会有用。

该函数返回用作 context manager（上下文管理器）的类文件对象，并且它包含如下方法：

- geturl()：返回一个资源索引的 URL，通常重定向后的 URL 照样能 get 到。
- info()：返回页面的元信息，如头信息。
- getcode()：返回响应后的 HTTP 的状态码。

除了上述 3 个方法外，还包含 getheaders()方法及 status 和 msg 属性。示例如下：

```
>>> from urllib import request
>>> response = request.urlopen("http://httpbin.org/get")
>>> response.geturl()
'http://httpbin.org/get'
>>> response.info()
<http.client.HTTPMessage object at 0x02D01F70>
>>> response.getcode()
200
>>> response.msg
'OK'
>>> response.status
```

```
200
>>> response.getheaders()
[('Connection', 'close'), ('Server', 'meinheld/0.6.1'), ('Date', 'Thu, 05 Apr 20
18 08:42:35 GMT'), ('Content-Type', 'application/json'), ('Access-Control-Allow-
Origin', '*'), ('Access-Control-Allow-Credentials', 'true'), ('X-Powered-By', 'F
lask'), ('X-Processed-Time', '0'), ('Content-Length', '235'), ('Via', '1.1 vegur
')]
>>>
```

从代码中可以看出 geturl()返回的是请求的 url。info()返回一个 httplib.HTTPMessage 对象，表示远程服务器返回的头信息。getcode()返回 Http 状态码 200 与 status 属性值是一样的，200 说明访问正常，msg 的属性值必然为 OK。

对于 http 请求，不同的状态码对应不同的状态，常见的有 404、500 等。getcode()返回的状态码对应的问题如下：

- 1xx(informational)：请求已经收到，正在进行中；
- 2xx(successful)：请求成功接收，解析，完成；
- 3xx(Redirection)：需要重定向；
- 4xx(Client Error)：客户端问题，请求存在语法错误，网址未找到；
- 5xx(Server Error)：服务器问题。

注　　意
该函数与 Python 2.x 版本中的 urllib2.urlopen 函数功能相同。

2. urllib.request. build_opener([handler1 [handler2, ...]])

urlopen()函数不支持验证、cookie 或其他 HTTP 高级功能。要支持这些功能，必须使用 build_opener()函数创建自定义 OpenerDirector 对象，可称其为 Opener。参数 handler 是 Handler 实例，常用的有用于管理认证的 HTTPBasicAuthHandler、用于处理 Cookie 的 HTTPCookieProcessor、用于设置代理的 ProxyHandler 等。

build_opener()函数返回是 OpenerDirector 实例，并且是按给定的顺序链接处理程序的。既然作为 OpenerDirector 实例，可从 OpenerDirector 类的定义看出它具有 addheaders、handlers、handle_open、add_handler()、open()、close()等属性或方法。open()方法与 urlopen()函数的功能相同。

例子演示：

```
>>> from urllib import request
>>> opener = request.build_opener()
>>> opener.addheaders = [('User-agent','Mozilla/5.0 (iPhone; CPU iPhone OS 11_0
like Mac OS X) AppleWebKit/604.1.38 (KHTML, like Gecko) Version/11.0 Mobile/15A3
72 Safari/604.1')]
>>> opener.open('http://www.akaros.cn')
<http.client.HTTPResponse object at 0x02C2C3B0>
>>> request.urlopen('http://www.akaros.cn')
<http.client.HTTPResponse object at 0x02C2C410>
>>>
```

通过如上代码修改 http 报头进行 HTTP 高级功能操作，然后利用返回对象 open()进行请求，返回结果与 urlopen()一样，只是内存的位置不同而已。

实际上 urllib.request.urlopen()方法就是一个 Opener，如果安装启动器没有使用 urlopen 启动的话，那么调用的只是 OpenerDirector.open()方法而已。如何设置默认全局启动器呢？这将涉及一个新的函数。

3. urllib.request. install_opener(opener)

安装 OpenerDirector 实例作为默认全局启动器，代码示例如下：

```
>>> from urllib import request
>>> auth_handler = request.HTTPBasicAuthHandler()
>>> auth_handler.add_password('admin', 'http://www.akaros.cn', 'akaros', '123456
78')
>>> opener = request.build_opener(auth_handler)
>>> request.install_opener(opener)
>>> request.urlopen('http://www.akaros.cn')
<http.client.HTTPResponse object at 0x02C2C8B0>
>>>
```

首先导入 request 模块，实例化一个 HTTPBasicAuthHandler 对象，然后通过 add_password() 添加用户名和密码，建立一个认证处理器，并利用 urllib.request.build_opener() 方法调用该处理器构建 Opener，使其作为默认全局启动器 ，这样 Opener 在发送请求时就具备了认证功能，最后通过 Opener 的 open() 方法打开链接完成认证。当然，这个实例是无法跑通的，因为所访问的 url 无法直接输入用户名和密码。

除了上述方法外，还有将路径转换为 URL 的 pathname2url(path)、将 URL 转换为路径的 url2pathname(path)，以及返回方案至代理服务器 URL 映射字典的 getproxies()等。

14.2.2　Request 类

一般情况下，基本 url 请求使用 urlopen()就可以胜任。如果我们需要添加 headers 信息的话，那么就得考虑使用更为强大的 Request 类了，该类是 url 请求的抽象，包含许多参数并定义一系列的属性和方法。

1. 定义

```
class urllib.request.Request(url, data=None, headers={}, origin_req_host=None, unverifiab
le=False,method=None)
```

参数 url 为有效网址的字符串，等同于 urlopen()方法的 url 参数，data 也一样。headers 很明显是一个字典，可以通过 add_header()以键值进行调用。它通常用于模拟爬虫或 Web 请求时，更改 User-Agent 标头值参数发出请求的场合。origin_req_host 为原始请求主机，比如请求的是针对 HTML 文档中的图像，则该请求是包含图像页面请求的请求主机。Unverifiable 表示请求是否无法验证。method 表示使用的 HTTP 请求方法，常用的有 GET、GET、PUT、HEAD、DELETE 等。

```
>>> from urllib import request
>>> from urllib import parse
>>> data = parse.urlencode({"name":"akaros"}).encode('utf-8')
>>> headers = {'User-Agent':'Mozilla/5.0 (Windows NT 10.0; WOW64) AppleWebKit/53
7.36 (KHTML, like Gecko) Chrome/50.0.2661.102 Safari/537.36'}
>>> req = request.Request(url="http://httpbin.org/post", data=data, headers=head
```

```
ers, method="POST")
>>> response = request.urlopen(req)
>>> response.read()
b'{\n  "args": {}, \n  "data": "", \n  "files": {}, \n  "form": {\n    "name": "
akaros"\n  }, \n  "headers": {\n    "Accept-Encoding": "identity", \n    "Connec
tion": "close", \n    "Content-Length": "11", \n    "Content-Type": "application
/x-www-form-urlencoded", \n    "Host": "httpbin.org", \n    "User-Agent": "Mozil
la/5.0 (Windows NT 10.0; WOW64) AppleWebKit/537.36 (KHTML, like Gecko) Chrome/50
.0.2661.102 Safari/537.36"\n  }, \n  "json": null, \n  "origin": "110.53.189.118
", \n  "url": "http://httpbin.org/post"\n}\n'
>>>
```

记得 data 参数必须是字节流类型的，这些内容在前面就已经涉及了，不同的地方在于调用是使用 Request 类进行请求。

2. 属性方法

（1）Request.full_url

从下面的代码定义可以看出 Request.full_url 是函数属性化处理，通过添加修饰器@property 将原始 URL 传递给构造函数。

```
class Request:
......
    @property
    def full_url(self):
        if self.fragment:
            return '{}#{}'.format(self._full_url, self.fragment)
        return self._full_url

    @full_url.setter
    def full_url(self, url):
        # unwrap('<URL:type://host/path>') --> 'type://host/path'
        self._full_url = unwrap(url)
        self._full_url, self.fragment = splittag(self._full_url)
        self._parse()

    @full_url.deleter
    def full_url(self):
        self._full_url = None
        self.fragment = None
        self.selector = ''

......
```

可以看出 full_url 属性包含 setter、getter 和 deleter。如果原始请求 URL 片段存在的话，得到的 full_url 将返回原始请求 URL 片段。

例子演示：

```
In [1]: from urllib import request

In [2]: from urllib import parse

In [3]: req = request.Request('http://www.akaros.cn')
```

```
In [7]: def request_host(request):
   ...:     url = request.full_url
   ...:     host = parse.urlparse(url)[1]
   ...:     if host == "":
   ...:         host = request.get_header("HOST","")
   ...:     return host.lower()
   ...:
   ...:
In [8]: request_host(req)
Out[8]: 'www.akaros.cn'
```

在定义 request_host()函数中可以看出，先获取请求对象的 url，然后解析该 url 取得其主机地址。

（2）Request.type

获取请求对象的协议类型。

接上面的代码：

```
In [11]: req.type
Out[11]: 'http'
```

（3）Request.host

获取 URL 主机，可能包含有端口的主机。

```
In [12]: req.host
Out[12]: 'www.akaros.cn'
```

（4）Request.orgin_req_host

发出请求的原生主机，没有端口。

```
In [14]: req.origin_req_host
Out[14]: 'www.akaros.cn'
```

其他属性不做介绍，如 selector、data、method 等，读者需要时可自行查阅文档。

（5）Request.get_method()

返回显示 HTTP 请求方法的字符串。如果 Request.method 不是 None，则返回其他值；否则返回 'GET'。如果 Request.data 是 None，则返回 'POST'。这是唯一有意义的 HTTP 请求。

注　意

Python 3.3+版本的变化：get_method 是 Request.method 的新形式。

```
In [21]: from urllib import request

In [22]: req = request.Request('http://www.python.org', method='HEAD')

In [23]: req.get_method()
Out[23]: 'HEAD'
```

（6）Request. add_header(key, val)

向请求中添加标头。

```
In [26]: from urllib import request
```

```
In [27]: from urllib import parse

In [28]: data = bytes(parse.urlencode({'name':'akaros'}), encoding='utf-8')

In [29]: req = request.Request('http://httpbin.org/post',data, method='POST')

In [30]: req.add_header('User-agent','Mozilla/5.0 (iPhone; CPU iPhone OS 11_0 l
    ...: ike Mac OS X) AppleWebKit/604.1.38 (KHTML, like Gecko) Version/11.0 Mo
    ...: bile/15A372 Safari/604.1')

In [31]: response = request.urlopen(req)

In [32]: print(response.read().decode('utf-8'))
{
  "args": {},
  "data": "",
  "files": {},
  "form": {
    "name": "akaros"
  },
  "headers": {
    "Accept-Encoding": "identity",
    "Connection": "close",
    "Content-Length": "11",
    "Content-Type": "application/x-www-form-urlencoded",
    "Host": "httpbin.org",
    "User-Agent": "Mozilla/5.0 (iPhone; CPU iPhone OS 11_0 like Mac OS X) AppleW
ebKit/604.1.38 (KHTML, like Gecko) Version/11.0 Mobile/15A372 Safari/604.1"
  },
  "json": null,
  "origin": "110.53.189.118",
  "url": "http://httpbin.org/post"
}


In [33]:
```

从上面的代码可以看出，通过 add_header()传入 User-Agent，在爬虫过程中经常通过循环调入 add_header()添加不同的 User-Agent 进行请求，以避免服务器针对某一 User-Agent 的禁用。

其他方法如 has_header()、remove_header()、get_full_url()、set_proxy()等这里不做介绍，如果读者需要了解其使用方法，可查看 Python 文档或源代码。

14.2.3 其他类

BaseHandler 是所有注册处理程序的基类，并且只处理注册的简单机制。从它的定义来看非常简单，它提供了一个添加基类 add_parent()方法。下面介绍的这些类都是继承该类操作的。

- HTTPErrorProcessor：用于 HTTP 错误响应过程。
- HTTPDefaultErrorHandler：用于处理 HTTP 响应错误，错误都会抛出 HTTPError 类型的异常。
- ProxyHandler：用于设置代理。

- HTTPRedirectHandler：用于处理重定向。
- HTTPCookieProcessor：用于处理 Cookie。
- HTTPBasicAuthHandler：用于管理认证。

除了上述类外，还有许多其他的类，这里不做过多介绍，读者可以查看其官方文档或源代码。

14.3　error 模块

该模块定义了由 urllib.request 引发异常的异常类，从其源代码可以看出有 3 个，分别为 URLError、HTTPError 和 ContentTooShortError。

URLError 是 OSError 的子类，用于处理程序在遇到问题时引导此异常（或派生异常）。HTTPError 是 URLError 的子类，在处理 HTTP 错误（如认证请求）时很重要，服务器上 HTTP 的响应会返回一个状态码，根据这个 HTTP 状态码，可以知道我们的访问是否成功，如 200 状态码，表示请求成功。ContentTooShortError 与 HTTPError 一样是 URLError 的子类，通过 request.urlretrieve() 函数检测下载数据量小于 Content-Length 头指定的数据量时，引发该异常。

```
In [33]: from urllib import request

In [34]: from urllib import error

In [35]: req = request.Request('http://www.akaros.cn/hack.html')

In [36]: try:
    ...:     response = request.urlopen(req)
    ...:     print(response.read())
    ...: except error.HTTPError as e:
    ...:     print(e.code)
    ...:
    ...:
404
```

运行之后得到 404 错误，说明请求的页面不存在，在浏览器试着打开代码中的网址，会发现 404 错误异常。

注　意
Python 2.x 与 Python 3.x except…写法是不同的。上述 except…代码在 Python 2.x 中的写作方式为 except HTTPError, e。

我们在下载音乐或视频文件不完整时，会导致 ContentTooShortError 错误，举例说明：

```
In [40]: try:
    ...:     request.urlretrieve('http://www.iobigdata.com/pha/', 'ring.mp3')
    ...: except error.ContentTooShortError:
    ...:     print('内容未完全下好！')
    ...:
```

如果下载没有完成会报错误，否则不会。

14.4　parse 模块

该模块用于分解 URL 字符串为各个组成部分，包括寻址方案、网络位置、路径等，也用于将这些部分组成 URL 字符串，同时可以对相对 URL 进行转换。

14.4.1　URL 解析

URL 解析无非是将 URL 拆开为各部分，或者将各部分组成完整的 URL 等。本节我们将讲述常用的几个函数，如 urlparse()、urlunparse()、urlsplit()、urlunsplit()、urljoin()、urldefrag()等。

1. urllib.parse.urlparse(urlstring, scheme='', allow_fragments=True)

解析 URL 为六部分，返回一个 6 元组。该元组是 tuple 子类的实例，该类具有如表 14.2 所列的属性。

14.2　返回元组具有的属性及其说明

属性	说明	对应下标指数	不存在时的取值
scheme	URL 方案说明符	0	scheme 参数
netloc	网络位置部分	1	空字符串
path	分层路径	2	空字符串
params	最后路径元素的参数	3	空字符串
query	查询组件	4	空字符串
fragment	片段标识符	5	空字符串
username	用户名		None
password	密码		None
hostname	主机名（小写）		None
port	端口号（如果存在）		None

这里组成 URL 的一般结构为 scheme://netloc/path;parameters?query#fragment。下面是代码演示：

```
In [1]: from urllib.parse import urlparse

In [2]: res = urlparse('https://docs.python.org/3/whatsnew/3.6.html')

In [3]: res
Out[3]: ParseResult(scheme='https', netloc='docs.python.org', path='/3/whatsnew/
3.6.html', params='', query='', fragment='')

In [4]: res.scheme
Out[4]: 'https'

In [5]: res.netloc
Out[5]: 'docs.python.org'
```

```
In [6]: res.path
Out[6]: '/3/whatsnew/3.6.html'

In [7]: res.params
Out[7]: ''

In [8]: res.query
Out[8]: ''

In [9]: res.fragment
Out[9]: ''

In [10]: res.username

In [11]: res.password

In [12]: res.hostname
Out[12]: 'docs.python.org'

In [13]: res.port

In [14]: res.geturl()
Out[14]: 'https://docs.python.org/3/whatsnew/3.6.html'

In [15]: tuple(res)
Out[15]: ('https', 'docs.python.org', '/3/whatsnew/3.6.html', '', '', '')

In [16]: res[0]
Out[16]: 'https'

In [17]: res[1]
Out[17]: 'docs.python.org'

In [18]: res[2]
Out[18]: '/3/whatsnew/3.6.html'

In [19]:
```

从上面的代码中我们很容易理解返回元组每一个元素对应的值。urlparse 有时并不能很好地识别 netloc，它会假定相对 URL 以路径分量开始。

```
In [19]: from urllib.parse import urlparse

In [20]: urlparse('//docs.python.org/3/whatsnew/3.6.html')
Out[20]: ParseResult(scheme='', netloc='docs.python.org', path='/3/whatsnew/3.6.
html', params='', query='', fragment='')

In [21]: urlparse('docs.python.org/3/whatsnew/3.6.html')
Out[21]: ParseResult(scheme='', netloc='', path='docs.python.org/3/whatsnew/3.6.
html', params='', query='', fragment='')

In [22]: urlparse('3/whatsnew/3.6.html')
Out[22]: ParseResult(scheme='', netloc='', path='3/whatsnew/3.6.html', params=''
, query='', fragment='')
```

```
In [23]:
```

从 In[21]可以看出 urlparse 解析是有问题的，无法正确解析 netloc，而是将其取值放在 path 中。因此在开发过程需要特别注意这种情况。

2. urllib.parse.urlunparse(parts)

从函数定义就可以看出 urlunparse()是 urlparse()的逆向操作，即将 urlparse()返回的元组构建成一个 URL。

```
In [26]: res
Out[26]: ParseResult(scheme='https', netloc='docs.python.org', path='/3/whatsnew
/3.6.html', params='', query='', fragment='')


In [27]: from urllib.parse import urlunparse


In [28]: urlunparse(res)
Out[28]: 'https://docs.python.org/3/whatsnew/3.6.html'
```

res 为刚才定义的返回元组对象，urlunparse()直接将该对象构造成 URL。

3. urllib.parse.urlsplit(urlstring, scheme='', allow_fragments=True)

该函数类似 urlparse()，只是不会分离参数，即返回的元组对象没有 params 元素，是一个 5 元组，相应的下标指数也发生了改变。

```
In [31]: from urllib.parse import urlsplit

In [32]: sp = urlsplit('https://www.baidu.com/s?wd=python&ie=utf-8&tn=94100467_
    ...: hao_pg')

In [33]: sp
Out[33]: SplitResult(scheme='https', netloc='www.baidu.com', path='/s', query='
d=python&ie=utf-8&tn=94100467_hao_pg', fragment='')
```

上面的代码除了少 params，与 urlparse()返回结果差不多。

4. urllib.parse. urlunsplit(parts)

类似于 urlunparse(parts)函数。

5. urllib.parse. urljoin(base, url, allow_fragments=True)

该函数主要组合基本网址（base）与另外一个网址（url）构造新的完整网址。

```
In [37]: from urllib.parse import urljoin

In [38]: urljoin('http://news.baidu.com/z/resource/pc/staticpage/newscode.html'
    ...: , 'test/one.html')
Out[38]: 'http://news.baidu.com/z/resource/pc/staticpage/test/one.html'

In [39]: urljoin('http://news.baidu.com/z/resource/pc/staticpage/newscode.html'
    ...: , './test/one.html')
Out[39]: 'http://news.baidu.com/z/resource/pc/staticpage/test/one.html'

In [40]: urljoin('http://news.baidu.com/z/resource/pc/staticpage/newscode.html'
```

```
   ...: , '../test/one.html')
Out[40]: 'http://news.baidu.com/z/resource/pc/test/one.html'

In [41]: urljoin('http://news.baidu.com/z/resource/pc/staticpage/newscode.html'
   ...: , '/test/one.html')
Out[41]: 'http://news.baidu.com/test/one.html'
```

从上面的代码中可以看出，相对路径和决定路径的 url 组合是不同的，而且相对路径是以最后部分路径进行替换处理的。

注　意
如果 url 是绝对网址（即以//或 scheme://开头），则 url t5>的主机名和/或方案将出现在结果中。

6. urllib.parse. urldefrag(url)

根据 url 进行分开，如果 url 包含片段标识符，则返回 url 对应片段标识符前的网址。fragment 取片段标识符后的值，其下标指数也就是 1；如果 url 没有片段标识符，fragment 为空字符串。

```
In [42]: from urllib.parse import urldefrag

In [43]: urldefrag('http://www.python.com/download/soft.html#python3.6')
Out[43]: DefragResult(url='http://www.python.com/download/soft.html', fragment='
python3.6')
```

该代码的片段标识符 url 地址是虚拟的。但从结果上可以很明显地看出 urldefrag()函数的功能。

14.4.2　URL 转义

URL 转义可以避免 URL 中有些字符引起的歧义，通过引用特殊字符并适当编码非 ASCII 文本，使其作为 URL 组件安全使用。当然，也支持反转这些操作，以便从 URL 组件内容重新创建原始数据。

1. urllib.parse.quote(string, safe='/', encoding=None, errors=None)

通过使用%xx 转义替换 string 中的特殊字符，其中字母、数字和字符'_.-'不会进行转义。默认情况下，此函数用于转义 URL 的路径部分。可选的 safe 参数指定不应转义的其他 ASCII 字符，其默认值为'/'。

```
In [44]: from urllib.parse import quote

In [45]: quote('http://www.python.com/download/soft.html#python3.6&country=chin
   ...: a')
Out[45]: 'http%3A//www.python.com/download/soft.html%23python3.6%26country%3Dchi
na'

In [46]: quote('http://www.python.com/download/soft.html#python3.6&country=chin
   ...: a', safe='/=')
Out[46]: 'http%3A//www.python.com/download/soft.html%23python3.6%26country%3Dchina
'
```

从 Out[45]可以看出：替换为%3A，#替换为%23，&替换为%26，=替换为%3。In[46]设置了 safe 为'/='后，发现'='就没有进行转义了。

参数 string 可以是字符串也可以是 bytes 类型。参数 encoding 用于指定编码格式，默认为'utf-8'，其默认编码满足了大部分需求，而 errors 在处理非 ASCII 字符中指定，默认为'strict'，对于不支持的字符会引发 UnicodeEncodeError 错误。

> **注　意**
>
> 如果 string 参数是 bytes，则 encoding 和 errors 无法指定，否则会报 TypeError 错误。

```
In [4]: from urllib.parse import quote

In [5]: quote(bytes('http://www.python.com/download/soft.html#python3.6&country
   ...: =china', encoding='utf-8'), safe='/=', encoding='utf-8')
---------------------------------------------------------------------------
TypeError                                 Traceback (most recent call last)
<ipython-input-5-3600e155b0b3> in <module>()
----> 1 quote(bytes('http://www.python.com/download/soft.html#python3.6&country=
china', encoding='utf-8'), safe='/=', encoding='utf-8')

c:\python36-32\lib\urllib\parse.py in quote(string, safe, encoding, errors)
    782     else:
    783         if encoding is not None:
--> 784             raise TypeError("quote() doesn't support 'encoding' for byte
s")
    785         if errors is not None:
    786             raise TypeError("quote() doesn't support 'errors' for bytes"
)

TypeError: quote() doesn't support 'encoding' for bytes
```

从 In[5]返回结果可以得知，当参数为 bytes 类型时，说明在 bytes()中的参数已经进行 encoding 指定，无须在 quote()函数中指定，否则就会报 TypeError 错误。

2. urllib.parse.unquote(string, encoding='utf-8', errors='replace')

该函数很显然是 quote()的逆向操作，即将%xx 转义为等效的单字符。参数 encoding 和 errors 用来指定%xx 编码序列解码为 Unicode 字符，如同 bytes.decode()方法。

> **注　意**
>
> 此处的 string 必须为字符串，不能是 bytes 类型。

```
In [11]: from urllib.parse import unquote

In [12]: a = quote(bytes('http://www.python.com/download/soft.html#python3.6&co
    ...: untry=china', encoding='utf-8'), safe='/=')

In [13]: type(a)
Out[13]: str

In [14]: a
```

```
Out[14]: 'http%3A//www.python.com/download/soft.html%23python3.6%26country=china
'

In [15]: unquote(a)
Out[15]: 'http://www.python.com/download/soft.html#python3.6&country=china'
```

从代码可以看出 quote()函数返回的是字符串，而转义的字符通过 unquote()进行了转码。

3. urllib.parse.quote_plus(string, safe='', encoding=None, errors=None)

该函数是 quote()的增强版，功能与 quote()差不多，不同的是使用"+"替换空格，在提交表单值构建字符串进入 URL 请求时，这是必须的。如果原始 URL 有字符"+"，将被转义。

```
In [16]: from urllib.parse import quote_plus, quote

In [17]: a = quote(bytes('http://www.python.com/download/soft.html#python3.6&co
   ...: untry+china is my love', encoding='utf-8'), safe='/=')

In [18]: a
Out[18]: 'http%3A//www.python.com/download/soft.html%23python3.6%26country%2Bchi
na%20is%20my%20love'

In [19]: b = quote_plus(bytes('http://www.python.com/download/soft.html#python3
   ...: .6&country+china is my love', encoding='utf-8'), safe='/=')

In [20]: b
Out[20]: 'http%3A//www.python.com/download/soft.html%23python3.6%26country%2Bchi
na+is+my+love'
```

从代码可以看出在 quote_plus()函数下字符"+"转义为%2B，空格以"+"替换。

4. urllib.parse.unquote_plus(string, encoding='utf-8', errors='replace')

类似 unquote()函数，这里不做演示。

5. urllib.parse.urlencode(query, doseq=False, safe='', encoding=None, errors=None, quote_via=quote_plus)

读者可能会发现该函数在前面曾经调用过，通常在 HTTP 进行 POST 请求对传递的数据进行编码时会使用该函数。

```
In [46]: from urllib import parse

In [47]: from urllib import request

In [48]: data = bytes(parse.urlencode({"pro": "value"}), encoding="utf8")

In [49]: response = request.urlopen("http://httpbin.org/post", data=data)

In [50]: response.read()
Out[50]: b'{\n  "args": {}, \n  "data": "", \n  "files": {}, \n  "form": {\n
"pro": "value"\n  }, \n  "headers": {\n    "Accept-Encoding": "identity", \n
"Connection": "close", \n    "Content-Length": "9", \n    "Content-Type": "appli
cation/x-www-form-urlencoded", \n    "Host": "httpbin.org", \n    "User-Agent":
"Python-urllib/3.6"\n  }, \n  "json": null, \n  "origin": "110.53.189.118", \n
"url": "http://httpbin.org/post"\n}\n'
```

在 In[48]中的 data 为所提交的数据,注意该数据必须转换为 bytes 类型,或者使用 encode('ascii') 进行编码，调用 urlencode()把数据转换为%xx 编码的 ASCII 文本字符串。

除了上面所介绍的函数外，还有 quote_from_bytes()、unquote_to_bytes()等，如果读者想了解更多信息，可查看官方文档或源代码。

14.5 robotparser 模块

robotparser 模块很简单,其整个源代码也就两百多行,仅定义了三个类,分别是 RobotFileParser、RuleLine 与 Entry。而从__all__属性来看也就只有 RobotFileParser 一个类了，该类用于处理有关特定用户代理是否可以在发布 robots.txt 文件的网站上提取网址内容。robots.txt 可以说是一个协议文件，是搜索引擎访问网站时查看的第一个文件，该文件会告诉爬虫或蜘蛛程序在服务器上可以查看什么文件。

该类有一个 url 参数，有 set_url()、read()、mtime()、parse()、can_fetch()、modified()等方法。

- set_url(url)用于设置指向 robots.txt 文件的网址。
- read()用于读取 robots.txt 网址，并将其提供给解析器。
- parse()用于解析线参数。
- can_fetch(useragent,url)用于判断是否可提取 url，如果允许 useragent 根据解析的 robots.txt 中规则提取 url，则返回 True 文件。
- mtime()返回上次抓取 robots.txt 时间。
- modified()将上次抓取 robots.txt 文件的时间设置为当前时间。

下面演示一下该类的基本使用。

```
In [1]: from urllib.robotparser import RobotFileParser as RbP

In [2]: rbp = RbP()

In [3]: rbp.set_url('http://www.baidu.com/robots.txt')

In [4]: rb_read = rbp.read()

In [5]: rbp.can_fetch('*', 'http://www.baidu.com')
Out[5]: True

In [6]: rbp.mtime()
Out[6]: 1523200823.1784632

In [7]: rbp.modified()

In [8]: rbp.mtime()
Out[8]: 1523200880.7127542

In [9]: rb_read

In [10]:
```

从上面的代码就可以清楚地了解各个方法的使用。

本节到这里就结束了，接下来讲述如何使用 urllib 包进行网络爬虫开发。

14.6　urllib 网络爬虫实战

Urllib 开发网络爬虫可以说是比较原始的爬虫方式，很多爬虫框架如 Scrapy、Pyspider 都是在该包基础上建立起来的。掌握它对于我们以后进行网络爬虫开发显得尤为重要。至于什么是爬虫，说得通俗点就是浏览网页信息时，我们需要按照一些规则去检索，这些检索规则就是爬虫代码，而实现这个过程就是爬虫。

事实上在前面讲述的几节内容中，我们已经使用 urllib 包的某些模块进行了爬虫开发。比如我们要读取 http://www.akaros.cn 网页的内容，输入如下代码就可以：

```
In [4]: from urllib import request

In [5]: res = request.urlopen('http://www.akaros.cn')

In [6]: res.read()
Out[6]: b'\n<!DOCTYPE html>\n<!--[if lt IE 7]> <html class="no-js lt-ie9 lt-ie8
lt-ie7"> <![endif]-->\n<!--[if IE 7]> <html class="no-js lt-ie9 lt-ie8"> <![endi
f]-->\n<!--[if IE 8]> <html class="no-js lt-ie9"> <![endif]-->\n<!--[if gt IE 8]
><!--> <html class="no-js"> <!--<![endif]-->\n    <head>\n        <meta charset=
"utf-8" />\n …
```

Out[6]输出代码太多，此处只复制一些，可以看出其返回的是 bytes 类型。In[5]是一个页面的爬取，它爬取的是 http://www.akaros.cn 网址所打开的页面，并将其传给变量 res，而函数 read()目的就是读取整个页面。如果想让代码更直观一点，可将返回 ascii 编码转换成我们需要的编码格式，如 utf-8 编码格式，执行如下操作：

```
In [11]: from urllib import request

In [12]: rr = request.urlopen('http://www.akaros.cn').read()

In [13]: rr.decode('utf-8')
Out[13]: '\n<!DOCTYPE html>\n<!--[if lt IE 7]> <html class="no-js lt-ie9 lt-ie8
lt-ie7"> <![endif]-->\n<!--[if IE 7]> <html class="no-js lt-ie9 lt-ie8"> <![endi
f]-->\n<!--[if IE 8]> <html class="no-js lt-ie9"> <![endif]-->\n<!--[if gt IE 8]
><!--> <html class="no-js"> <!--<![endif]-->\n    <head>\n        <meta charset=
"utf-8" />\n        <title>首页-akaros - 专注大数据，人工智能的创意型团队</title
>\n\n        <meta name="viewport" content="width=device-width, initial-scale=1.
0">\n        <meta name="description" content="akaros 是一家致力于为客户提供专业
网页、网站等 web 应用设计、移动 app 应用设计、交互设计、创意设计、网站 seo 优化、网站
运维管理等服务及具有创意性的互联网团队。">\n\n        \n        <meta property="
og:type" content="website" />\n        <meta property="og:url" content="http://a
karos.cn/" />\n        <meta property="og:title" content="首页-akaros - 专注大数
据，人工智能的创意型团队 | Akaros" />\n        <meta property="og:image" content
="http://akaros.cn/static/akaros/images/about-placeholder6.jpg" />\n        <met
a property="og:description" content="akaros 是一家致力于为客户提供专业网页、网站
等 web 应用设计、移动 app 应用设计、交互设计、创意设计、网站 seo 优化、网站运维管理等……
```

> **注 意**
>
> 如果继续原来 res.read() 的代码进行操作，如 res.read().decode('utf-8')，将得到的是"，因为 read() 函数是一次读取的。除了 read() 读取外，还有 readline() 和 readlines()，其中 readline() 读取一行，readlines() 读取全部内容，不同的是 readlines() 将读取内容传给一个列表变量。

上述控制台的操作从原理上说已经实现了一个页面爬虫，只不过它的页面还没有存储在本地文件或数据库中。

我们可以通过接下来的代码实现将数据保存在本地文件中，由于爬取的是页面代码内容，因此，右击网页查看源代码的内容，我们就以 html 格式保存，毕竟现在爬取的是整个网页。

```
In [25]: with open('index.html', 'wb') as f:
   ...:     f.write(rr)
   ...:
```

In[25] 代码中对应的 rr 为前面所定义的，这里不能使用 rr.decode() 进行写入，因为写入格式是 'wb'，不能以字符串形式写入，须以 bytes 形式写入。index.html 如果存在就覆盖，否则创建一个新的，当然这需要有创建文件的权限，在 Window 就无须考虑该问题了。

至于 index.html 是否已经下载下来，可以使用如下代码进行检验：

```
In [39]: with open('index.html', 'r', encoding='utf-8') as f:
   ...:     print(f.read())
   ...:
```

这样它就会输入所得结果，也可以进入执行 ipython 的当前目录下查看是否存在 index.html 文件。

> **注 意**
>
> 这里记得加上 encoding 参数，要不然可能会报编码格式不对的错误。

这里使用 with 代码操作，省略了关闭该文件的操作。

如果使用如下代码：

```
In [13]: from urllib import request

In [14]: res = request.urlopen('http://www.akaros.cn')

In [15]: data = res.read()

In [16]: file = open('index.html', 'wb')

In [17]: file.write(data)
……
In[18]: file.close()
```

就需要加上 close() 函数关闭该文件。

接下来我们通过一个修改报头、添加关键字进行搜索的爬虫来完成 urllib 爬虫的学习。

修改报头在之前模块介绍中已经讲过了，它包含两种方法：一种是通过使用 build_opener() 修改报头；另一种是使用 add_header() 添加报头，关键字则在 quote() 函数中设置。代码如下：

```
In [1]: from urllib import request

In [2]: url = 'http://www.baidu.com/s?wd='

In [3]: key = '机器学习'

In [4]: key_url = request.quote(key)

In [5]: req = request.Request(url+key_url)

In [6]: req.add_header('User-Agent', 'Mozilla/5.0 (Windows NT 6.1; WOW64) Apple
   ...: WebKit/537.36 (KHTML, like Gecko) Chrome/65.0.3325.181 Safari/537.36')

In [7]: data = request.urlopen(req).read()

In [8]: file = open('index.html', 'wb')

In [9]: file.write(data)
Out[9]: 322751

In [10]: file.close()
```

In[4]通过 quote()函数对关键字进行编码，编码之后再构造 URL，然后使用 Request 类进行请求，这里使用该类而不使用 urlopen()是由于需要添加报头，接着对搜索关键字页面进行爬虫，最后保存为 index.html。打开该页面如图 14.1 所示。

图 14.1　爬取的搜索页面 index.html

第 15 章

Python 数据库编程实战

Python 定义了一套操作数据库的 API 接口,任何数据库连接到 Python,只需要提供符合 Python 标准的数据库驱动即可。本章将介绍常用的两类数据库:SQLite 和 MySQL,两者只是导入的库不同,基本连接、查询的操作都是差不多的。相信读者学完这两种数据库操作之后,对于其他数据库的操作也会信手拈来。

15.1 操作 SQLite

SQLite 是一款轻量级关系型数据库管理系统,其官方网址是 http://www.sqlite.org/,当前版本为 V3.22.X。因为 SQLite 将数据保存为文件,占用空间比较小,所以适用于很多移动应用中。由于 Python 从 V2.5.X 版本开始就内置了 SQLite3,因此在 Python 中使用 SQLite 不需要单独安装或配置,只需要导入 SQLite3 模块。

15.1.1 创建 SQLite 数据库

创建 SQLite 数据库非常简单,只需要两步:

步骤01 导入 sqlite3 模块。
步骤02 使用 connect 函数。

下面直接在解释器中运行上述两步:

```
>>> import sqlite3
>>> sqlite3.connect('students.db')
```

```
<sqlite3.Connection object at 0x000001AE091AE650>
```

connect 函数用于连接数据库，当系统中不存在数据库时会自动创建该数据库。上述代码最后显示的是数据库在内存中的位置。

简单说明一下，一个数据库可以包含多个数据表，比如一个学生数据库中可以有学生表、成绩表等。

15.1.2　创建 SQLite 数据表

上面创建好了数据库，现在就向数据库中添加表。为了让系统知道是向哪个数据库中添加表，我们需要创建数据库实例，然后对这个实例进行操作，比如：

```
conn = sqlite3.connect('students.db')                  #创建数据库的一个实例
```

下面是创建数据表的代码：

【示例 15-1】

```
01    import sqlite3
02
03    conn = sqlite3.connect('students.db')            #创建或连接数据库
04    c = conn.cursor()                                #获取游标
05    c.execute('''CREATE TABLE STUDENT(
06            ID INT PRIMARY KEY     NOT NULL,
07            NAME          TEXT   NOT NULL,
08            AGE           INT    NOT NULL,
09            ADDRESS       CHAR(50)
10            )''')
11    conn.commit()                                    #执行 SQL 语句
12    conn.close()                                     #关闭数据库
```

这里有几点要注意：

- 数据库操作主要是 connect 和 cursor，connect 用于连接数据库，cursor 翻译为游标，用于操作数据库。所有的操作都必须先获取游标，如第 04 行。
- 操作数据库主要用到 SQL 语句，该语句在代码中体现为字符串形式因为本例代码是多行，所以第 05~10 行用到了 "''..''" 的形式，如果是单行语句，就直接用单引号。
- 所有 SQL 语句的执行使用 execute 函数。
- 执行完 SQL 语句后要提到到数据库，也就是让数据库发生改变，如第 11 行。
- 数据库操作完毕后，记得要关闭数据库的连接，如第 12 行。

综上所述，操作数据库的步骤如下：

步骤01 建立连接。

步骤02 获取游标。

步骤03 执行 SQL 语句，可以写多条语句。

步骤04 提交到数据库。

步骤05 关闭连接。

15.1.3　为数据表添加数据

前面创建的数据表内容为空，SQL 语句使用 INSERT 或 INSERT INTO 为数据表添加数据。数据库的操作步骤和前面类似，只是执行的 SQL 语句不同。现在向表 STUDENT 中添加两个学生：

【示例 15-2】

```
01    import sqlite3
02
03    conn = sqlite3.connect('students.db')      #创建或连接数据库
04    c = conn.cursor()                          #获取游标
05    c.execute('''INSERT INTO STUDENT
06            (ID,NAME,AGE,ADDRESS)
07            VALUES (1, '刘晓华', 18, '北京市海淀区')
08         ''')
09    c.execute('''INSERT INTO STUDENT
10            (ID,NAME,AGE,ADDRESS)
11            VALUES (2, '张毅', 19, '北京市朝阳区')
12         ''')
13    conn.commit()                              #执行 SQL 语句
14    conn.close()                               #关闭数据库
```

第 05~12 行用两条 SQL 语句在 STUDENT 表中插入数据，然后在第 13 行一次提交即可。

15.1.4　查询数据

如果需要了解数据表中到底有多少数据，可以使用 SQL 查询语句 SELECT 进行操作。下面查询 STUDENT 表中的内容。

【示例 15-3】

```
01    import sqlite3
02
03    conn = sqlite3.connect('students.db')      #创建或连接数据库
04    c = conn.cursor()                          #获取游标
05    c.execute('SELECT * FROM STUDENT')
06    #conn.commit()                             #执行 SQL 语句，可以省略
07    conn.close()                               #关闭数据库
```

执行上述语句后发现并没有任何输出。此时数据都在游标中，需要使用游标的 fetchall 函数获取所有数据，或者使用 fetchone 获取单独一条数据，然后使用 print 输出内容，可在第 05 行和 06 行之间添加如下代码：

```
print(c.fetchall())
```

此时输出结果如下：

```
[(1, '刘晓华', 18, '北京市海淀区'), (2, '张毅', 19, '北京市朝阳区')]
```

> **注　意**
>
> fetchall 结果集是一个列表，列表中每个元素都是一个元组，对应数据表中的一行记录。

15.1.5 更新数据

更新数据是使用 SQL 的 UPDATE 语句, 其他步骤和查询语句一样。下面将 STUDENT 中第 2 条数据的年龄更新为 17。

【示例 15-4】

```
01    import sqlite3
02
03    conn = sqlite3.connect('students.db')          #创建或连接数据库
04    c = conn.cursor()                              #获取游标
05    c.execute('UPDATE STUDENT SET AGE = 17 WHERE ID=2')
06    conn.commit()
07    c.execute('SELECT * FROM STUDENT')             #查询数据
08    print(c.fetchall())                            #输出结果
09    conn.close()
```

注　　意
SQL 语句中 WHERE 条件判断时用的是=, 不是==。

第 05 行语句执行后必须先提交到数据库(第 06 行), 如果不提交, 数据库内的数据没有发生变化, 后面的查询就会失败。本例输出为:

```
[(1, '刘晓华', 18, '北京市海淀区'), (2, '张毅', 17, '北京市朝阳区')]
```

15.1.6 删除数据

删除数据是使用 SQL 的 DELETE 语句, 其他步骤和查询语句一样。下面将年龄为 17 的数据删除。

【示例 15-5】

```
01    import sqlite3
02
03    conn = sqlite3.connect('students.db')          #创建或连接数据库
04    c = conn.cursor()                              #获取游标
05    c.execute('DELETE FROM STUDENT WHERE AGE=17')
06    conn.commit()
07    c.execute('SELECT * FROM STUDENT')             #查询数据
08    print(c.fetchall())                            #输出结果
09    conn.close()
```

上述结果输出为:

```
[(1, '刘晓华', 18, '北京市海淀区')]
```

15.1.7 connect 和 cursor 的各种函数

前面学习过数据的增、删、查、改后, 读者可能已经发现, 对于 SQLite 数据库的操作重点有三部分: connect、cursor 和 SQL 语句。因为 SQL 语句又是单独的一门查询语言, 所以本书不详细展开说明，读者可以查看相关文档。connect、cursor 都是一些函数的操作，读者详细了解这些函数后就能基本掌握 SQLite 数据库了。

connect 主要用到的函数参见表 15.1。

表 15.1　connect 主要用到的函数

函数	说明
connection.cursor()	获取 cursor，用于操作数据库
connection.execute(sql)	执行 cursor 提供的操作，一般是执行 SQL 语句
connection.executemany(sql[,parameters])	执行 cursor 提供的操作，但通过参数可以为一条 SQL 语句提供多条内容
connection.executescript(sql_script)	执行 cursor 提供的操作，但可以执行多条 SQL 语句
connection.total_changes()	返回自数据库连接打开以来被修改、插入或删除的数据库总行数
connection.commit()	提交 SQL 语句到数据库
connection.rollback()	回滚自上一次调用 commit() 以来对数据库所做的更改
connection.close()	关闭数据库连接

cursor 主要用到的函数参见表 15.2。

表 15.2　cursor 主要用到的函数

函数	说明
cursor.execute(sql [, optional parameters])	执行 cursor 提供的操作，一般是执行 SQL 语句
cursor.executemany(sql, seq_of_parameters)	执行 cursor 提供的操作，但通过参数可以为一条 SQL 语句提供多条内容
cursor.executescript(sql_script)	执行 cursor 提供的操作，但可以执行多条 SQL 语句
cursor.fetchone()	获取查询结果中的下一行，返回一条数据，当没有更多可用的数据时，返回 None
cursor.fetchmany([size=cursor.arraysize])	获取查询结果中的下一行组，返回一个列表
cursor.fetchall()	获取查询结果集中所有行，返回一个列表

15.2　操作 MySQL

MySQL 数据库不是 Python 的标准模块，需要单独安装，安装步骤读者可以参考相关文档，本书不再详细介绍。本节的内容主要集中在 Python 为 MySQL 提供的 PyMySQL 库。

15.2.1　安装 PyMySQL 库

要使用 Python 操作 MySQL 数据库必须具备以下两个条件：

- 在当前系统中已安装好 MySQL。
- 在当前 Python 中已安装好 PyMySQL 库。

第 1 个条件读者可以自行安装。下面在命令行中输入 pip 安装命令：

```
pip install PyMySQL
```

执行结果如图 15.1 所示。

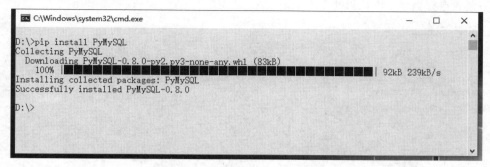

图 15.1　安装 PyMySQL 库

提示成功安装后，如果要操作 MySQL，则需要引入 PyMySQL 库，代码如下：

```
import pymysql
```

15.2.2　连接 MySQL 数据库

在 MySQL 中创建一个数据库 Students，里面有一个数据表 STUDENT，表的结构如表 15.3 所示。

表 15.3　学生表 STUDENT 结构

列名称	类型	长度	说明
id	int		主键
name	varchar	10	
age	int		
address	varchar	50	

下面演示如何连接到数据库并查询数据表。

【示例 15-6】

```
01    import pymysql                                              #导入 pymysql
02
03    conn = pymysql.connect pymysql.connect(
          host='127.0.0.1',user='root',passwd='',db='Students',charset='utf8')   #连接数据库
04    c = conn.cursor()
05    c.execute('SELECT VERSION()')                               #获取数据库版本
06    v = c.fetchall()
07    print (v)
08    conn.close()                                                #关闭数据库
```

从上面的代码可以看出，与 SQLite 数据库相比，第 1 行的引入模块有变化，第 3 行的 connect 函数的参数有变化，这里有几个参数：服务器、登录用户名、密码、数据库、编码格式。其他的代码和操作 SQLite 都一样，关键的还是 connect 和 cursor 这两个函数。

15.2.3　增、删、查、改数据

既然所有的操作都与 SQLite 操作类似，这里我们将增、删、查、改数据放在一个例子中进行演示，请读者自行执行下面代码并查看结果。

【示例 15-7】

```
01    import pymysql
02
03    conn = pymysql.connect(host='127.0.0.1',user='root',passwd='',db='Students',
      charset='utf8')
04    c = conn.cursor()
05
06    #增加数据
07    c.execute('''INSERT INTO STUDENT
08             (ID,NAME,AGE,ADDRESS)
09             VALUES (1, "刘晓华", 18, "北京市海淀区")
10          ''')
11    c.execute('''INSERT INTO STUDENT
12             (ID,NAME,AGE,ADDRESS)
13             VALUES (2, "张毅", 19, "北京市朝阳区")
14          ''')
15    conn.commit()
16
17    #查询数据
18    c.execute('SELECT * FROM STUDENT')
19    print(c.fetchall())
20
21    #更新数据
22    c.execute('UPDATE STUDENT SET AGE = 17 WHERE ID=2')
23    conn.commit()
24
25    #删除数据
26    c.execute('DELETE FROM STUDENT WHERE AGE=17')
27    conn.commit()
28    c.execute('SELECT * FROM STUDENT')
29    print(c.fetchall())
30
31    conn.close()
```

15.3　使用 ORM 框架 SQLAlchemy 操作 MySQL

除了前面介绍过的 connect 和 cursor 外，还有一种操作数据库的方式就是 ORM 模式。本节首先介绍 ORM 的概念，然后介绍 Python 常用的 ORM 框架 SQLAlchemy，最后使用这个框架操作 MySQL 数据库。

15.3.1　ORM 的意义

ORM 的全称是 Object Relational Mapping，中文翻译为对象关系映射，简单来说是把关系数据库的表结构映射到对象上，也就是用操作对象的方式操作数据库。

本书前面已经学习过面向对象编程，也了解了对象的各种操作都是"类.属性"、"类.方法"这种方式。现在创建一个与上面数据库相似的学生类，回顾一下对象的操作。

【示例 15-8】

```
01   class Student():
02     def __init__(self, id, name,age,address):        #构造方法，4 个参数
03         self.id = id
04         self.name = name
05         self.age = age
06         self.address = address
07
08
09   s=Student(1,'刘晓华',16,'北京市海淀区')                #实例化类创建对象 s
10   print(s.name)
```

上述代码创建 Student 类，在其构造方法中设计了 4 个参数，对应表中的 4 个字段。构建一个对象 s 就相当于创建了表中的一条记录，输出 s.name 就好似查询列表中的一个数据。以上代码仅仅是操作了对象，并没有将数据更新到数据库中。

ORM 的意义就在于不仅让我们可以像操作对象一样操作数据，还能将数据保存到数据库中。以后就不需要操作烦琐的 SQL 语句了，只需要把数据作为对象操作即可。

15.3.2　安装 SQLAlchemy

SQLAlchemy 是 Python 中常用的一款 ORM 框架，使用前必须先安装，使用 pip 安装：

```
pip install sqlalchemy
```

安装后的结果如图 15.2 所示。

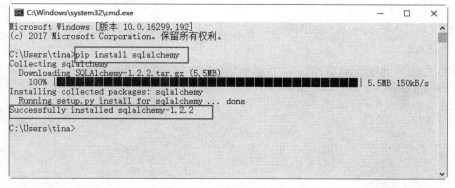

图 15.2　安装 SQLAlchemy

15.3.3 导入 SQLAlchemy

ORM 的使用比较复杂，首先需要将对象与表结构一一映射起来，导入 SQLAlchemy 时，要导入一些必要的类型，比如 String 类型与表结构中的字符类型对应起来。一般导入 SQLAlchemy 有以下几项：

```
(1) from sqlalchemy import create_engine                       #用来连接数据库
(2) from sqlalchemy import Column, String, Integer             #列、字符串、数字
(3) from sqlalchemy.ext.declarative import declarative_base    #映射相关
(4) from sqlalchemy.orm import sessionmaker                     #持久化
```

（1）导入的 create_engine 用于创建数据库连接，类似于 Python 自带的 connect 函数。连接形式如下：

```
'数据库类型+数据库驱动名称://用户名:密码@服务器地址:端口号/数据库名'
```

比如：

```
mysql+mysqldb: //root:@localhost:3306/Students?charset=utf8
```

这里需要注意，mysqldb 是 Python 支持的 MySQL 数据库驱动，默认并没有安装，各操作系统的安装方法如下：

- pip install mysqlclient（Windows）
- pip install mysql-python（mix os）
- apt-get install python-mysqldb（Linux Ubuntu）

（2）因为类要对应数据表中的每一列，所以还要引入 Column，以及数据列的各种类型，如 String、Integer，其他还有 Text、Boolean 等。

（3）SQLAlchmey 提供了一套 Declarative 系统来完成映射的任务，需要导入 declarative_base。

（4）操作对象时使用的持久化对象。

15.3.4 使用 SQLAlchemy 操作数据库

完成安装 SQLAlchemy 及 mysqldb 驱动后，现在开始演示使用 SQLAlchemy。

【示例 15-9】

```
01   from sqlalchemy import create_engine
02   from sqlalchemy import Column,String,Integer
03   from sqlalchemy.ext.declarative import declarative_base
04   from sqlalchemy.orm import sessionmaker
05
06   Base = declarative_base()
07
08   class Student(Base):
09       __tablename__ = 'student'#表的名称
10       #表的结构
11       id = Column(Integer, primary_key=True)
12       name = Column(String(10))
13       age = Column(Integer)
```

```
14          address = Column(String(30))
15
16   engine = create_engine("mysql+mysqldb://root:@localhost:3306/Students?charset=utf8")
17   Session = sessionmaker(bind=engine)           #创建持久化对象
18   session = Session()
19
20   s=Student(id=1,name='刘晓华',age =16,address='北京市海淀区')
21   session.add(s)
22   session.commit()                              #提交更改到数据库
23   session.close()                               #关闭 session
```

第 01~04 行导入 SQLAlchemy 所需的模块。第 08~14 行构建一个学生对象，这个对象要与数据库中的学生表字段数量和类型一致。第 17 行需要创建持久化对象，用于进行各种增、删、查、改的操作。第 20 行很关键，创建一个数据库对象并为其中的属性赋值。第 21 行使用 add 方法实现数据最终的增加。

第 06 行相当于创建一个映射基类，然后第 08 行在创建自定义的数据表类时要继承该基类。

如果是查询数据库中的数据，则使用 query 方法：

```
ss = session.query(Student).one()          # 返回一条数据
print(ss.name)
```

如果要返回所有数据，则需要用序号指定输出的是哪条数据：

```
ss = session.query(Student).all()          # 返回所有数据
print(ss[0].name)
```

其他有关 session 更多的方法，可参考官方网站 http://docs.sqlalchemy.org/en/latest/orm/session_api.html#session-and-sessionmaker。

第 16 章

Scrapy 爬虫实战

网络爬虫的最终目的就是从网页中获取自己所需要的内容。最直接的方法是使用 urllib2 请求网页得到结果,然后使用 re 取得所需的内容。但网站页面不可能是统一的,都有其自己的特点,获取每个页面信息的方法都可能需要进行微调。如果所有的爬虫都这样写,那工作量未免太大了,所以才有了爬虫框架。

Python 下的爬虫框架不少,笔者认为比较简单的就要数 Scrapy 了。首先它的资料比较全,网上指南、教程都比较多;其次它够简单,只要按需填空即可,轻松就能获取所需的内容,非常方便。

16.1　安装 Scrapy

Scrapy 的官方网址是 http://scrapy.org/,当前版本为 Scrapy 1.5。Scrapy 的安装方式有很多,官方网站上就给出了 4 种安装方法:PyPI、Conda、APT 和 Source。

16.1.1　Windows 下安装 Scrapy 环境

在 Windows 下安装 Scrapy 除了不能使用 APT 安装外,其他 3 种方法都是可以的。这里笔者选择了 PyPI 安装,也就是 pip 安装。pip 安装 Scrapy 的前提条件是已经安装好了 Python 并配置好了 pip 源。如果这些条件已经具备,安装 Scrapy 只需要打开 cmd,执行一条命令即可。

```
pip install scrapy
```

执行结果如图 16.1 所示。

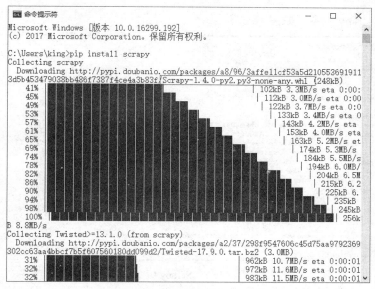

图 16.1　使用 pip 安装 scrapy

在 Windows 下安装 Scrapy 可能会遇到依赖包 Twisted 无法安装的问题（一般没什么问题）。如果实在安装不了，可以选择安装 anaconda 后再使用 conda 包管理工具来安装 Scrapy for Python3。

16.1.2　Linux 下安装 Scrapy

在 Linux 下也只能采取 pip 的安装方式安装 Scrapy。只是要稍加注意，因为 Linux 下默认安装了 Python 2 和 Python 3，所以安装命令需要稍微修改一下，执行命令：

```
python3 -m pip install scrapy
```

执行结果如图 16.2 所示。

图 16.2　使用 apt-get 安装 scrapy

查看安装的 scrapy 版本，如图 16.3 所示。

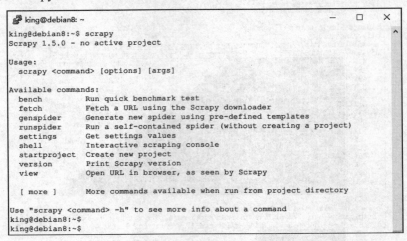

```
king@debian8: ~                                            —    □    ×
king@debian8:~$ scrapy
Scrapy 1.5.0 - no active project

Usage:
  scrapy <command> [options] [args]

Available commands:
  bench         Run quick benchmark test
  fetch         Fetch a URL using the Scrapy downloader
  genspider     Generate new spider using pre-defined templates
  runspider     Run a self-contained spider (without creating a project)
  settings      Get settings values
  shell         Interactive scraping console
  startproject  Create new project
  version       Print Scrapy version
  view          Open URL in browser, as seen by Scrapy

  [ more ]      More commands available when run from project directory

Use "scrapy <command> -h" to see more info about a command
king@debian8:~$
king@debian8:~$
```

图 16.3　Scrapy 版本

现在 Scrapy 已经安装完毕，可以使用了。

16.1.3　vim 编辑器

本章的 Scrapy 项目主要是在 Linux 下运行。目前在 Linux 下常用的 IDE 还是 Eclipse，但比较方便的却是 vim（vim 是 vi 的强化版，而 vi 是所有 Linux 发行版本都默认安装的）。

vim 是一个文本编辑器，在上手时可能稍微有点麻烦。它有一些快捷键和命令是必须记住的（实际上只需要记住常用的几个操作就可以了，如定位、复制、粘贴、删除、替换……），可以边使用边记忆。等熟悉了 vim 的操作方法，就会发现文本编辑是如此简单。对不同的编程语言配合不同的插件，可以将 vim 配置成为一个专属的 IDE。

vim 安装非常简单，使用 Putty 登录 Linux 后，以 root 用户执行命令：

```
apt-get install vim
```

vim 的配置文件是 /etc/vim/vimrc 和 /home/`user`/.vim/vimrc（对于用户 king 来说就是 /home/king/.vim/vimrc），前者是系统配置文件，后者是用户的配置文件。若两者相冲突，则以后者为主（这个有点类似于编程语言中的全局变量与函数变量同名时作用域的关系）。

vim 的配置项有很多，这里就不一一列举，为了方便编写 Python 程序，这里只修改比较简单的设置。笔者的 vimrc 文件如下：

```
01 set tabstop=4
02 set number
03 set noexpandtab
```

第 1 行是将 tabstop 设置成 4 个空格，第 2 行是显示行号，第 3 行不将 tabstop 转换成空格。

如果经常在 Linux 编写 Python 程序，可以到 github 上下载 vim 变身 Python IDE 的配置文件。仔细调试一下，会发现 vim IDE 不比 Windows 下的 Python IDE 差。

16.2　Scrapy 选择器 XPath 和 CSS

在使用 Scrapy 爬取数据前需要先了解 Scrapy 的选择器。网络爬虫原理就是获取网页返回，然后提取所需的内容。获取网页返回很简单，重点就在提取内容上。如何提取？使用 Python 的 re 模块，在前面章节已经尝试过了。简单网页用 re 模块提取即可，复杂一点的提取内容会麻烦一点。不是说完全不可以，但是有简单的方法又何必去自己编写新方法呢。

Scrapy 提取数据有自己的一套机制，它们被称为选择器（seletors），通过特定的 XPath 或 CSS 表达式来"选择" HTML 文件中的某个部分。

XPath 是一门用来在 XML 文件中选择节点的语言，也可以用在 HTML 上。CSS 是一门将 HTML 文档样式化的语言。选择器由它定义并与特定的 HTML 元素的样式相关联。

Scrapy 的选择器构建于 lxml 库之上，这意味着它们在速度和解析准确性上非常相似。所以喜欢哪种选择器就使用哪种吧，它们从效率上是完全没有区别的。

16.2.1　XPath 选择器

XPath 是一门在 XML 文档中查找信息的语言。XPath 可用来在 XML 文档中对元素和属性进行遍历。XPath 含有超过 100 个内置的函数，这些函数用于字符串值、数值、日期和时间比较、节点和 QName 处理、序列处理、逻辑值等。在网络爬虫中只需要利用 XPath "采集"数据，如果想深入研究 XPath，可参考 www.w3school.com.cn 中的 XPath 教程。

在 XPath 中有元素、属性、文本、命名空间、处理指令、注释及文档节点（或称为根节点）7 种类型的节点。XML 文档是作为节点树来对待的，树的根称为文档节点或根节点。

【示例 16-1】做个简单的 XML 文件，以便演示。执行以下命令：

```
Cd
mkdir scrapy
cd code/scrapy
mkdir -pv scrapy/seletors
cd scrapy/seletors
vi superHero.xml
```

在这里创建了 scrapy 的工作目录 scrapyProject，并在该目录下创建了选择器的工作目录 seletors。在该目录下创建选择器的演示文件 superHero.xml。superHero.xml 的代码如下：

```
01 <superhero>
02 <class>
03     <name lang="en">Tony Stark </name>
04     <alias>Iron Man </alias>
05     <sex>male </sex>
06     <birthday>1969 </birthday>
07     <age>47 </age>
08 </class>
09 <class>
```

```
10      <name lang="en">Peter Benjamin Parker </name>
11      <alias>Spider Man </alias>
12      <sex>male </sex>
13      <birthday>unknow </birthday>
14      <age>unknown </age>
15 </class>
16 <class>
17      <name lang="en">Steven Rogers </name>
18      <alias>Captain America </alias>
19      <sex>male </sex>
20      <birthday>19200704 </birthday>
21      <age>96 </age>
22 </class>
23 </superhero>
```

很简单的一个 XML 文件，在浏览器中打开这个文件，如图 16.4 所示。

```
This XML file does not appear to have any style information associated with it. The document tree is shown below.

▼<superhero>
  ▼<class>
      <name lang="en">Tony Stark</name>
      <alias>Iron Man</alias>
      <sex>male</sex>
      <birthday>1969</birthday>
      <age>47</age>
    </class>
  ▼<class>
      <name lang="en">Peter Benjamin Parker</name>
      <alias>Spider Man</alias>
      <sex>male</sex>
      <birthday>unknow</birthday>
      <age>unknown</age>
    </class>
  ▼<class>
      <name lang="en">Steven Rogers</name>
      <alias>Captain America</alias>
      <sex>male</sex>
      <birthday>19200704</birthday>
      <age>96</age>
    </class>
  </superhero>
```

图 16.4　选择器演示文件 superHero.xml

后面的选择器都以该文件为示例。在 superHero.xml 中，<superhero>是文档节点，<alias>Iron Man</alias>是元素节点，lang="en"是属性节点。

从节点的关系来看，第一个 Class 节点是 name、alias、sex、birthday、age 节点的父节点（Parent）。反过来说，name、alias、sex、birthday、age 节点是第一个 Class 节点的子节点（Childer）。name、alias、sex、birthday、age 节点之间互为同胞节点（sibling）。这只是个比较简单的例子，如果节点的"深度"足够，还会有先辈节点（Ancestor）和后代节点（Descendant）。

XPath 使用路径表达式在 XML 文档中选取节点。表 16.1 中列出了常用的路径表达式。

表 16.1　常用的路径表达式

表达式	描述
nodeName	选取此节点的所有子节点
/	从根节点选取
//	从匹配选择的当前节点选择文档中的节点，不考虑它们的位置

（续表）

表达式	描述
.	选取当前节点
..	选取当前节点的父节点
@	选取属性
*	匹配任何元素节点
@*	匹配任何属性节点
Node()	匹配任何类型的节点

下面用 XPath 选择器"采集"XML 文件中所需的内容，先做好准备工作。执行命令：

```
python3
from scrapt.selector import Selector
with open('./superHero.xml','r') as fp:
    body = fp.read()
Selector(text=body).xpath('/*').extract()
```

首先启动 Python，导入 scrapy.selector 模块中的 Selector，打开 superHero.xml 文件，并将其内容写入到 body 变量中，最后使用 XPath 选择器显示 superHero.xml 文件中的所有内容。执行结果如图 16.5 所示。

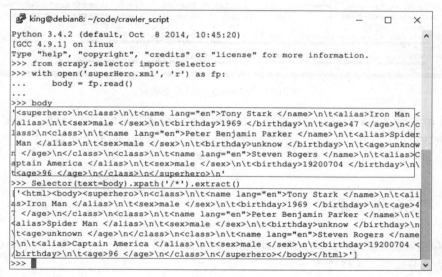

图 16.5　XPath 选择器准备工作

提　　示

选择器在根节点选择所有节点时得到的数据和直接从文件中读取的数据有点不一样。因为示例文件并不是一个标准的 html 文件，所以在选择器中被自动添加了 <html> 和 <body> 标签。也就是说在选择器看来，示例文件的根节点并不是 <superhero>，而是 <html>。

现在来看一下如何使用 XPath 选择器"收集"数据，如图 16.6 所示。

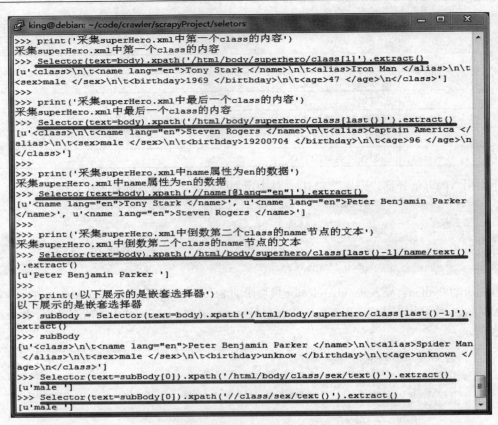

图 16.6 XPath 选择器收集数据

XPath 中常用的几个方法就是如此了，非常简单。"隐藏"得不太深的数据直接用 XPath 选择器挑选数据就可以。复杂一点的，用配套选择就能很方便地搞定。只要有点耐心，再复杂的数据也可以分离出来。

16.2.2 CSS 选择器

CSS 看起来很眼熟是不是？没错，就是你已经知道的那个 CSS——层叠样式表。CSS 规则由两个主要的部分构成：选择器及一条或多条声明。

```
selector {declaration1; declaration2; ... declarationN }
```

CSS 是网页代码中非常重要的一环，即使不是专业的 Web 从业人员，也有必要认真学习一下。这里只简略介绍一下与爬虫密切相关的选择器。表 16.2 中列出了 CSS 经常使用的几个选择器。

表 16.2 CSS 选择器

选择器		说明
.class	.intro	选择 class= "intro"的所有元素
#id	#firstname	选择 id= "firstname"的所有元素
*	*	选择所有元素

（续表）

选择器		说明
Element	p	选择所有<p>元素
element,element	div,p	选择所有<div>元素和所有<p>元素
element element	div p	选择<div>元素内部的所有 p 元素
[attribute]	[target]	选择带有 target 属性的所有元素
[attribute=value]	[target=_blank]	选择 target= "_blank"的所有元素

与 XPath 选择器相比较，CSS 选择器稍微复杂一点，但其强大的功能弥补了这点缺陷。下面就来试验一下 CSS 选择器是如何收集数据的，如图 16.7 所示。

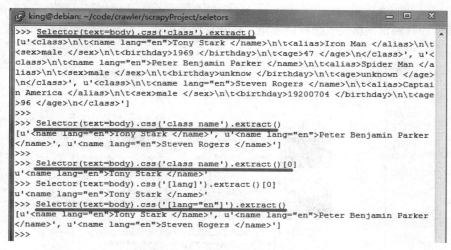

图 16.7　CSS 选择器收集数据

因为 CSS 选择器和 XPath 选择器都可以嵌套使用，所以它们可以互相嵌套，这样收集数据就会更加方便。

16.2.3　其他选择器

XPath 选择器还有一个.re()方法，用于通过正则表达式提取数据。不同于使用.xpath()或.css()方法，.re()方法返回 unicode 字符串的列表，无法构造嵌套式的.re()调用。.re()使用方法如图 16.8 所示。

```
>>>
>>> Selector(text=body).xpath('/html/body/superhero/class[1]').re('>.*?<')
[u'>Tony Stark <', u'>Iron Man <', u'>male <', u'>1969 <', u'>47 <']
>>> □
```

图 16.8　re 选择器收集数据

这种方法并不常用，个人觉得还不如在程序中添加代码直接用 re 模块方便。

因为 Scrapy 选择器建于 lxml 之上，所以它也支持一些 EXSLT 扩展，这里就不做说明了，有兴趣的读者可以自行 Google。

16.3 天气预报项目

上一节使用 Scrapy 做了一个比较简单的爬虫。本节稍微增加点难度，做一个所需项目多一点的爬虫，并将爬虫的结果以多种形式保存起来。我们就从网络天气预报开始吧。

16.3.1 项目准备

首先要做的是确定网络天气数据的来源。打开百度并搜索"网络天气预报"，搜索结果如图16.9 所示。

图 16.9　百度搜索数据来源站点

有很多网站可以选择，任意选择一个就可以。这里笔者选择的是 http://wuhan.tianqi.com/。在浏览器中打开该网站，并找到所属的城市，将会出现当地一周的天气预报，如图 16.10 所示。

图 16.10　本地一周天气

在这里包含的信息有城市日期、星期、天气图标、温度、天气状况及风向。除了天气图标是以图片的形式显示，其他几项都是字符串。本节 Scrapy 爬虫的目标将包含所有的有用信息。至此，items.py 文件已经呼之欲出了。

16.3.2　创建编辑 Scrapy 爬虫

首先打开 Putty 并连接到 Linux。在工作目录下创建 Scrapy 项目，根据提示依照 spider 基础模版创建一个 spider。执行命令：

```
cd
cd code/scrapy
scrapy startproject weather
cd weather
scrapy genspider wuHanSpider wuhan.tianqi.com
```

执行结果如图 16.11 所示。

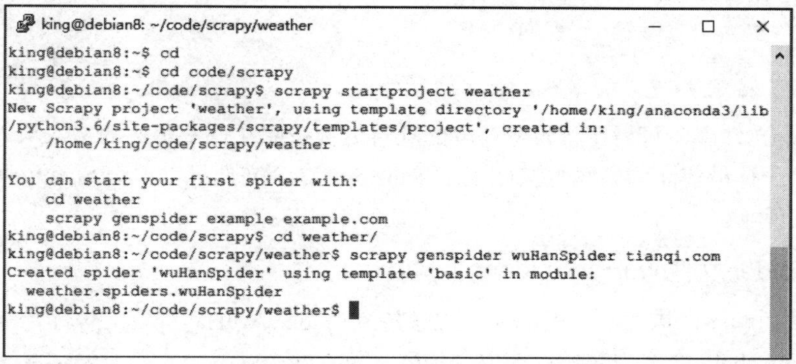

图 16.11　创建 Scrapy 项目

项目模版创建完毕，项目文件如图 16.12 所示。

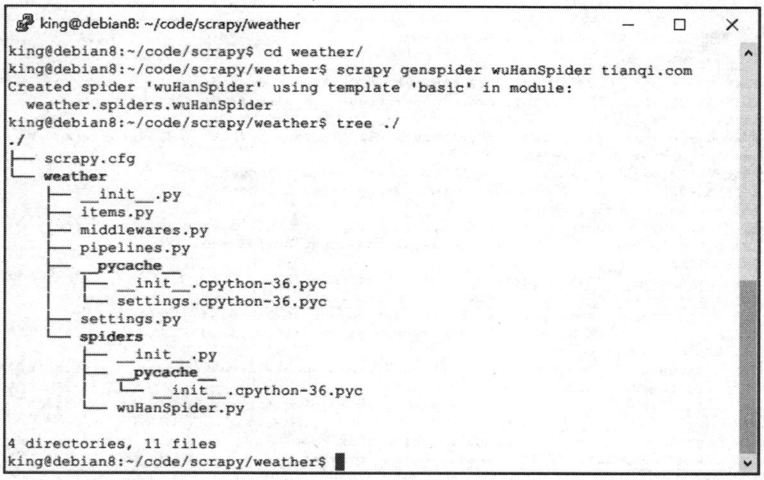

图 16.12　基础项目模版

1. 修改 items.py

按照上一节中的顺序，第一个要修改的还是 items.py。修改后的 items.py 代码如下：

```python
01 # -*- coding: utf-8 -*-
02
03 # Define here the models for your scraped items
04 #
05 # See documentation in:
06 # http://doc.scrapy.org/en/latest/topics/items.html
07
08 import scrapy
09
10
11 class WeatherItem(scrapy.Item):
12     # define the fields for your item here like:
13     # name = scrapy.Field()
14     cityDate = scrapy.Field() #城市及日期
15     week = scrapy.Field() #星期
16     img = scrapy.Field() #图片
17     temperature = scrapy.Field() #温度
18     weather = scrapy.Field() #天气
19     wind = scrapy.Field() #风力
```

在 items.py 文件中，只需要将希望获取的项目名称按照文件中示例的格式填入即可。唯一需要注意的就是每一行最前面的到底是空格还是 Tabstop。这个文件可以说是 Scrapy 爬虫中最没有技术含量的一个文件了。

2. 修改 Spider 文件 wuHanSpider.py

按照上一节的顺序，第二个修改的文件应该轮到 spiders/wuHanSpider.py 了。暂时先不要修改文件，使用 scrapy shell 命令来测试、获取选择器。执行命令：

```
scrapy shell https://www.tianqi.com/wuhan/
```

执行结果如图 16.13 所示。

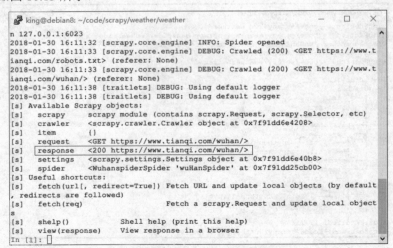

图 16.13　scrapy shell

从上图可看出 response 的返回代码为 200，是正常返回，已成功获取该网页的 response。下面可以试验选择器了，打开 Chrome 浏览器（任意一个浏览器都可以），在地址栏输入 https://www.tianqi.com/wuhan/ 并按 Enter 键打开网页。在任意空白处单击鼠标右键，选择"查看网页源代码"选项，如图 16.14 所示。

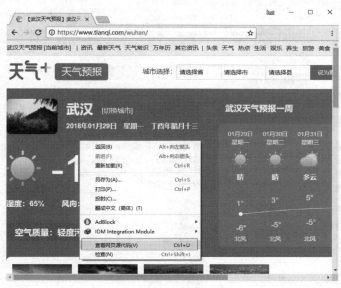

图 16.14　查看网页源代码

在框架源代码页使用 Ctrl+F 组合键查找关键词"武汉天气预报一周"，虽然有 5 个结果，但也很容易就能找到所需数据的位置，如图 16.15 所示。

图 16.15　查找所需数据位置

　　仔细观察了一下，似乎所有的数据都是在<div class= "day7">这个标签下的，试一下查找页面还有没有其他的<div class= "day7">的标签（这种可能性已经很小了）。如果没有，就将<div class= "day7">作为 XPath 的锚点，如图 16.16 所示。

图 16.16　测试锚点

　　从页面上来看，每天的数据并不是存储在一起的，而是用类似表格的方式按照列来存储的。不过没关系，可以先将数据抓取出来再处理。先以锚点为参照点，将日期和星期抓取出来。回到 Putty 下的 scrapy shell 中，执行命令：

```
selector = response.xpath('//div[@class="day7"]')
selector1 = selector.xpath('ul[@class="week"]/li')
selector1
```

执行结果如图 16.17 所示。

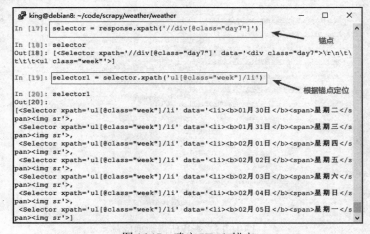

图 16.17　确定 XPath 锚点

然后从 selector1 中提取有效的数据，如图 16.18 所示。

```
king@debian8: ~/code/scrapy/weather/weather        —    □    ×
pan><img sr'>,
 <Selector xpath='ul[@class="week"]/li' data='<li><b>01月31日</b><span>星期三</s
pan><img sr'>,
 <Selector xpath='ul[@class="week"]/li' data='<li><b>02月01日</b><span>星期四</s
pan><img sr'>,
 <Selector xpath='ul[@class="week"]/li' data='<li><b>02月02日</b><span>星期五</s
pan><img sr'>,
 <Selector xpath='ul[@class="week"]/li' data='<li><b>02月03日</b><span>星期六</s
pan><img sr'>,
 <Selector xpath='ul[@class="week"]/li' data='<li><b>02月04日</b><span>星期日</s
pan><img sr'>,
 <Selector xpath='ul[@class="week"]/li' data='<li><b>02月05日</b><span>星期一</s
pan><img sr'>]

In [21]:  selector1[0].xpath('b/text()').extract()
Out[21]: ['01月30日']

In [22]:  selector1[0].xpath('span/text()').extract()
Out[22]: ['星期二']

In [23]:  selector1[0].xpath('img/@src').extract()
Out[23]: ['http://pic9.tianqijun.com/static/wap2018/ico1/b1.png']

In [24]:
```

图 16.18　XPath 选择器获取数据

图 16.18 已经将日期、星期和图片挑选出来了，其他所需的数据可以按照相同的方法一一挑选。现在过滤数据的方法已经有了，Scrapy 项目中的爬虫文件 wuHanSpider.py 也基本明朗了。wuHanSpider.py 的代码如下：

```
01 # -*- coding: utf-8 -*-
02 import scrapy
03 from weather.items import WeatherItem
04
05
06 class WuhanspiderSpider(scrapy.Spider):
07     name = 'wuHanSpider'
08     allowed_domains = ['tianqi.com']
09     citys = ['wuhan', 'shanghai']
10     start_urls = []
11     for city in citys:
12         start_urls.append('https://www.tianqi.com/' + city)
13
14     def parse(self, response):
15         items= []
16         city = response.xpath('//dd[@class="name"]/h2/text()').extract()
17         Selector = response.xpath('//div[@class="day7"]')
18         date = Selector.xpath('ul[@class="week"]/li/b/text()').extract()
19         week = Selector.xpath('ul[@class="week"]/li/span/text()').extract()
20         wind = Selector.xpath('ul[@class="txt"]/li/text()').extract()
21         weather = Selector.xpath('ul[@class="txt txt2"]/li/text()').extract()
22         temperature1=Selector.xpath('div[@class="zxt_shuju"]/ul/li/span/text()').extract()
23         temperature2 = Selector.xpath('div[@class="zxt_shuju"]/ul/li/b/text()').extract()
24         for i in range(7):
25             item = WeatherItem()
26             try:
27                 item['cityDate'] = city[0] + date[i]
28                 item['week'] = week[i]
29                 item['wind'] = wind[i]
```

```
30                  item['temperature'] = temperature1[i] + ',' + temperature2[i]
31                  item['weather'] = weather[i]
32          except IndexError as e:
33              sys.exit(-1)
34          items.append(item)
35      return items
```

在文件开头别忘了导入 scrapy 和 items 模块。在第 8~11 行中，给 start_urls 列表添加了上海天气的网页。如果还想添加其他城市的天气，可以在第 9 行的 citys 列表中添加城市代码。

3. 修改 pipelines.py，处理 Spider 的结果

这里还是将 Spider 的结果保存为 txt 格式，以便于阅读。pipelines.py 文件内容如下：

```
01 # -*- coding: utf-8 -*-
02
03 # Define your item pipelines here
04 #
05 # Don't forget to add your pipeline to the ITEM_PIPELINES setting
06 # See: https://doc.scrapy.org/en/latest/topics/item-pipeline.html
07
08 import time
09 import codecs
10
11 class WeatherPipeline(object):
12    def process_item(self, item, spider):
13        today = time.strftime('%Y%m%d', time.localtime())
14        fileName = today + '.txt'
15        with codecs.open(fileName, 'a', 'utf-8') as fp:
16            fp.write("%s \t %s \t %s \t %s \t %s \r\n"
17                    %(item['cityDate'],
18                        item['week'],
19                        item['temperature'],
20                        item['weather'],
21                        item['wind']))
22        return item
```

第 1 行确认字符编码，实际上这一行没多大必要，在 Python 3 中默认的字符编码就是 utf-8。第 8~9 行导入所需的模块。第 13 行用 time 模块确定了当天的年月日，并将其作为文件名。后面则是一个很简单的文件写入。

4. 修改 settings.py，决定由哪个文件来处理获取的数据

Python 3 版本的 settings.py 比 Python 2 版本的要复杂很多。这是因为 Python 3 版本的 settings.py 已经将所有的设置项都写进去了，暂时用不上的都当成了注释，所以这里只需要找到 ITEM_PIPELINES 这一行，将前面的注释去掉就可以了。Settings.py 这个文件比较大，这里只列出有效的设置。settings.sp 文件内容如下：

```
01 # -*- coding: utf-8 -*-
02
03 # Scrapy settings for weather project
04 #
05 # For simplicity, this file contains only the most important settings by
06 # default. All the other settings are documented here:
```

```
07 #
08 #       http://doc.scrapy.org/en/latest/topics/settings.html
09 #
10
11 BOT_NAME = 'weather'
12
13 SPIDER_MODULES = ['weather.spiders']
14 NEWSPIDER_MODULE = 'weather.spiders'
15
16 # Crawl responsibly by identifying yourself (and your website) on the User-Agent
17 #USER_AGENT = 'weather (+http://www.yourdomain.com)'
18
19 #### user add
20 ITEM_PIPELINES = {
21 'weather.pipelines.WeatherPipeline':300,
22 }
```

最后回到 weather 项目下，执行命令：

```
scrapy crawl wuHanSpider
ls
more *.txt
```

得到结果如图 16.19 所示。

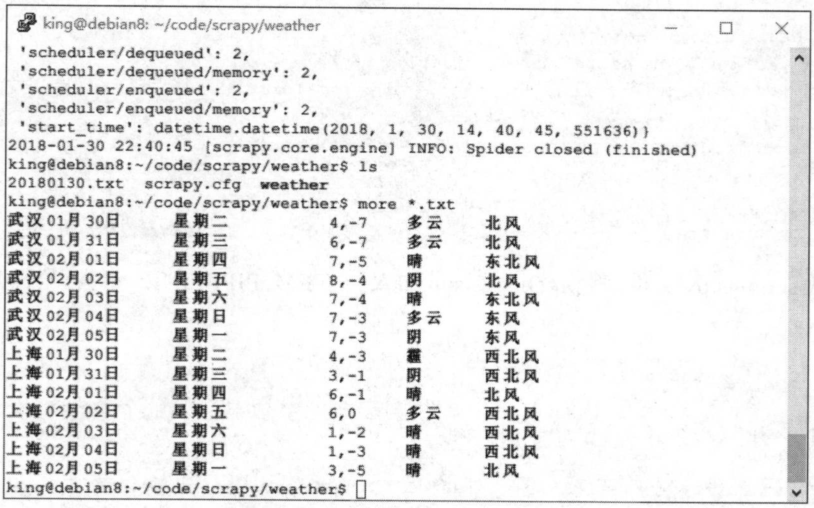

图 16.19　保存结果为 txt 格式

至此，一个完整的 Scrapy 爬虫就已经完成了。

16.3.3　数据存储到 json

有时候我们习惯把爬取的结果保存为 .txt 文件格式。但 txt 格式文件的优点仅仅是方便阅读，而程序阅读一般都是使用更方便的 json、cvs 等格式。有时程序员更加希望将爬取的结果保存到数据库中，便于分析统计。所以本节将继续讲解 Scrapy 爬虫的保存方式，也就是继续对 pipelines.py “动手术”。

这里以 json 格式为例，其他的格式都大同小异，读者可自行摸索测试。既然是保存为 json 格式，当然就少不了 Python 的 json 模块了。幸运的是 json 模块是 Python 的标准模块，无须安装即可直接使用。

保存爬取结果必定涉及 pipelines.py。我们可以直接修改这个文件，然后修改一下 settings.py 中的 ITEM_PIPELINES 项即可。但是仔细看看 settings.py 中的 ITEM_PIPELINES 项，它是一个字典。因为字典是可以添加元素的，所以完全可以自行构造一个 Python 文件，然后把这个文件添加到 ITEM_PIPELINES 就可以了。但是这个思路是否可行，下面需要测试一下。

为了"表明身份"，笔者给这个新创建的 Python 文件取名为 pipelines2json.py，这个名字简单明了，而且显示了与 pipellines.py 的关系。pipelines2.json 的文件内容如下：

```
01 # -*- coding: utf-8 -*-
02
03 # Define your item pipelines here
04 #
05 # Don't forget to add your pipeline to the ITEM_PIPELINES setting
06 # See: https://doc.scrapy.org/en/latest/topics/item-pipeline.html
07
08 import time
09 import codecs
10 import json
11
12 class WeatherPipeline(object):
13     def process_item(self, item, spider):
14         today = time.strftime('%Y%m%d', time.localtime())
15         fileName = today + '.json'
16         with codecs.open(fileName, 'a', 'utf-8') as fp:
17             jsonStr = json.dumps(dict(item))
18             fp.write("%s \r\n" %jsonStr)
19         return item
```

然后修改 settings.py 文件，将 pipelines2json 加入到 ITEM_PIPELINES 中去。修改后的 settings.py 文件内容如下：

```
01 # -*- coding: utf-8 -*-
02
03 # Scrapy settings for weather project
04 #
05 # For simplicity, this file contains only the most important settings by
06 # default. All the other settings are documented here:
07 #
08 #     http://doc.scrapy.org/en/latest/topics/settings.html
09 #
10
11 BOT_NAME = 'weather'
12
13 SPIDER_MODULES = ['weather.spiders']
14 NEWSPIDER_MODULE = 'weather.spiders'
15
16 # Crawl responsibly by identifying yourself (and your website) on the User-Agent
17 #USER_AGENT = 'weather (+http://www.yourdomain.com)'
18
19
```

```
20 ITEM_PIPELINES = {
21 'weather.pipelines.WeatherPipeline':300,
22 'weather.pipelines2json.WeatherPipeline':301
23 }
```

测试一下结果。回到 weather 项目下执行命令：

```
scrapy crawl wuHanSpider
ls
cat *.json
```

得到的结果如图 16.20 所示。

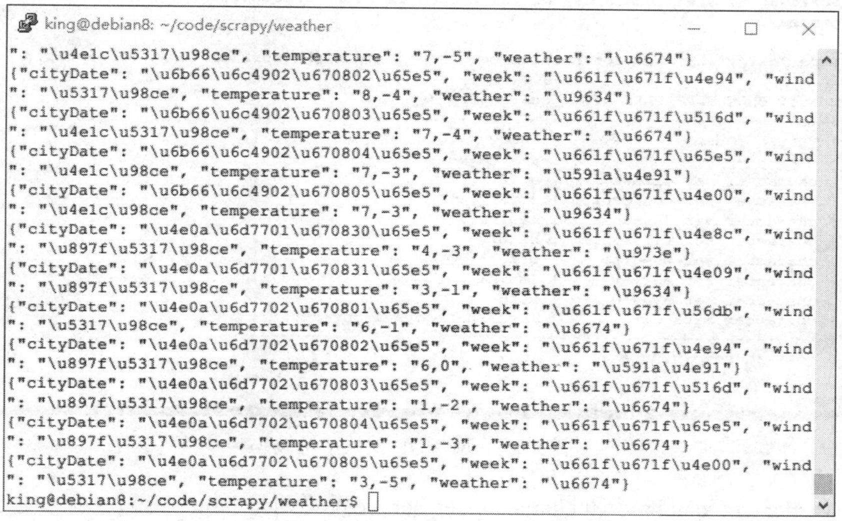

图 16.20　保存结果为 json

从上图来看试验成功了。按照这个思路，如果将结果保存成 csv 等格式，settings.py 应该怎么修改就很明显了。

16.3.4　数据存储到 MySQL

数据库有很多，如 MySQL、SQLite3、Access、Postgresql 等，可选择的范围很广，前面我们也在数据库实战中介绍过 MySQL、SQLite3。笔者选择的标准是，Python 支持良好、能够跨平台、使用方便，其中 Python 标准库默认支持 SQLite3，因此这里笔者选择名气较大、Python 支持也不错的 MySQL。前面介绍了 Windows 下的 MySQL 使用，这里再介绍一下 Linux 下 MySQL 的使用。

在 Linux 上安装 MySQL 很方便。首先连接 Putty，然后使用 root 用户权限，执行命令：

```
apt-get install mysql-server mysql-client
```

> **注　意**
>
> 在安装过程中，会要求输入 MySQL 用户 root 的密码(此 root 非彼 root，一个是系统用户 root，一个是 MySQL 的用户 root)。这里设置 MySQL 的 root 用户密码为 debian8。

MySQL 安装完毕后，默认是自动启动的。首先连接到 MySQL，查看 MySQL 的字符编码。执行命令：

```
mysql -u root -p
SHOW VARIABLES LIKE "character%";
```

执行结果如图 16.21 所示。

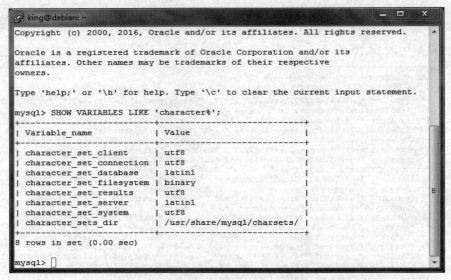

图 16.21　MySQL 默认字符编码

其中 character_set_database 和 character_set_server 设置的是 latin1 编码，刚才用 Scrapy 采集的数据都是 utf8 编码。如果直接将数据加入数据库必定会在编程处理数据时出现乱码问题，需要稍微修改一下。网上有很多彻底修改 MySQL 默认字符编码的帖子，但由于版本的问题不能通用。因此只能采取笨方法，不修改 MySQL 的环境变量，只在创建数据库和表的时候指定字符编码。创建数据库和表格，在 MySQL 环境下执行命令：

```
CREATE DATABASE scrapyDB CHARACTER SET 'utf8' COLLATE 'utf8_general_Ci';
USE scrapyDB;
CREATE TABLE weather(
id INT AUTO_INCREMENT,
cityDate char(24), week char(6),
img char(20),
temperature char(12),
weather char(20),
wind char(20),
PRIMARY KEY(id) )ENGINE=InnoDB DEFAULT CHARSET=utf8;
```

执行结果如图 16.22 所示。

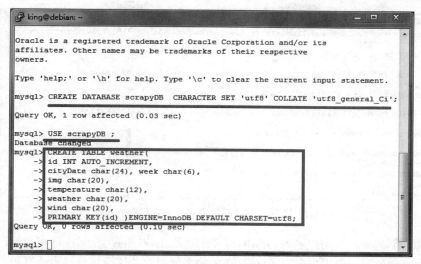

图 16.22　创建数据库

其中第一条命令是创建了一个默认字符编码为 utf8、名字为 scrapyDB 的数据库。第二条命令进入数据库。第三条命令是创建了一个默认字符编码为 utf8、名字为 wetaher 的表格。查看这个表格的结构，如图 16.23 所示。

```
king@debian: ~
mysql> show columns from weather;
+-------------+----------+------+-----+---------+----------------+
| Field       | Type     | Null | Key | Default | Extra          |
+-------------+----------+------+-----+---------+----------------+
| id          | int(11)  | NO   | PRI | NULL    | auto_increment |
| cityDate    | char(24) | YES  |     | NULL    |                |
| week        | char(6)  | YES  |     | NULL    |                |
| img         | char(20) | YES  |     | NULL    |                |
| temperature | char(12) | YES  |     | NULL    |                |
| weather     | char(20) | YES  |     | NULL    |                |
| wind        | char(20) | YES  |     | NULL    |                |
+-------------+----------+------+-----+---------+----------------+
7 rows in set (0.00 sec)

mysql>
```

图 16.23　查询表结构

由图 16.23 可以看出表格中的项基本与 wuHanSpider 爬取的项相同。至于多出来的那一项 id，是作为主键存在的。因为 MySQL 的主键是不可重复的，而 wuHanSpider 爬取的项中没有符合这个条件的，所以还需要另外提供一个主键给表格才更加合适。

创建完数据库和表格，下一步创建一个普通用户并赋予管理数据库的权限。在 MySQL 环境下，执行命令：

```
INSERT INTO mysql.user(Host,User,Password) VALUES("%","crawlUSER",password("crawl123"));
INSERT INTO mysql.user(Host,User,Password)
VALUES("localhost","crawlUSER",password("crawl123"));
GRANT all privileges ON scrapyDB.* to crawlUSER@all IDENTIFIED BY 'crawl123';
GRANT all privileges ON scrapyDB.* to crawlUSER@localhost IDENTIFIED BY 'crawl123';
```

执行结果如图 16.24 所示。

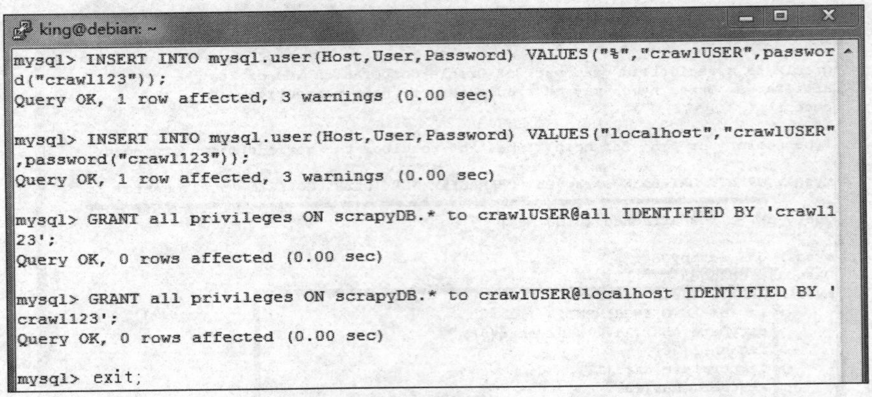

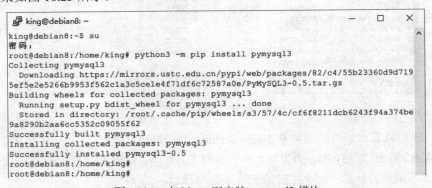

图 16.24　创建新用户并赋予管理权限

　　第 1 条命令创建了一个用户名为 crawlUSER 的远程用户，该用户只能远程登录，不能本地登录。第 2 条命令创建了一个用户名为 crawlUSER 的本地用户，该用户只能本地登录，不能远程登录。第 3~4 条命令则赋予了 crawlUSER 用户管理 scrapyDB 数据库的所有权限。最后退出 MySQL。至此，数据库方面的配置已经完成，静待 Scrapy 来连接了。

　　在 Python 第三方库中能连接 MySQL 的库有不少，这里笔者选择经常使用的 PyMySQL。

Linux 中安装 Pymysql3 模块

　　在 Linux 下安装 Pymysql3 模块，比较简单的方法是借助 Debian 庞大的软件库（可以说只要不是私有软件，Debian 软件库总不会让人失望）。在终端下执行命令：

```
python3 -m pip install pymysql3
```

执行结果如图 16.25 所示。

图 16.25　在 Linux 下安装 pymysql3 模块

注　意
安装这个模块必须是 root 用户权限。

　　Python 模块及 MySQL 的库表格都准备完毕，现在可以编辑 pipelines2mysql.py 了。在项目名为 weaterh 的 Scrapy 项目中的 pipelines.py 同层目录下使用文本编辑器编写 pipelines2mysql.py，编辑完毕的 pipeliens2mysql.py 的内容如下：

```
01 # -*- coding: utf-8 -*-
02
03 # Define your item pipelines here
04 #
05 # Don't forget to add your pipeline to the ITEM_PIPELINES setting
06 # See: https://doc.scrapy.org/en/latest/topics/item-pipeline.html
07
08 import pymysql
09
10 class WeatherPipeline(object):
11    def process_item(self, item, spider):
12        cityDate = item['cityDate']
13        week = item['week']
14        temperature = item['temperature']
15        weather = item['weather']
16        wind = item['wind']
17
18        conn = pymysql.connect(
19               host = 'localhost',
20               port = 3306,
21               user = 'crawlUSER',
22               passwd = 'crawl123',
23               db = 'scrapyDB',
24               charset = 'utf8')
25        cur = conn.cursor()
26        mysqlCmd = "INSERT INTO weather(cityDate, week, temperature, weather, wind)
   VALUES('%s', '%s', '%s', '%s', '%s');" %(cityDate, week, temperature, weather, wind)
27        cur.execute(mysqlCmd)
28        cur.close()
29        conn.commit()
30        conn.close()
31
32        return item
```

第 1 行指定了爬取数据的字符编码，第 8 行导入了所需的模块。第 25~30 行使用 Pymysql 模块将数据写入了 MySQL 数据库中。最后在 settings.py 中将 pipelines2mysql.py 加入到数据处理数列中。修改后的 settings.py 内容如下：

```
01 # -*- coding: utf-8 -*-
02
03 # Scrapy settings for weather project
04 #
05 # For simplicity, this file contains only the most important settings by
06 # default. All the other settings are documented here:
07 #
08 #     http://doc.scrapy.org/en/latest/topics/settings.html
09 #
10
11 BOT_NAME = 'weather'
12
13 SPIDER_MODULES = ['weather.spiders']
14 NEWSPIDER_MODULE = 'weather.spiders'
15
16 # Crawl responsibly by identifying yourself (and your website) on the User-Agent
17 #USER_AGENT = 'weather (+http://www.yourdomain.com)'
```

```
18
19 #### user add
20 ITEM_PIPELINES = {
21 'weather.pipelines.WeatherPipeline':300,
22 'weather.pipelines2json.WeatherPipeline':301,
23 'weather.pipelines2mysql.WeatherPipeline':302
24 }
```

实际上就是把 pipelines2mysql 加入到 settings.py 的 ITEM_PIPELINES 项的字典中就可以了。

最后运行 scrapy 爬虫查看 MySQL 中的结果，执行命令：

```
scrapy crawl wuHanSpider
mysql -u crawlUSER -p
use scrapyDB;
select * from weather;
```

执行结果如图 16.26 所示。

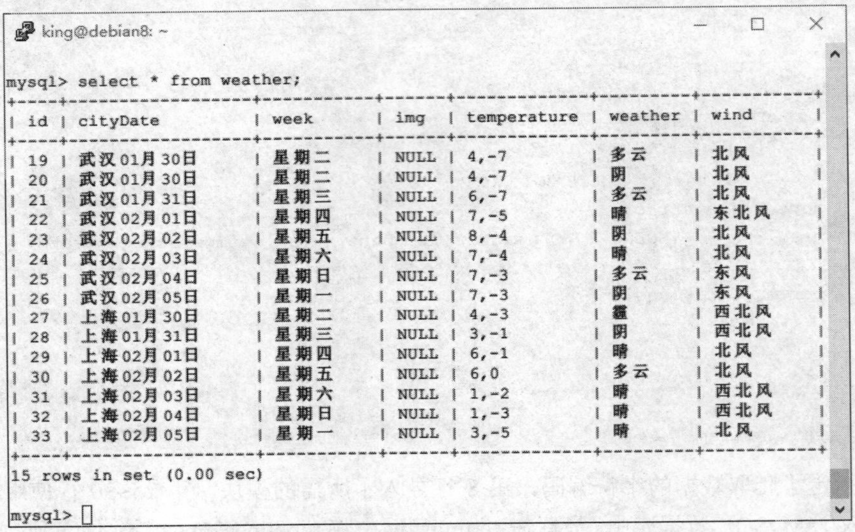

图 16.26　MySQL 中的数据

MySQL 中显示 Pymysql3 模块存储数据有效。这个 Scrapy 项目到此就顺利完成了。

一般来说为了阅读方便，结果保存为 txt 格式的文件就可以了。如果爬取的数据不多，需要存入表格备查，保存为 cvs 或 json 格式的文件会更方便；如果需要爬取的数据非常大，那还是老老实实的使用 MySQL 吧，专业的软件就做专业的事情。